服装设计
与制板系列

CorelDRAW
服装款式设计
案例精选（第三版）

李越琼　主编

马仲岭　李越琼　方新国　周伯军　编著

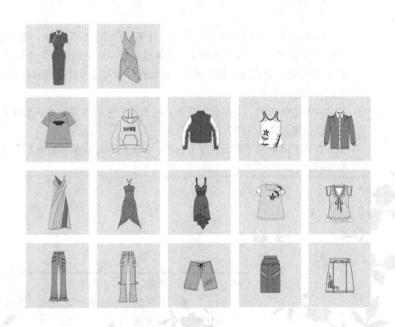

U0298769

人民邮电出版社

北京

图书在版编目（CIP）数据

CorelDRAW服装款式设计案例精选 / 李越琼主编；
马仲岭等编著. -- 3版. -- 北京：人民邮电出版社，
2016.1（2018.8重印）
　（服装设计与制板系列）
　ISBN 978-7-115-41340-6

Ⅰ. ①C… Ⅱ. ①李… ②马… Ⅲ. ①服装设计－计算
机辅助设计－图形软件 Ⅳ. ①TS941.26

中国版本图书馆CIP数据核字(2015)第311377号

内 容 提 要

本书是《CorelDRAW 服装款式设计案例精选》的第三版，是一本介绍以 CorelDRAW 软件为平台，以电脑操作为特色，探讨各种服装款式设计的专业案例教程。本书在第二版的基础上增加了 CorelDRAW X7 软件介绍、款式设计基础理论、服装部件和局部设计等内容，对原有内容做了较大补充和调整，更符合读者的学习需要。

本书详细介绍了半截裙、裤子、衬衣、夹克、西装、连衣裙和礼服裙、针织衫、童装、内衣、运动装和职业装的款式设计方法。

本书可以作为各类服装专业院校、服装职业培训班的教材或参考书，也可作为服装专业人员的技术参考书。

◆ 主　　编　李越琼

　　编　　著　马仲岭　李越琼　方新国　周伯军

　　责任编辑　李永涛

　　责任印制　杨林杰

◆ 人民邮电出版社出版发行　　北京市丰台区成寿寺路 11 号

　　邮编　100164　　电子邮件　315@ptpress.com.cn

　　网址　http://www.ptpress.com.cn

　　固安县铭成印刷有限公司印刷

◆ 开本：787×1092　1/16

　　印张：34.75

　　字数：880 千字　　　　　　　　　2016 年 1 月第 3 版

　　印数：33 301－33 600 册　　　　2018 年 8 月河北第 2 次印刷

定价：69.00 元（附光盘）

读者服务热线：(010)81055410　印装质量热线：(010)81055316
反盗版热线：(010)81055315
广告经营许可证：京东工商广登字20170147号

前　言

《CorelDRAW 服装款式设计案例精选》自 2006 年出版第一版，2009 年出版第二版以来，受到了广大读者的欢迎，已经多次印刷，累计销量超过 5 万册，本书是第三版。许多高等院校、中等职业学校和培训机构都将其作为数字化服装设计专业的教材。许多读者给予了宝贵的意见和中肯的建议，在此对所有关注数字化服装平面设计教育的朋友表示衷心的感谢。

根据第二版的使用情况和读者的意见，以及目前服装设计技术发展及软件升级情况，我们对第三版更新了软件版本，采用了中文版 CorelDRAW X7。由于 CorelDRAW X7 与 CorelDRAW X5 的基本功能变化不大，操作要领基本一致，只是软件界面、工具位置及组合、对话框界面等有一定变化，对于使用没有实质影响，因此光盘中的视频部分除了保留第二版的视频内容之外，增加了 CorelDRAW X7 与其他版本的主要区别等介绍性内容。第三版将更加符合读者的学习需要，使读者获得更好的学习效果。

数字化服装设计师，是为了区别传统意义上的服装设计师而暂且使用的名称。服装设计师就是通过市场调查，依据服装流行趋势，利用现有材料和工艺，或创造新的材料和工艺，设计出能够体现某种风格、表现某种思想、传达某种文化的服装样式的服装设计人员。这些服装样式需要通过某种方式加以表达，如口头表达、文字表达、绘画表达等，通用的表达方式是绘画表达。传统的绘画表达是手工绘画，目前这种方式还是主要表达方式之一，利用这种方式表达的设计师就是传统意义上的服装设计师，而数字化服装设计师是利用现代计算机技术进行服装设计的服装设计师。

进行数字化服装款式设计的软件既可以使用专业软件，也可以使用非专业软件。目前用于服装款式设计的非专业软件主要是 AutoCAD、Photoshop 和 CorelDRAW 等，因为 AutoCAD 是机械设计专业软件，用于服装设计还存在很多不足；Photoshop 是专业图像效果处理软件，在绘图方面存在很多不足；CorelDRAW 在绘图和效果处理等方面都具有相对优势。因此本书专门讨论研究如何使用 CorelDRAW X7 软件进行服装款式设计。

本书共 14 章，各章内容简要介绍如下。

第 1 章介绍了 CorelDRAW X7 的界面、菜单栏、常用工具栏、交互式工具栏、工具箱、调色板、常用对话框、文件的输出等，目的是使初学者对该软件有一个全面、系统的了解，在以后的学习操作中能够顺利地找到需要使用的工具。

第 2 章是服装款式设计基础，介绍了人体的比例与形态、服装轮廓造型、服装款式设计中的形式美法则等内容。

第 3 章是服装部件款式设计，主要介绍了领子、袖子、门襟、口袋、腰头的设计与表现，及常用服饰配件的数字化绘制等。

第 4 章至第 14 章分别介绍了半截裙、裤子、衬衫、夹克、西装、连衣裙、礼服裙、针织衫、童装、内衣、运动装和职业装的款式设计方法。每一章都配有大量的款式图例，供读者学习参考。

　　服装款式设计是一个不断循环反复的过程，前面设计取得的经验或教训常常是后面设计的基础，因此，一个成功的设计者总是要认真积累和总结自己的设计资料，而存取方便的电脑就是他们最好的助手。

　　运用 CorelDRAW 软件不仅大大提高了设计师表现设计构思的速度，也为设计者对设计作品的修改、交流以及设计资料的积累提供了方便，因而受到广大现代服装设计者的欢迎。但是，由于目前我国 CorelDRAW 软件在服装设计中的运用尚处于"初级阶段"，许多服装设计者对 CorelDRAW 软件在服装设计中的运用尚不熟悉。为了使更多服装设计者能更快地掌握 CorelDRAW 软件，本书结合市面上常见的服装款式介绍了 CorelDRAW 软件在服装款式设计运用中的基本方法，希望立志运用 CorelDRAW 软件进行服装设计的设计人员能通过对本书的阅读有所收获。

　　需要特别强调的是尽管 CorelDRAW 软件能为服装设计者提供很好的帮助，但它仍然只是一个工具。要想实现优秀的款式设计，设计者的文化和审美修养以及对市场和服装流行的把握也很重要！

　　本书是我们长期教学和设计实践的经验总结，书中的许多图例取自我们以往的设计资料和学生的作业。在此对所有给予支持和帮助的师生和读者表示真诚的感谢。

　　读者在学习本书的过程中如果遇到问题，可与马仲岭（QQ：1244114056）联系交流。

作者

2015 年 12 月

于广东佛山大学

目　录

第 1 章　CorelDRAW X7 简介 1
 1.1　CorelDRAW X7 的界面 1
 1.2　CorelDRAW X7 菜单栏 4
 1.3　CorelDRAW X7 标准工具栏 15
 1.4　CorelDRAW X7 属性栏 16
 1.5　CorelDRAW X7 工具箱 20
 1.6　CorelDRAW X7 调色板 27
 1.7　CorelDRAW X7 常用对话框 29
 1.8　Corel PHOTO-PAINT 简介 35
 1.9　CorelDRAW X7 的打印和输出 40
第 2 章　服装款式设计基础 44
 2.1　人体的比例与形态 44
 2.2　服装轮廓造型 47
 2.3　服装款式设计中的形式美法则 50
第 3 章　服装部件和局部设计 55
 3.1　领子的设计与表现 55
 3.2　袖子的设计与表现 99
 3.3　门襟的设计与表现 123
 3.4　口袋的设计与表现 147
 3.5　腰头的设计与表现 159
 3.6　常用服饰配件的绘制 169
第 4 章　半截裙款式设计 174
 4.1　筒裙 174
 4.2　分割线筒裙 177
 4.3　牛仔裙 181
 4.4　加褶裥 A 型裙 184
 4.5　原身出带的筒裙 186
 4.6　基本 A 型裙 188
 4.7　加皱褶边饰的 A 型裙 190
 4.8　用斜裁的方式设计的 A 型裙 193
 4.9　加拼饰的斜裙 196

 4.10　其他半截裙款式图例 198
第 5 章　裤子款式设计 203
 5.1　西裤 203
 5.2　裙裤 205
 5.3　工装裤 207
 5.4　休闲裤 209
 5.5　喇叭裤 211
 5.6　牛仔裤 212
 5.7　其他裤子款式图例 215
第 6 章　衬衣款式设计 224
 6.1　领口抽褶的无领衬衣 224
 6.2　在侧缝抽褶的无领衬衣 226
 6.3　用荷叶边装饰的无领衬衣 228
 6.4　夸张了皱褶的立翻领衬衣 232
 6.5　小立领衬衣 235
 6.6　围领衬衣 237
 6.7　蝴蝶结领衬衣 239
 6.8　交叉领衬衣 241
 6.9　拼花布衬衣 243
 6.10　用花边装饰的衬衣 246
 6.11　用特定图案装饰的衬衣 249
 6.12　其他衬衫款式图例 251
第 7 章　夹克款式设计 260
 7.1　翻领夹克 260
 7.2　翻领拼色夹克 263
 7.3　立翻领夹克 265
 7.4　中式立领夹克 267
 7.5　罗纹立领夹克 270
 7.6　连帽夹克 273
 7.7　其他夹克款式图例 275

第8章　西装款式设计 284
8.1　翻驳领单排扣西装 284
8.2　翻驳领双排扣西装 286
8.3　翻驳领偏襟西装 288
8.4　连身领短袖西装 290
8.5　无领长袖西装 292
8.6　无领短袖西装 294
8.7　香蕉领开襟西装 296
8.8　波浪领开襟西装 298
8.9　花边领开襟西装 300
8.10　西式猎装 302
8.11　其他西装款式图例 304
第9章　连衣裙、礼服裙款式设计 313
9.1　连衣裙一 313
9.2　连衣裙二 316
9.3　连衣裙三 319
9.4　连衣裙四 322
9.5　连衣裙五 324
9.6　礼服裙一 327
9.7　礼服裙二 329
9.8　礼服裙三 333
9.9　礼服裙四 336
9.10　礼服裙五 339
9.11　礼服裙六 341
9.12　婚礼服 344
9.13　其他礼服裙、连衣裙款式图例 .. 346
第10章　针织衫款式设计 366
10.1　套头羊毛衫 366
10.2　有卷边领口的羊毛衫 368
10.3　有贴袋的套头针织衫 372
10.4　系腰带的针织衫 375
10.5　露肩套头针织衫 377
10.6　用特定图案装饰的针织衫 379
10.7　用花布做的针织衫 381
10.8　用花布拼接的针织衫 384
10.9　强调质感对比的针织衫 ... 386
10.10　用拼贴装饰的针织衫 389

10.11　有层次感的针织衫 391
10.12　其他针织衫款式图例 393
第11章　童装款式设计 400
11.1　童装上衣 400
11.2　儿童套头衫 402
11.3　童装裤 405
11.4　童装连衣裙 408
11.5　儿童背带裙 411
11.6　胸部刺绣装饰小罩衣 413
11.7　直身连衣裙 415
11.8　连帽连衣裙 417
11.9　童装外套 419
11.10　童装连帽外套 422
11.11　其他童装款式图例 425
第12章　内衣款式设计 435
12.1　女式文胸 435
12.2　女式内裤 440
12.3　女式睡衣 444
12.4　男式背心 447
12.5　男式内裤 450
12.6　男式睡衣 453
第13章　运动装款式设计 458
13.1　运动背心 458
13.2　运动短裤 464
13.3　无袖运动衫 469
13.4　短袖运动衫 475
13.5　长袖运动衫 481
13.6　紧身运动装 487
13.7　其他运动裙、运动裤款式图例 ... 492
第14章　职业装款式设计 498
14.1　白领职业装 498
14.2　商场职业装 508
14.3　餐饮职业装 518
14.4　学生校服 528
14.5　其他职业装（客运、工厂）
　　　款式图例 ···················· 538

第 1 章

CorelDRAW X7 简介

　　CorelDRAW 是目前世界范围内使用最广泛的平面设计软件之一，使用该软件能够完成艺术设计领域的设计任务，同样可以完成服装设计的全部任务。CorelDRAW 软件具有界面友好、操作视图化、成本低廉、通用性高等优势。因此，数字化服装设计师使用该软件是明智的选择。

　　CorelDRAW X7 的功能十分强大，数字化服装设计只用到其中的部分功能。本章只是对数字化服装设计经常涉及的软件界面、菜单栏、常用工具栏、属性栏、工具箱、调色板、常用对话框等进行简单的介绍，具体的使用方法将在后面的章节中讲解。这里只要求读者通过本章的学习，能够对 CorelDRAW X7 有一个基本了解，掌握常用命令和工具的功能，能熟练地找到你需要的命令和工具。

1.1　CorelDRAW X7 的界面

　　通过商店购买或网络下载 CorelDRAW X7 软件后，在 Windows 操作平台上，按说明安装软件。安装完成后，通过选择【 　 】→【 所有程序 】→【 CorelDRAW Graphics Suite X7 】→【 CorelDRAW X7 】命令或双击快捷图标 　 ，即可打开 CorelDRAW X7 应用程序，启动过程中出现的图标与其他版本有较大区别，打开后的界面如图 1-1 所示。

图 1-1

1

单击"新建文档"，即可打开一张新的图纸，如图 1-2 所示。

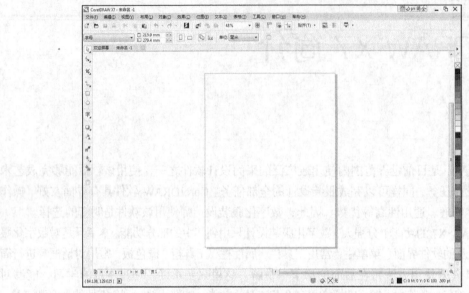

图 1-2

在 CorelDRAW X7 的界面中，默认状态下的常用项目包括标题栏、菜单栏、标准工具栏、属性栏、工具箱、调色板、图纸、工作区、原点与标尺、状态栏，如图 1-3 所示。

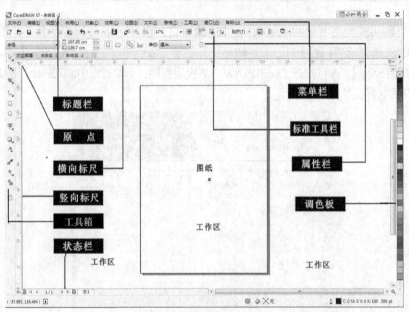

图 1-3

一、标题栏

图 1-2 所示最上方的标志 CorelDRAW X7 - 未命名 -1是标题栏，表示现在打开的界面是 CorelDRAW

X7 应用程序，并且打开了一张空白图纸，其名称是[未命名-1]。

二、菜单栏

图 1-3 所示上方第 2 行是菜单栏，如图 1-4 所示。菜单栏中的所有栏目都是可以展开的，包括文件、编辑、视图、布局、对象、效果、位图、文本、表格、工具、窗口、帮助等项。通过展开下拉菜单，可以找到绘图需要的大部分工具和命令。

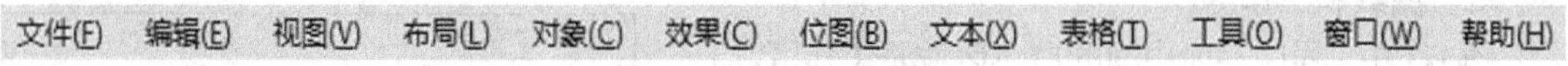
文件(F)
编辑(E)
视图(V)
布局(L)
对象(C)
效果(C)
位图(B)
文本(X)
表格(T)
工具(O)
窗口(W)
帮助(H)

图 1-4

三、标准工具栏

图 1-3 所示上方第 3 行是标准工具栏，如图 1-5 所示。标准工具栏是一般应用程序都具有的栏目，包括新建、打开、保存、打印、剪切、复制、粘贴、撤销、重做、导入、导出、显示比例等工具，这些是经常要用到的工具。

47%
贴齐(T)

图 1-5

四、属性栏

图 1-3 所示上方第 4 行是属性栏，如图 1-6 所示。属性栏是交互式的，选择不同的工具或命令时，展现的属性栏是不同的。例如，当打开一张空白图纸，什么也不选择时，该栏描述的是图纸的属性，包括图纸的大小、方向、绘图单位等属性。当绘制一个图形对象并处于选中状态时，该栏描述的是选中对象的属性等。

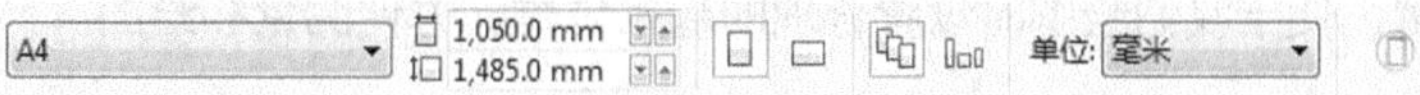
A4
1,050.0 mm
1,485.0 mm
单位:
毫米

图 1-6

五、工具箱

图 1-3 所示左侧竖向摆放的项目是工具箱，如图 1-7 所示（这里为了排版方便将其横向摆放）。常用的绘图工具，包括选择工具、形状工具、裁剪工具、缩放工具、手绘工具、艺术笔工具、矩形工具、椭圆工具、多边形工具、文本工具、平行度量工具、直线连接器工具、阴影工具、透明度工具、颜色滴管工具、交互式填充工具、智能填充工具、轮廓笔、编辑填充等。其中右上方带有黑色小三角的图标，包含二级展开菜单，二级菜单中的工具是该类工具的细化工具。最后一个图标用于工具设置，通过单击图标，可以进行工具图标的显示与否的设置。也可以通过“工具→自定义”命令，在弹出的对话框中对工具图标进行设置，选择自己喜欢的图标。

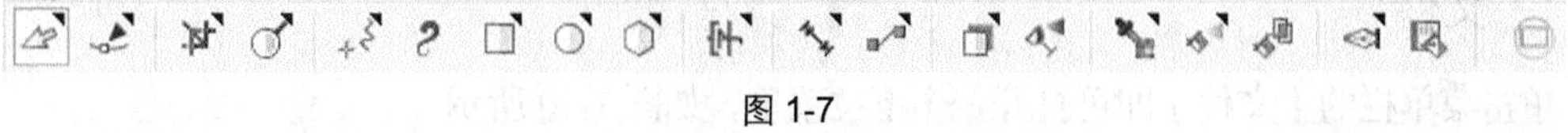

图 1-7

六、调色板

图 1-3 所示右侧竖向摆放的项目是调色板（这里为了排版方便将其竖向摆放），如图 1-8 所示。

默认状态下显示的是常用颜色，单击调色板的滚动按钮 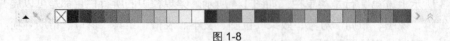，调色板会向上滚动，以显示更多的颜色。单击调色板的展开按钮，可以展开整个调色板，显示所有颜色。

图 1-8

七、图纸和工作区

图 1-3 中，程序界面中间的白色区域是工作区。工作区内有一张图纸，默认状态下，按 A4 图纸的宽度、高度显示。可以通过缩放工具或常用工具栏的显示比例功能来改变图纸的宽度显示，或任意比例显示。可以显示全部图形，也可以显示部分选中的图形等。我们今后的绘图工作就是在工作区内的图纸上进行的。

八、原点和标尺

图 1-3 中，紧靠工作区上侧的尺子是横向标尺，紧靠工作区左侧的尺子是竖向标尺，默认状态下是以十进制显示的，绘图单位可通过属性栏来进行设置。移动鼠标指针时，可以看到两把标尺上各有一条虚线在移动，以显示鼠标指针所处的准确位置，便于绘图时准确定点、定位，如图 1-9 所示。

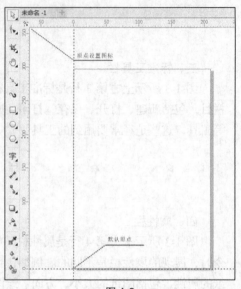

图 1-9

默认状态下，绘图原点处于图纸的左下角。横向标尺与竖向标尺交叉处的按钮 是原点设置按钮，鼠标光标按在按钮，拖动鼠标可以将原点放置在任何需要的位置，便于我们绘图时设置合理的起始位置，方便测量和绘图。

九、状态栏

图 1-3 所示中最下部的是状态栏。当绘制一个图形对象并选中时，该栏将显示图形对象的高度、宽度、中心位置、填充情况等当前状态数据。

1.2 CorelDRAW X7 菜单栏

CorelDRAW X7 应用程序界面上方第 2 行是菜单栏，如图 1-4 所示。菜单栏中的所有栏目都是可以展开下拉菜单的，包括文件、编辑、视图、布局、对象、效果、位图、文本、表格、工具、窗口、帮助等项。通过展开下拉菜单，可以找到绘图需要的大部分工具和命令。

1.2.1 文件

单击菜单栏的【文件】即可打开一个下拉菜单，如图 1-10 所示。

该下拉菜单的每一个命令可以完成一项工作任务，文档信息显示的是近期使用过的文件名称及路径。后面带有黑三角箭头的命令表示还可以展开二级下拉菜单。命令后面的英文组合是该命令的快捷键，直接使用相应的快捷键也可以完成同样的工作任务。如 新建(N)　　Ctrl+N ，表示【新建】命令的快捷键是"Ctrl + N"。下面介绍常用命令。

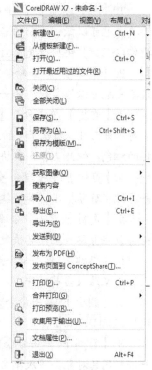

图 1-10

1.【新建】：单击命令 新建(N)　　Ctrl+N ，可以打开一张空白图纸，建立一个新文件。默认状态下，属性为 A4 图纸，竖向摆放，绘图单位为毫米，文件名称为"未命名-1"，其快捷键是 Ctrl + N 。

2.【从模板新建】：单击命令 从模板新建(F)...，可以打开模板选择对话框，可以从中选择合适的模板建立一个新文件。该命令可以帮助我们从已有模板建立一个新文件，以便节省时间，提高工作效率。

3.【打开】：单击命令 打开(O)...　　　　　Ctrl+O ，打开一个文件选择对话框，可以从中选择、打开已经存在的某个文件，以便继续进行绘图工作，或对该文件进行修改等，其快捷键是 Ctrl + O 。

4.【关闭】：单击命令 关闭(C) ，可以关闭当前打开的文件。

5.【保存】：单击命令 保存(S)...　　　　　Ctrl+S ，可以打开一个文件保存对话框，将当前文件保存在我们选定的目录下，其快捷键是 Ctrl + S 。

6.【另存为】：单击命令 另存为(A)...　　　　Ctrl+Shift+S ，可以打开一个另存为对话框，将当前文件保存为其他名称，或保存在其他目录下，其快捷键是 Ctrl + Shift + S 。

7.【导入】：单击命令 导入(I)...　　　　　Ctrl+I ，可以打开一个导入对话框，帮助我们选择某个已有的 JPEG 格式的位图文件，将其导入到当前文件中，其快捷键是 Ctrl + I 。

8.【导出】：单击命令 导出(E)...　　　　　Ctrl+E ，可以打开一个导出对话框，帮助我们将当前文件的全部或选中的部分图形导出为 JPEG 格式的文件，并保存在其他目录下，其快捷键是 Ctrl + E 。

9.【打印】：单击命令 打印(P)...　　　　　Ctrl+P ，可以打开一个打印对话框，帮助我们将当前文件打印输出，其快捷键是 Ctrl + P 。

图 1-11

10.【打印预览】：单击命令 打印预览(R) ，可以打开一个打印预览对话框，帮助我们设置打印文件的准确性，以便能够正确地打印输出。

11.【退出】：单击命令 退出(X)　　　　　Alt+F4 ，可以退出 CorelDRAW X7 应用程序，其快捷键为 Alt + F4 。

1.2.2 编辑

单击【编辑】菜单，即可打开一个下拉菜单，如图 1-11 所示。

该下拉菜单的每一个命令可以完成一项工作任务。后面带有黑三角箭头的命令表示还可以展开二级下拉菜单。命令后面的英文组合是该命令的快捷键，直接使用相应的快捷键也可以完成同样的工作任务。如 撤消创建(U)　　　　Ctrl+Z ，表示【撤销】命令的快捷键是 Ctrl + Z 。下面介绍常用命令。

1. 【撤销创建】：单击命令 撤消创建(U)　　　　　Ctrl+Z　，可以将此前做过的一步操作撤销。连续单击也可以撤销此前的若干步操作，以便对错误的操作进行纠正。命令菜单会显示将要撤销的操作内容，其快捷键是 Ctrl + Z 。

2. 【重做】：单击命令 重做(E)　　　Ctrl+Shift+Z，可以恢复此前撤销的一步操作内容。连续单击也可以恢复此前的若干步操作，其快捷键是 Ctrl + Shift + Z 。

3. 【重复】：单击命令 重复(R)　　　　　Ctrl+R，可以对选中的某个对象重复此前的操作。如对"矩形 1"填充了一种红色，选中"矩形 2"，单击【重复】命令，可以对"矩形 2"填充同样的红色，依此类推，其快捷键是 Ctrl + R 。

4. 【剪切】：单击命令 剪切(T)　　　　Ctrl+X，可以将选中的对象从当前文件中剪切下来，并存放在剪贴板上，其快捷键是 Ctrl + X 。

5. 【复制】：单击命令 复制(C)　　　　Ctrl+C，可以将选中的对象从当前文件中复制下来，并存放在剪贴板上，其快捷键是 Ctrl + C 。

6. 【粘贴】：单击命令 粘贴(P)　　　　　Ctrl+V，可以将通过剪切或复制命令存放在剪贴板上的对象贴入当前文件中，其快捷键是 Ctrl + V 。

7. 【删除】：单击命令 删除(L)　　　　　Delete，可以将选中的对象从当前文件中删除，其快捷键是 Delete 。

8. 【再制】：单击命令 再制(D)　　　　Ctrl+D，可以对选中的对象进行一次再制，即增加一个相同的对象，多次单击可以增加多个相同的对象，其快捷键是 Ctrl + D 。

9. 【全选】：单击命令 全选(A)，可以将当前文件中的所有对象全部选中，以便同时进行下一步操作。

1.2.3 视图

单击【视图】菜单，即可打开一个下拉菜单，如图 1-12 所示。

该下拉菜单的每一个命令可以完成一项工作任务，后面带有黑三角箭头的命令表示此命令下有可以展开的二级下拉菜单。命令后面的英文组合是该命令的快捷键，直接使用相应的快捷键也可以完成同样的工作任务。下面介绍常用命令。

1. 【线框】：单击命令 线框(W)，命令前面显示一个小圆球，表示当前文件的显示状态处于线框状态。文件中所有已经填充的对象将以线框的状态显示，不再显示填充内容。

2. 【增强】：单击命令 ● 增强(E)，命令前面显示一个小圆球，表示当前文件的显示状态处于增强状态。增强视图可以使轮廓形状和文字的显示更加柔和，消除锯齿边缘。选择"增强"模式时还可以选择"模拟叠印"和"光栅化复合效果"。

3. 【全屏预览】：单击命令 全屏预览(F)　　　　F9，计算机屏幕只显示白色工作区域。单击鼠标或按任意键，即可取消全屏预览，恢复正常显示状态。其快捷键是 F9 ，按下快捷键，即可进入全屏预览状态，再次按下快捷键，即可恢复正常显示状态。

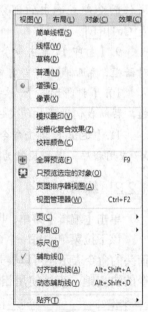

图 1-12

4.【网格】：单击命令 网格(G)，命令前面显示一个"√"，表示该命令处于工作状态。界面工作区显示虚线网格，便于我们绘图时的定位操作。网格的大小、密度是可以设置的。再次单击该命令，命令前面的"√"消失，表示该命令处于非工作状态，网格消失。一般情况下【网格】处于非工作状态。

5.【标尺】：单击命令 √ 标尺(R)，命令前面显示一个"√"，表示该命令处于工作状态。这时界面上显示横向标尺、竖向标尺和原点设置按钮。再次单击该命令，命令前面的"√"消失，表示该命令处于非工作状态，界面上不显示标尺和原点设置按钮。一般情况下，【标尺】处于工作状态。

6.【辅助线】：单击命令 辅助线(I)，命令前面显示一个"√"，表示该命令处于工作状态。我们可以将鼠标指针放在标尺上，拖动鼠标从横向标尺拖出一条水平辅助线，从竖向标尺拖出一条垂直辅助线。再次单击该命令，命令前面的"√"消失，表示该命令处于非工作状态，辅助线消失，并且不能拖出辅助线。一般情况下【辅助线】处于非工作状态。

7.【对齐辅助线】：单击命令 √ 辅助线(U)，命令前面显示一个"√"，表示该命令处于工作状态。当移动一个对象时，该对象会自动对齐辅助线，便于我们按辅助线对齐多个图形对象。再次单击该命令，命令前面的"√"消失，表示该命令处于非工作状态，上述功能不再起作用。

8.【贴齐文档网格】：单击命令 贴齐(T)　　▶　文档网格(D) Ctrl+Y，命令前面显示一个"√"，表示该命令处于工作状态。不论网格显示与否，当移动一个对象时，该对象会自动对齐网格线，便于我们按网格线对齐多个图形对象。再次单击该命令，命令前面的"√"消失，表示该命令处于非工作状态，上述功能不再起作用。

9.【贴齐对象】：单击命令 对象(O)　　Alt+Z，命令前面显示一个"√"，表示该命令处于工作状态。当移动一个对象时，该对象会自动对齐另一个对象，便于我们将多个对象紧密对齐。再次单击该命令，命令前面的"√"消失，表示该命令处于非工作状态，上述功能不再起作用。

1.2.4 布局

单击【布局】菜单，即可打开一个下拉菜单，如图 1-13 所示。

该下拉菜单的每一个命令可以完成一项工作任务。后面带有"……"的命令，表示可以打开一个对话框。紧接命令括号内的英文字母是快捷键，直接使用相应的快捷键，也可以完成相同的工作任务，依此类推。下面介绍常用命令。

1.【插入页面】：单击命令 插入页面(I)，打开一个"插入页面"对话框。通过该对话框，我们可以对插入页面的数量、方向、前后位置、页面规格等进行设置，确定后即可插入新的页面。

2.【删除页面】：单击命令 删除页面(D)...，打开一个"删除页面"对话框。

图 1-13

通过该对话框，可以有选择地删除某个页面或删除某些页面。

3.【切换页面方向】：单击命令 切换页面方向(R)，可以在横向页面和竖向页面之间进行切换。

4.【页面设置】：单击命令 页面设置(P)，打开一个"页面设置"对话框。通过该对话框，可以对当前页面的规格大小、方向、版面等项目进行设置。

5.【页面背景】：单击命令 页面背景(B)，打开一个"页面背景"对话框。通过该对话框，可以对当前页面进行无背景、各种底色背景、各种位图背景等设置。

1.2.5　对象

单击【对象】菜单，即可打开一个下拉菜单，如图 1-14 所示。

该下拉菜单的每一个命令可以完成一项工作任务。后面带有黑三角箭头的命令表示还可以展开二级下拉菜单。命令后面的英文组合是该命令的快捷键，直接使用相应的快捷键也可以完成同样的工作任务。下面介绍常用命令。

1.【变换】：单击命令 变换(T)　，展开一个二级菜单，如图 1-15 所示。

二级菜单中包括位置、旋转、缩放和镜像、大小及倾斜等 5 个命令，单击某个命令，可以打开一个对话框（见图 1-16），这些命令都包含在这个对话框中。通过该对话框，可以对已经选中的图形对象进行位置、旋转、缩放和镜像、大小、倾斜等属性的变换。单击命令 清除变换(M)，可以清除已经进行的变换。

图 1-14

图 1-15

2.【对齐和分布】：单击命令 对齐和分布(A)，可以展开一个二级菜单，如图 1-17 所示。

利用二级菜单中的命令，可以将选中的一个或一组对象进行上述菜单中的对齐操作，便于我们快速将选中的对象或对象组按要求对齐，提高工作效率。

3.【顺序】：单击命令 顺序(O)，可以展开一个二级菜单，如图 1-18 所示。

图 1-16

图 1-17

图 1-18

利用二级菜单中的命令，我们可以将选中的一个或一组对象进行前后位置的设置操作，满足我们绘图的需要。

4.【组合对象】单击命令 组合对象(G) Ctrl+G ，可以将选中的两个及两个以上的对象组合为一组对象，便于同时进行移动、填充等操作，其快捷键是 Ctrl + G 。

6.【取消组合对象】单击命令 取消组合对象(U) Ctrl+U ，可以将选中的一组对象的组合取消，变为单个对象，其快捷键是 Ctrl + U 。

7.【取消全部群组】单击命令 取消组合所有对象(N) ，可以将对齐文件中的所有组合全部取消。

8.【合并】单击命令 合并(C) Ctrl+L ，可以将选中的两个或两个以上的对象结合为一个对象，同时该对象变为曲线，可以对其进行造形编辑，其快捷键是 Ctrl + L 。

9.【拆分曲线】单击命令 拆分曲线(B) Ctrl+K ，可以将选中的通过结合形成的对象分离为单个对象，还可以对由于其他操作形成的结合对象进行分离，其快捷键是 Ctrl + K 。

10.【锁定对象】单击命令 锁定对象(L) ，可以将选中的一个或多个对象锁定，对锁定后的对象不能进行任何编辑操作。便于我们对已经完成的一个对象或部分对象进行临时保护。

11.【解锁对象】单击命令 解锁对象(K) ，可以将选中的已经锁定的对象锁定属性取消，又可以对其进行编辑操作了。

12.【对所有对象解锁】单击命令 对所有对象解锁(J) ，可以将当前文件中的所有锁定对象解除锁定，并对所有对象进行编辑操作。

13.【造形】单击命令 造形(P) ，可以展开一个二级菜单，如图 1-19 所示。通过二级菜单中的命令，可以对选中的对象进行合并、修剪、相交等操作。

14.【转换为曲线】单击命令 转换为曲线(V) Ctrl+Q，可以将利用"矩形"、"椭圆"等工具直接绘制的图形转换为曲线图形，而后就可以对其进行造形编辑了。

图 1-19

1.2.6 效果

单击【效果】菜单，即可打开一个下拉菜单，如图 1-20 所示。

该下拉菜单的每一个命令可以完成一项工作任务。后面带有黑三角箭头的命令表示还可以展开二级下拉菜单。下面介绍常用命令。

1.【调整】单击命令 调整(A) ，可以打开一个二级菜单，如图 1-21 所示。

图 1-20   图 1-21

当图形对象是 CorelDRAW 图形时，二级菜单中只有其中 4 项是高亮显示的，表示可以对图形对象进行【亮度/对比度/强度】、【颜色平衡】、【色度/饱和度/亮度】等操作。将 CorelDRAW 图形对象转换为位图格式后，其他灰色显示的项目变为高亮显示，表示可以对其他项目进行操作。

2.【艺术笔】：单击命令 艺术笔 ，可以打开一个对话框，如图 1-22 所示。

通过对话框中的笔触类型，可以选择不同的艺术笔触，进行"预设"毛笔、"笔刷"笔触、"对象喷灌"等项操作，获得更生动、逼真的预设效果。还可以单击"工具箱"的手绘工具，通过属性栏进行上述操作。

3.【轮廓图】：单击命令 轮廓图(C) Ctrl+F9 ，可以打开一个对话框，如图 1-23 所示。

通过对话框中的设置，可以为一个或一组对象添加轮廓，并且可以控制向内、向外和向中心添加，还可以控制添加轮廓的距离和数量。

4.【透镜】：单击命令 透镜(S) Alt+F3 ，可以打开一个对话框，如图 1-24 所示。

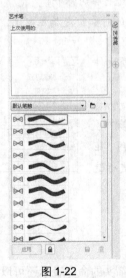

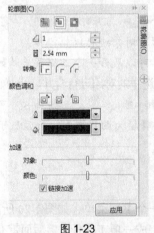

图 1-22   图 1-23   图 1-24

通过对话框中的选项，可以对一个已经填充色彩的对象进行透明度的设置。当透明度为 100% 时，对象是全透明的，即等同于无填充。当透明度为 0% 时，即为不透明，完全看不见下面的对象。当透明度处于 0%～100%时，随着数值的变化，透明度将发生不同的变化。

1.2.7 位图

单击【位图】菜单，即可打开一个下拉菜单，如图 1-25 所示。

该下拉菜单的每一个命令可以完成一项工作任务。后面带有黑三角箭头的命令表示还有可以展开的二级下拉菜单。下面介绍常用命令。

1.【转换为位图】 单击命令 转换为位图(P)... ，可以打开一个对话框。

通过该对话框可以设置位图的颜色模式、分辨率等，将一幅 CorelDRAW 图形转换为位图。只有将 CorelDRAW 图形转换为位图后，【位图】菜单下的功能才能起作用。

2.【三维效果】 单击命令 三维效果(3) ，可以打开一个二级菜单，如图 1-26 所示。

通过二级菜单中的命令，可以对一个位图设置三维旋转、柱面、浮雕、卷页、透视、挤远/挤近、球面等效果。

3.【艺术笔触】 单击命令 艺术笔触(A) ，可以打开一个二级菜单，如图 1-27 所示。

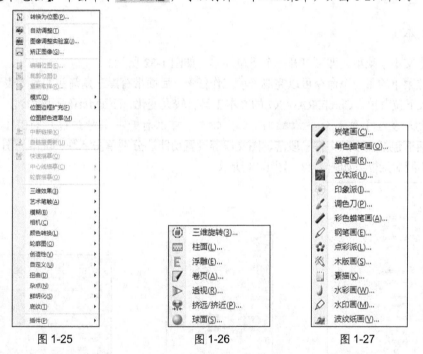

图 1-25   图 1-26   图 1-27

通过二级菜单中的命令，我们可以将一个位图对象改变为多种不同的艺术笔触，从而获得不同的艺术效果。

4.【模糊】 单击命令 模糊(B) ，可以打开一个二级菜单，如图 1-28 所示。

通过二级菜单中的命令，我们可以对一个位图对象进行不同效果的模糊处理，以获得不同的艺术效果。

5.【创造性】 单击命令 创造性(V) ，可以打开一个二级菜单，如图 1-29 所示。

通过二级菜单的命令，我们可以对一个位图对象进行图 1-29 中的各项操作，创造各种不同的肌理，获得不同的效果。

6.【扭曲】：单击命令 扭曲(D) ，可以打开一个二级菜单，如图 1-30 所示。

通过二级菜单的命令，我们可以对一个位图对象进行图 1-31 中的各项操作，获得不同的效果。

7.【杂点】：单击命令 杂点(N) ，可以打开一个二级菜单，如图 1-32 所示。

通过二级菜单的命令，我们可以对一个位图添加不同颜色的杂点，获得不同的效果。

图 1-28 　　　　　　图 1-29 　　　　　　图 1-30 　　　　　　图 1-31

1.2.8　文本

单击【文本】菜单，即可打开一个下拉菜单，如图 1-32 所示。

该下拉菜单的每一个命令可以完成一项工作任务，后面带有黑三角箭头的命令表示还有可以展开的二级下拉菜单。CorelDRAW X7 的文本工具有较大变化，下面介绍常用命令。

1.【文本属性】单击命令 文本属性(P)　　　Ctrl+T ，可以打开一个对话框，如图 1-33 所示。

该对话框包括文本的字符、段落、图文框等设置功能。分别单击字符、段落、图文框命令，可以展开不同对话框，如图 1-33、图 1-34 所示。

图 1-32 　　　　　　图 1-33 　　　　　　图 1-34

通对话框，可以对现有的文本字符、段落、图文框进行设置，以达到所需要求。

2.【编辑文本】：单击命令 编辑文本(X)　　　Ctrl+Shift+T ，可以打开一个对话框，如图 1-35 所示。

通过该对话框，可以对输入的文本或已有文本进行编辑，以达到所需要求。

3.【插入字符】：单击命令 插入字符(H) ，可以打开一个对话框，如图 1-36 所示。

图 1-35

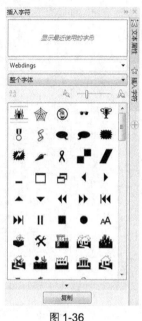

图 1-36

通过该对话框，可以选择合适的字符、符号、图形，插入当前文件中，以便提高工作效率。

4.【使文本适合路径】：单击命令 使文本适合路径(T) ，可以将一组或一个文本字符按确定的路径排列，如图 1-37 所示。

图 1-37

1.2.9 工具

单击【工具】菜单，即可打开一个下拉菜单，如图 1-38 所示。

该下拉菜单的每一个命令可以完成一项工作任务，后面带有黑三角箭头的命令表示该命令还有可以展开的二级下拉菜单。下面介绍常用命令。

1.【选项】：单击命令 选项(O)... Ctrl+J ，可以打开一个对话框，如图 1-39 所示。

通过该对话框，我们可以对其中所有项目属性重新进行默认设置，以便符合自己的使用要求。

图 1-38

2.【自定义】：单击命令 自定义(Z)... ，可以打开一个对话框，如图 1-40 所示。

通过该对话框的【自定义】，我们可以根据自己的要求对其中的项目设置做出某些改变。该对话框与前一个对话框实际上是同样的，其作用也是类似的。

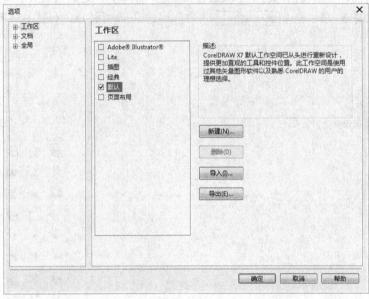

图 1-39

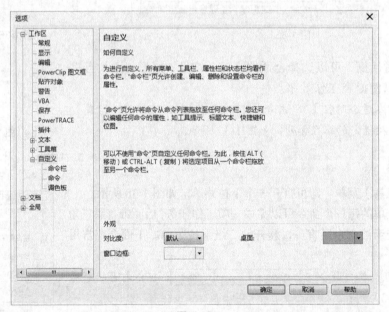

图 1-40

1.2.10　帮助

　　【帮助】菜单下的命令和项目，是 CorelDRAW X7 软件的使用说明或教程，它可以帮助我们学习、了解 CorelDRAW X7 的使用方法，以解决使用过程中的疑问和困难。

　　【窗口】菜单下的命令和二级菜单，我们很少使用，因此在这里不再介绍。

　　注：由于【表格】菜单不经常使用，这里不做介绍。

1.3 CorelDRAW X7 标准工具栏

程序界面上方第 3 行是标准工具栏，如图 1-41 所示。

图 1-41

标准工具栏中的许多工具在菜单栏的项目下也可以找到。软件设计者为了用户使用方便，将其放在了标准工具栏中，便于我们直接使用。常用工具和选项有：新建、打开、保存、打印、剪切、复制、粘贴、撤销、重做、导入、导出、应用程序启动器、CorelDRAW 在线、缩放级别等。

现在按标准工具栏的顺序介绍如下。

一、新建

单击图标，可以打开一张空白图纸，建立一个新文档，默认状态下其属性为 A4 图纸，竖向摆放，绘图单位为毫米，文件名称为"未命名-1"。

二、打开

单击图标，可以打开一个文件选择对话框，我们可以从中选择、打开已经存在的某个文件，以便继续绘图工作，或对该文件进行修改等。

三、保存

单击图标，可以打开一个文件保存对话框，将当前文件保存在我们选定的目录下。

四、打印

单击图标，可以打开一个打印对话框，帮助我们将当前文件打印输出。

五、剪切

单击图标，可以将选中的对象从当前文件中剪切下来，并存放在剪贴板上。

六、复制

单击图标，可以将选中的对象从当前文件中复制下来，并存放在剪贴板上。

七、粘贴

单击图标，可以将通过剪切或复制操作存放在剪贴板上的对象贴入当前文件中。

八、撤销

单击图标，可以将此前做过的一步操作撤销，连续单击也可以撤销此前的若干步操作，以便我们对错误的操作进行纠正。命令菜单会显示将要撤销的操作内容。

九、重做

单击图标，可以恢复此前撤销的一步操作内容，连续单击也可以恢复若干步操作。

十、导入

单击图标，可以打开一个导入对话框，帮助我们选择某个已有的 JPEG 格式的位图文件，将其导入到当前文件中。

十一、导出

单击图标，可以打开一个导出对话框，帮助我们将当前文件的全部图形或选中的部分图形导出为 JPEG 格式的文件，并保存在其他目录下。

十二、应用程序启动器

单击图标 的下拉按钮，可以打开一个下拉菜单，如图 1-42 所示。

该下拉菜单包括一些与 CorelDRAW X7 相关的应用程序，如条码向导、屏幕捕获编辑器、PHOTO-PAINT、电影动画编辑器、位图描摹等。由于这些应用程序很少使用，这里不作介绍，只是了解即可。

十三、缩放级别

单击图标 36% 的下拉按钮，可以打开一个下拉菜单，如图 1-43 所示。

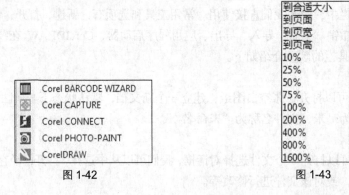

图 1-42	图 1-43

通过该菜单，可以选择不同的缩放比例，以方便我们绘图操作或查看图形。

1.4 CorelDRAW X7 属性栏

程序界面上方第 4 行是属性栏。该属性栏与各种工具的使用和操作相联系。选择一个工具或进行一项操作，即显示一个相应的属性栏。通过属性栏可以对选中的对象进行属性设置和操作。选择不同的对象、进行不同的操作，其属性栏的形式是不同的，可设置的属性也是不同的，因此属性栏的数量和形式多种多样。常用的属性栏包括选择工具属性栏，造型工具属性栏，缩放工具属性栏，手绘工具属性栏，矩形、椭圆、多边形、基本形状属性栏，文字属性栏，交互式工具属性栏等。

1.4.1 选择工具属性栏

1．图纸属性与设置：单击选择图标 ，不选择任何对象时，该属性栏显示的是当前图纸的属性，并可以通过属性栏对图纸的规格、宽度、高度、方向、绘图单位、再制偏移、对齐网格、对齐辅助线、对齐对象等属性进行设置，如图 1-44 所示。

图 1-44

2. 选中一个对象时的属性与设置：当选择一个图形对象时，该属性栏显示的是该对象的属性，并可以对该对象的位置、大小、比例、角度、翻转、图形边角的圆滑、轮廓宽度、到前面、到后面、转换曲线等属性进行设置，如图1-45所示。

图 1-45

3. 选中两个或多个对象时的属性与设置：当选中两个或多个对象时，该属性栏显示的是选中的所有对象的共同属性，并可以进行位置、大小、比例、旋转、镜像翻转等项设置，还可以进行结合、组合、焊接、修剪、相交、简化、对齐等项操作，如图1-46所示。

图 1-46

4. 选中两个或多个对象并组合时的属性与设置：当选中两个或多个对象并组合时，该属性栏显示的是该组合对象的属性，并可以进行位置、大小、比例、旋转、镜像翻转、取消组合、取消全部组合、到前面、到后面等项的设置和操作，如图1-47所示。

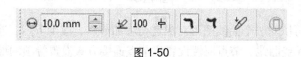

图 1-47

5. 选中两个或多个对象并结合时的属性与设置：当选中两个或多个对象并结合时，该属性栏显示的是该结合对象的属性，并可以进行位置、大小、比例、旋转、镜像翻转、拆分、线形、轮廓宽度等项的设置和操作，如图1-48所示。

图 1-48

1.4.2 造型工具属性栏

1. 形状工具属性栏：当选择形状工具时，显示的是形状工具属性栏，如图1-49所示。

图 1-49

通过该属性栏，可以对一个矩形曲线图形对象增加节点、减少节点、连接两个节点、断开曲线、曲线变直线、直线变曲线、节点属性设置、节点连接方式设置等项操作。

2. 涂抹工具属性栏：当选择涂抹工具时，显示的是涂抹工具属性栏，如图1-50所示。

图 1-50

通过该属性栏，可以设置涂抹工具的大小、角度等项操作。

3. 粗糙属性栏：当选择粗糙工具时，显示的是粗糙属性栏，如图1-51所示。

图 1-51

通过该属性栏，可以设置笔刷的大小、刷毛的密度（频率）、角度、自动、固定等项操作。

4. 刻刀工具属性栏（此工具在裁剪工具的下拉菜单中）：当选择刻刀工具时，显示的是刻刀工具属性栏，如图1-52所示。通过该属性栏，可以对一个曲线图形对象进行任意形式的切割，并且可以设置切割形式。

5. 橡皮擦工具属性栏（此工具在裁剪工具的下拉菜单中）：当选择橡皮擦工具时，显示的是橡皮擦工具属性栏，如图1-53所示。

图 1-52   图 1-53

通过该属性栏，可以设置橡皮擦工具的厚度、橡皮擦的形状等。

1.4.3 缩放工具属性栏

当选择缩放工具时，显示的是缩放工具属性栏，如图1-54所示。

图 1-54

通过该属性栏，可以进行现有比例的设置，也可以选择放大、缩小选项，进行自由缩放，还可以选择显示所有图形、显示整张图纸、按图纸宽度显示、按图纸高度显示等。

1.4.4 手绘工具属性栏

1. 手绘工具属性栏：当选择手绘工具时，显示的是手绘工具属性栏，如图1-55所示。

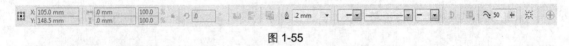

图 1-55

通过该属性栏，可以对一个手绘图形对象进行位置、大小、比例、旋转、镜像翻转、拆分、线形、轮廓宽度等项的设置和操作。

2. 贝塞尔线属性栏：当选择贝塞尔线工具时，显示的是贝塞尔线属性栏，如图1-56所示。

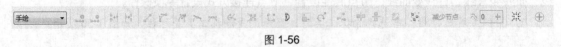

图 1-56

通过该属性栏，可以对一个曲线图形对象进行增加节点、减少节点、连接两个节点、断开曲线、曲线变直线、直线变曲线、节点属性设置、节点连接方式设置等项的操作。

3. 艺术笔属性栏（该工具在工具箱中独立显示）：当选择艺术笔工具时，显示的是艺术笔属性栏，如图 1-57 所示。

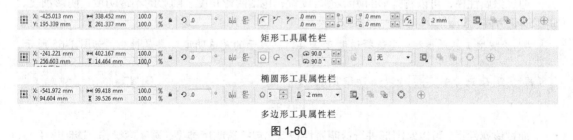

图 1-57

通过该属性栏，可以选择预设笔触、笔刷笔触、喷涂笔触、书法笔触、压力笔触，也可以进行笔触平滑度、笔触宽度等项的设置。

4. 钢笔工具属性栏：当选择钢笔工具时，显示的是钢笔工具属性栏，如图 1-58 所示。

图 1-58

通过该属性栏，可以进行位置、大小、比例、旋转、镜像翻转、拆分、线形、轮廓宽度等项的设置和操作。

5. 平行度量工具属性栏（此项在工具箱下部）：当选择平行度量工具时，显示的是平行度量工具属性栏，如图 1-59 所示。

图 1-59

通过该属性栏，可以对图形的数据标注进行多项设置，包括：度量样式、度量精度、动态度量、文本位置、延伸线选项、轮廓宽度等。

1.4.5　矩形、椭圆、多边形、基本形状属性栏

当选择矩形工具、椭圆工具、多边形（包括基本形状）工具时，分别显示不同的属性栏，它们的形式基本相同，如图 1-60 所示。

矩形工具属性栏

椭圆形工具属性栏

多边形工具属性栏

图 1-60

通过属性栏，都可以进行位置、大小、比例、旋转、镜像翻转、线形、轮廓宽度、到前面、到后面等项的设置和操作。此外，椭圆工具属性栏还具有椭圆、饼形、弧形选项，基本形状属性栏还具有形状类型选择菜单，通过菜单可以选择不同的基本形状。

1.4.6　文字属性栏

当选择文字属性栏时，显示的是文字属性栏，如图 1-61 所示。

图 1-61

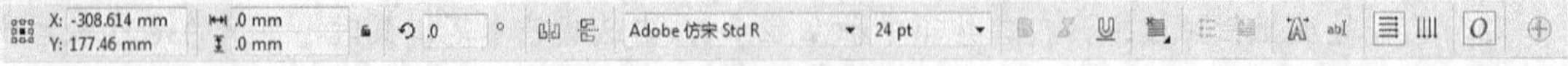

通过该属性栏，可以对文字进行字体、大小、格式、排列方向等项的设置，还可以进行文字编辑。

1.4.7 交互式工具属性栏

1. 交互式调和工具属性栏：当选择调和工具时，显示的是交互式调和工具属性栏，如图 1-62 所示。

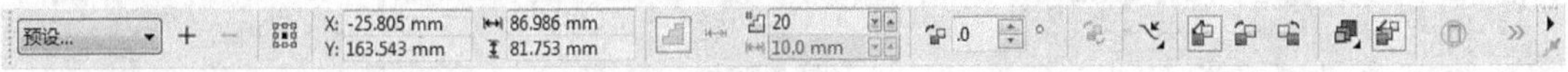

图 1-62

通过该属性栏，可以对两个图形对象之间的形状渐变调和、色彩渐变调和进行设置，包括图形位置、图形大小、渐变数量、渐变角度等。

2. 轮廓图工具属性栏：当选择轮廓工具时，显示的是轮廓图工具属性栏，如图 1-63 所示。

图 1-63

通过该属性栏，可以在一个图形外自动添加轮廓，并能进行图形位置、图形大小、轮廓位置、轮廓数量、轮廓间距、轮廓颜色、填充颜色等设置。

3. 阴影工具属性栏：当选择阴影工具时，显示的是阴影工具属性栏，如图 1-64 所示。

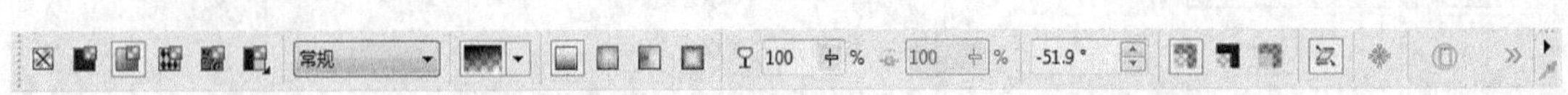

图 1-64

通过该属性栏，可以对图形的阴影进行设置，包括阴影角度、阴影的不透明度、阴影羽化、阴影羽化方向、阴影颜色等。

4. 透明度工具属性栏：当选择透明度工具时，显示的是透明度工具属性栏，如图 1-65 所示。

图 1-65

通过该属性栏，可以对图形进行透明属性设置，包括透明度类型、透明度操作、透明度中心、透明度边衬、透明度应用选择等。

1.5 CorelDRAW X7 工具箱

工具箱在默认状态下位于程序界面的左侧，并竖向摆放。它是以活动窗口的形式显示的，因此其位置、方向可以通过拖动鼠标来改变。CorelDRAW X7 的工具箱涵盖了绘图、造型的大部分工具，如图 1-66 所示。

右下方带有黑色标记的图标，表示本类工具还包含其他工具。按住图标不放，会打开一个工具条，显示更多的工具，图 1-67 所示为按住手绘工具显示的工具。

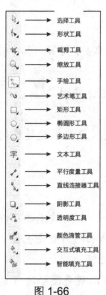

图 1-66

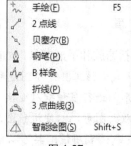

图 1-67

在这些工具中，有些是很少使用或完全使用不到的，因此这里着重介绍服装设计中经常使用的工具。下面按照工具箱的顺序进行介绍。

1.5.1　选择工具

选择工具 是一个基本工具，它具有多种功能：

1. 利用选择工具，可以选择不同的功能按钮和菜单等；
2. 单击一个对象将其选中，选中后的对象四周会出现 8 个黑色小方块；
3. 拖动鼠标会显示一个虚线方框，虚线方框包围的所有对象都同时被选中；
4. 在选中状态下，再拖动对象，可以移动该对象；
5. 在选中状态下，再次单击对象，对象四周会出现 8 个双箭头，中心出现一个圆心圆，表示该对象处于可旋转状态。单击 4 个角的某个双箭头，并拖动光标，即可转动该对象；
6. 在选中状态下，再单击某个颜色，可以为对象填充该颜色；
7. 在选中状态下，在某个颜色上单击鼠标右键，可以将对象轮廓颜色改变为该颜色。

1.5.2　形状工具

该类工具包括：形状、平滑、涂抹、转动、吸引、排斥、沾染、粗糙等工具，其中使用较多的工具是形状工具和粗糙笔刷，如图 1-68 所示。

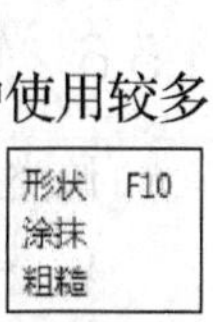

1. 形状 ：该工具是绘图造型的主要工具之一。利用该工具可以增减节点、移动节点；可以将直线变为曲线、曲线变为直线；可以对曲线进行形状改造等。

形状	F10
涂抹	
粗糙	

图 1-68

2. 涂抹 ：利用该工具可以对曲线图形进行不同色彩之间的穿插涂抹，实现特殊的造型效果。

3. 粗糙 ：这个工具对于服装设计作用较大，利用该工具可以将图形边沿进行毛边处理，实现特定服装材料的质感效果。

1.5.3 裁剪工具

该类工具包括裁剪工具、刻刀工具、橡皮擦工具和虚拟段删除工具等。其中使用较多的工具是刻刀工具和橡皮擦工具，如图 1-69 所示。

图 1-69

1. 刻刀工具 ：利用该工具可以将现有图形进行任意切割，实现对图形的绘制改造。

2. 橡皮擦工具 ：利用该工具可以擦除图形的轮廓和填充，实现快速造型的目的。

1.5.4 缩放工具

该类工具包括缩放和手形工具，如图 1-70 所示。

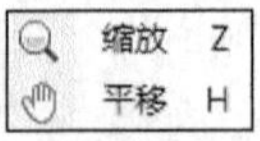

1. 缩放工具 ：该工具是绘图过程中经常使用的工具之一。利用该工具可以对图纸（包括图形）进行多种缩放变换，使我们在绘图过程中能够随时观看全图、部分图形和局部放大图形，以便进行图形的精确绘制和全图的把握。

图 1-70

2. 平移工具 ：利用该工具可以自由移动图纸，使我们可以观看图纸的任意部位。

1.5.5 手绘工具

该类工具包括手绘工具、2 点线工具、贝塞尔工具、钢笔工具、B 样条工具、折线工具、3 点曲线工具、艺术笔工具等，如图 1-71 所示。其中手绘工具、艺术笔工具是服装设计使用较多的工具。

1. 手绘工具 ：该工具是绘图过程中最基本的画线工具，是使用率较高的工具之一。利用该工具可以绘制单段直线、连续曲线、连续直线、封闭图形等。

图 1-71

2. 贝塞尔线工具 ：利用该工具可以绘制连续自由曲线，并且在绘制曲线过程中，可以随时控制曲率变化。

3. 艺术笔工具 ：该工具对于绘制服装设计效果图作用很大。利用艺术笔工具可以进行多种预设笔触的绘图、不同画笔绘图、不同笔触书法创作，以及多种图案的喷洒绘制等。

4. 钢笔工具 ：利用该工具可以进行连续直线、曲线的绘制和图形绘制。

5. 折线工具 ：利用该工具可以快速绘制连续直线和图形。

6. 3 点曲线工具 ：利用该工具可以绘制已知三点的曲线，如领口曲线、裆部曲线等。

1.5.6 矩形工具

该类工具包括矩形工具和 3 点矩形工具，如图 1-72 所示。

1. 矩形工具 ：该工具是服装制图的常用工具。利用该工具可以绘制垂直放置的一般长方形，按住 Ctrl 键可以绘制正方形。

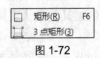

图 1-72

2．3 点矩形工具 ：利用该工具可以绘制任意方向的长方形，按住 Ctrl 键可以绘制任意方向的正方形。

1.5.7 椭圆工具

该类工具包括椭圆形工具和 3 点椭圆形工具，如图 1-73 所示。

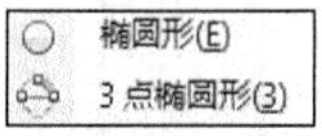

1．椭圆形工具 ○：该工具是服装制图的常用工具。利用该工具可以绘制垂直放置的一般椭圆，按住 Ctrl 键可以绘制圆形。

图 1-73

2．3 点椭圆形工具 ：利用该工具可以绘制任意方向的椭圆，按住 Ctrl 键可以绘制任意方向的圆形。

1.5.8 多边形工具

该类工具包括多边形、星形、复杂星形、图纸和螺旋等，如图 1-74 所示。

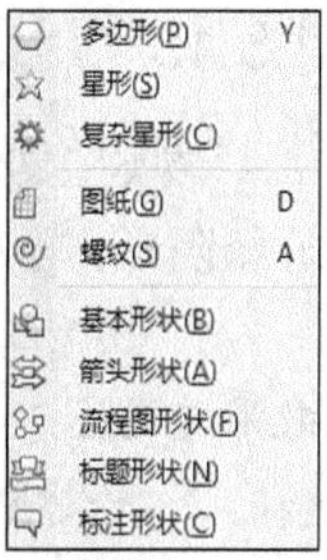

1．多边形工具 ○：利用该工具可以绘制任意多边形，其边的数量可以通过属性栏进行设置。

2．星形工具 ☆：利用该工具可以绘制任意多边星形，其边的数量可以通过属性栏进行设置。

3．复杂星形工具 ✿：利用该工具可以绘制任意多边星形，其边的数量可以通过属性栏进行设置。

4．图纸工具 ▦：利用该工具可以绘制图纸的方格，形成任意单元表格，其行和列可以通过属性栏进行设置。

图 1-74

5．螺纹工具 ◎：利用该工具可以绘制任意的螺旋形状，螺旋的密度、展开方式可以通过属性栏进行设置，如图 1-75 所示。

6．基本形状 ▷：通过属性栏的形状选择菜单，可以选择绘制不同的形状，如图 1-76 所示。

7．箭头形状 ▷：通过属性栏的形状选择菜单，可以选择绘制不同形状的箭头，如图 1-77 所示。

图 1-75

图 1-76

图 1-77

8．流程图形状 ▯：通过属性栏的形状选择菜单，可以选择绘制不同形状的流程图，如图 1-78 所示。

9．标题形状 ▭：通过属性栏的形状选择菜单，可以选择绘制不同的标题形状，如图 1-79 所示。

10．标注形状 ▢：通过属性栏的形状选择菜单，可以选择绘制不同形状的标注，如图 1-80 所示。

图 1-78	图 1-79	图 1-80

1.5.9　文本工具

文本工具 字 是服装设计中的常用工具之一。利用该工具可以进行中文、英文和数字的输入。

1.5.10　阴影工具

该类工具包括阴影、轮廓图、调和、变形、封套、立体化等工具，如图 1-81 所示。这里着重介绍阴影、轮廓图、调和工具。

1. 阴影工具 ：利用该工具可以对任何图形添加阴影，加强图形的立体感，使效果更逼真。

2. 轮廓图工具 ：利用该工具可以方便地对服装衣片添加缝份。

3. 调和工具 ：利用该工具可以在任意两个色彩之间进行任意层次的渐变调和，以获得我们需要的色彩，还可以在任意两个形状之间进行任意层次的渐变处理，尤其在进行服装推板操作时非常方便。

图 1-81

1.5.11　透明度工具

透明度工具 ：利用该工具可以对已有填色图形进行透明渐变处理，以获得更加漂亮的效果。

1.5.12　颜色滴管工具

该类工具包括颜色滴管工具和属性滴管工具，如图 1-82 所示。

1. 颜色滴管工具 ：利用该工具可以获取图形中现有的任意一个颜色，以便对其他图形进行同色填充。

图 1-82

2. 属性滴管工具与颜色滴管工具的使用基本一致，不再叙述。

1.5.13　轮廓工具

该类工具是关于轮廓的宽度、颜色的一系列工具，包括轮廓画笔对话框、轮廓颜色对话框、无轮廓和轮廓从最细到最粗的系列工具，如图 1-83 所示，这里重点介绍轮廓画笔对话框及常用轮廓宽度工具。

轮廓笔 ：单击该图标可以打开【轮廓笔】对话框，如图 1-84 所示。通过该对话框可以设置轮廓的颜色、宽度，还可以设置画笔的样式、笔尖的形状等。

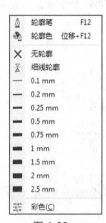

图 1-83

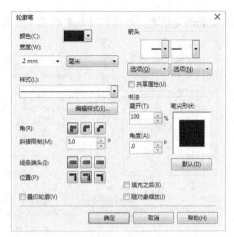

图 1-84

1.5.14　交互式填充工具

该类工具包括交互式填充和网状填充工具，如图 1-85 所示。

图 1-85

1. 交互式填充 ：利用该工具，配合属性栏的其他工具，可以对图形进行多种填充，以获得不同的填充效果。

2. 网状填充 ：利用该工具可以对已经填充的图形进行局部填充、局部突出的处理，实现立体化的效果。

1.5.15　编辑工具

该类工具包括均匀填充、渐变填充、图样填充、底纹填充、PostScript 填充、无填充和彩色等 7 种工具，这里重点介绍均匀填充、渐变填充、图样填充、底纹填充、无填充等工具，如图 1-86 所示。

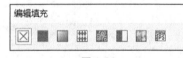

图 1-86

1. 均匀填充 ：单击该图标，可以打开【均匀填充】对话框，如图 1-87 所示。通过该对话框，可以调整色彩并进行填充。

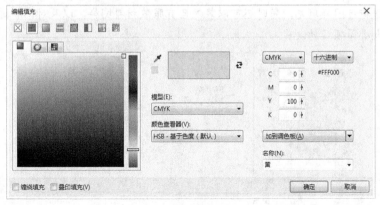

图 1-87

2. 渐变填充 ：单击该图标可以打开【渐变填充方式】对话框，如图 1-88 所示。通过该对话框，可以进行不同类型的渐变填充，包括线性渐变填充、射线渐变填充、圆锥渐变填充、方角渐变填充等。

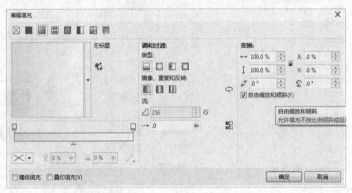

图 1-88

3. 向量图填充▦：单击该图标可以打开【向量图样填充】对话框，如图 1-89 所示。通过该对话框可以进行矢量图样填充，同时还可以装入已有服装材料图样，以及对图样进行位置、角度、大小等项目的设置。

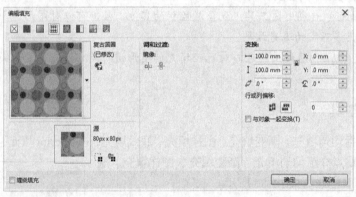

图 1-89

4. 位图图样填充▨：单击该图标可以打开【位图图样填充】对话框，如图 1-90 所示。通过该对话框可以进行位图样填充，同时还可以装入已有服装材料图样，以及对图样进行调和过渡、位置、角度、大小等项目的设置。

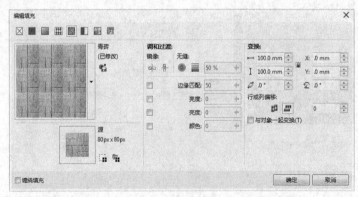

图 1-90

5. 双色图样填充▨：单击该图标可以打开【双色图样填充】对话框，如图 1-91 所示。通过该对话框可以进行双色图样填充，以及对图样进行位置、角度、大小等项目的设置。

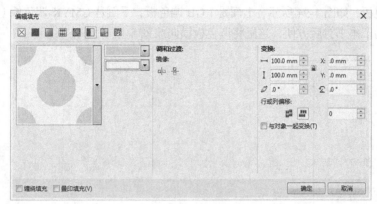

图 1-91

6. 底纹填充▨：单击该图标可以打开【底纹填充】对话框，如图 1-92 所示。通过该对话框可以选择多种不同形式的底纹，并可以对底纹进行多种项目的设置，以实现设计效果。

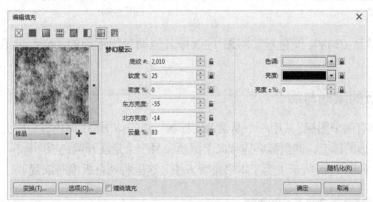

图 1-92

本节内容主要介绍了 CorelDRAW X7 工具箱中涉及服装设计方面的各种工具。要求读者通过学习能够在界面上熟练地找到各种工具，并且了解各种工具的基本功能，为以后的学习奠定一定的基础。

 # 1.6　CorelDRAW X7 调色板

调色板可以为封闭图形填充颜色，改变图形轮廓和线条的颜色，是重要的设计工具之一。主要包括调色板的选择、调色板的滚动与展开以及调色板的使用等内容。

1.6.1　调色板的选择

程序界面右侧是调色板，默认状态下显示的是"CMYK 调色板"。通过单击界面的【窗口】→

【调色板】，可以打开一个二级菜单，如图 1-93 所示。

通过该二级菜单，可以选择【默认 CMYK 调色板】、【默认 RGB 调色板】等，这时界面右侧会出现 2 个调色板，如图 1-94 所示，上面是 RGB 调色板，下面是 CMYK 调色板（软件的调色板是竖向放置，为了本书排版方便，这里将调色板横向放置）。

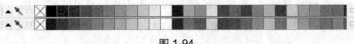

图 1-93   图 1-94

一般选用默认 CMYK 调色板，将图 1-93 中其他调色板前面的"√"取消，关闭其他调色板。

1.6.2 调色板的滚动与展开

调色板下部有两个图标，其中一个是滚动图标 ▼，单击该图标，调色板会向上滚动一个颜色，将鼠标指针按在该图标上，调色板会连续向上滚动；另一个是展开调色板图标 ◄，单击该图标，会展开调色板，如图 1-95 所示（为了本书排版方便，这里将调色板横向放置）。

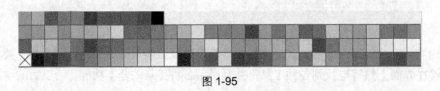

图 1-95

1.6.3 调色板的使用

1. 填充颜色：利用工具箱中的任何一种绘图工具（手绘工具、矩形工具、椭圆工具、基本形状工具）绘制一个封闭图形，将其选中，再单击调色板中的某个颜色，该颜色即可填充图形。

2. 改变填充：如果对已经填充的颜色不满意，在选中图形的状态下，单击调色板中的另一个颜色，即可将该颜色填充到图形中。

3. 取消填充：如果想取消一个图形的填充，单击调色板上部的取消填充图标⊠，即可取消该图形的填充。

1.7 CorelDRAW X7 常用对话框

CorelDRAW X7 提供了许多非常有用的对话框，帮助我们进行绘图操作。现将与数字化服装设计关系密切的部分对话框进行逐一介绍，它们是辅助线设置对话框、对象属性对话框、变换对话框和造型对话框。

1.7.1 辅助线设置对话框

辅助线设置是数字化服装设计绘图的常用操作。选择程序界面中的菜单【工具】→【选项】→【文档】→【辅助线】命令，可以打开辅助线设置对话框，如图 1-96 所示。

图 1-96

通过该对话框，可以在图中左侧选择"水平""垂直""辅助线"等项目，在右侧紧靠项目名称下方的数值栏中输入需要的数值，单击【添加】按钮，即可添加一条辅助线。按要求反复操作，即可设置所有辅助线。

1.7.2 对象属性对话框

选择程序界面中的菜单【对象】→【对象属性】命令，可以打开【对象属性】对话框，如图 1-97 所示。

该对话框中包括填充、轮廓等项目。单击对话框中的填充图标，可以展开二级对话框，其中包括均匀填充、渐变填充、图样填充和底纹填充等，现在分别介绍如下。

1. 均匀填充：选择"均匀填充"选项，可以打开一个对话框，如图 1-97 所示。滚动调色盘，选择合适的颜色，单击【应用】按钮，可以将该颜色填充到选中的图形中。

通过该对话框，可以选择色彩模式和设置任意颜色，以满足我们设计需要。同时还可以准确给出选定颜色的基本色调和比例，如图 1-98 所示。

图 1-97　　　　　　　　　　　　　　　图 1-98

2. 渐变填充：选择"渐变填充"选项，可以打开渐变填充对话框，如图 1-99 所示。

该对话框包括线性渐变、射线渐变、圆锥渐变、方形渐变等渐变形式。通过该对话框可以选择不同的渐变形式和渐变颜色。设置完成后，单击【应用】按钮，即可对一个选中的封闭图形进行渐变填充。

对话框的下部与 CorelDRAW X3、X5 基本相同，如图 1-100 所示。

图 1-99　　　　　　　　　　　　　　　图 1-100

通过该对话框，不但可以进行上述操作，还可以设置渐变的角度、边界、中心位置、自定义中点，还可以进行预设样式渐变填充等。

3. 图样填充：选择"图样填充"选项，可以打开【图样填充】对话框，如图 1-101 所示。

该对话框包括双色图样填充、全色图样填充、位图图样填充等形式。通过该对话框，可以选择不同的填充形式，也可以设置双色图案填充的颜色，还可以选择现有的图案样式。设置完成后，单击【应用】按钮，即可对一个封闭图形进行填充。

对话框的下部与 CorelDRAW X3、X5 基本相同，如图 1-102 所示。

通过该对话框，不但可以进行上述操作，还可以设置装入其他样式文件、创建双色图案、改变原点、改变大小，以及进行倾斜、旋转、位移、平铺尺寸、是否与对象一起变换等设置。

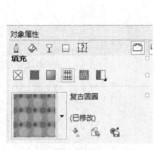

图 1-101　　　　　　　　　　　　　　　图 1-102

4．底纹填充：选择"底纹填充"选项，可以打开【底纹填充】对话框，如图 1-103 所示。

通过该对话框，可以选择底纹样本，选择底纹样式，选择完成后，单击【应用】按钮，即可对一个封闭图形进行底纹填充。

对话框的下部与 CorelDRAW X3、X5 基本相同，如图 1-104 所示。

通过该对话框，不但可以进行上述操作，还可以对底纹的众多属性进行设置。

图 1-103　　　　　　　　　　　　　　　图 1-104

1.7.3　变换对话框

选择程序界面中的菜单【对象】→【变换】→【大小】命令，可以打开【变换】对话框，如图 1-105 所示。

该对话框中包括位置、旋转、镜像、大小、斜切等项目，现在分别介绍如下。

1．位置变换：单击位置图标，显示的是位置对话框，如图 1-106 所示。

图 1-105   图 1-106

通过该对话框，我们可以对选中的图形对象进行精确位置的设置。如在相对位置模式下，在对话框的水平位置"X"中输入一个数值，单击【应用】按钮，图形对象会自原位水平向右移动输入的距离；如在垂直位置"Y"中输入一个数值，单击【应用】按钮，图形对象会自原位垂直向上移动输入的距离。如果在【副本】框中输入一个数值，原对象会保留在原位，并在输入数值的位置上移动再制输入数值的图形对象等。同时还可以设置移动模式、移动基点等。

2. 旋转变换：单击旋转图标 ↻，显示的是旋转对话框，如图 1-107 所示。

通过该对话框，我们可以对选中的图形对象进行旋转设置操作。如在相对中心模式下，在对话框的【角度】文本框中输入一个数值，单击【应用】按钮，图形对象会旋转输入的角度；如果在【副本】框中输入一个数值，原对象会保留在原位，并在输入数值的位置上旋转再制输入数值的图形对象等。同时还可以设置旋转模式、中心位置等。

3. 镜像变换：单击镜像变换图标 ⊿，显示的是镜像变换对话框，如图 1-108 所示。

图 1-107   图 1-108

通过该对话框，我们可以对选中的图形对象进行镜像变换和比例缩放的设置。一般情况下，我们不去改变图形的比例。单击水平镜像按钮 ，再单击【应用】按钮，图形对象会水平镜像翻转一次。如果在【副本】框中输入一个数值，原对象会保留在原位，并在输入数值的位置上移动再制输入数值的水平镜像翻转图形对象等。同时还可以设置镜像模式、镜像翻转的中心基点等。

4. 大小变换：单击大小变换图标 ，显示的是大小变换对话框，如图 1-109 所示。

通过该对话框，我们可以对选中的图形对象，进行大小的设置操作。如在不按比例模式下，在水平大小"X"中输入一个数值，再单击【应用】按钮，图形对象会按输入的数值，在水平方向出现大小变化；如果在【副本】框中输入一个数值，原对象会保留在原位，并在输入数值的位置上再制输入数值的变化后的图形对象等。垂直大小"Y"的变换原理同上。同时还可以设置大小变换模式、变换的中心基点等。

5. 斜切变换：单击斜切变换图标 ，显示的是斜切变换对话框，如图 1-110 所示。

通过该对话框，我们可以对选中的图形对象进行斜切变换的设置操作。在水平斜切"X"中输入一个数值，再单击【应用】按钮，图形对象会按输入的数值，在水平方向出现斜切变化。如果在【副本】框中输入一个数值，原对象会保留在原位，并在输入数值的位置上再制输入数值的斜切变换后的图形对象等。垂直斜切"Y"的变换原理同上。同时还可以设置斜切变换模式、变换的中心基点等。

图 1-109

图 1-110

1.7.4 造型对话框

选择程序界面的菜单【对象】→【造型】→【造型】命令，可以打开一个二级菜单，打开造型对话框。

该对话框中包括焊接、修剪、相交等项目，现在分别介绍如下。

1. 焊接：单击对话框中的下拉按钮，打开下拉菜单，选择【焊接】命令，显示的是焊接对话框，如图 1-111 所示。

通过该对话框，可以将两个或多个选中的图形对象，焊接为一个图形对象，并且除去相交部分，保留焊接到的某个图形对象的颜色。同时还可以选择保留来源对象、目标对象或不保留等。

2. 修剪：单击对话框中的下拉按钮，打开下拉菜单，选择【修剪】命令，显示的是修剪对话框，如图 1-112 所示。

通过该对话框，可以对一个图形对象，用一个或多个图形对象进行修剪，得到需要的图形。同时还可以选择保留来源对象、目标对象或不保留等。

图 1-111   图 1-112

3. 相交：单击对话框中的下拉按钮，打开下拉菜单，选择【相交】命令，显示的是相交对话框，如图 1-113 所示。

通过该对话框，可以对两个图形对象进行相交操作，保留两个图形重叠相交的部分。同时还可以选择保留来源对象、目标对象或不保留等。

4. 简化：单击对话框中的下拉按钮，打开下拉菜单，选择【简化】命令，显示的是简化对话框，如图 1-114 所示。

通过该对话框，可以减去后面图形对象中与前面图形对象重叠的部分，并保留前面和后面的图形对象。

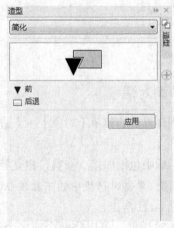

图 1-113   图 1-114

1.8　Corel PHOTO-PAINT 简介

PAINT 分为 CorelDRAW X7 自带的 Corel PHOTO-PAINT 应用程序和独立的 Corel Painter 两种。Corel PHOTO-PAINT 程序结合了 CorelDRAW X7 的【位图】，其功能与 Photoshop 相似，因此使用 CorelDRAW X7 对于绘制服装效果图十分方便。独立的 Corel Painter 程序与前者有所不同，功能较多，能够进行绘画创作，绘制逼真的美术作品，尤其能够绘制逼真的裘皮服装效果，结合使用可以绘制更好的服装效果图。

一、Corel PHOTO-PAINT 的界面

1. 打开程序：打开 Corel DRAW X7，在标准工具栏中单击打开其他程序图标 ，在下拉菜单中选择 Corel PHOTO-PAINT ，可以打开 Corel PHOTO-PAINT 应用程序，如图 1-115 所示。

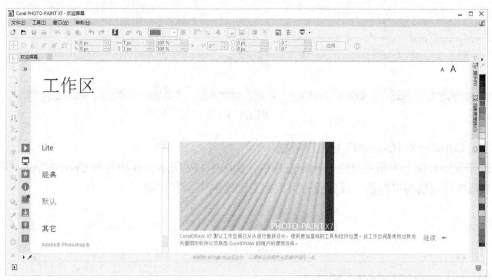

图 1-115

2. 设置图纸：单击【新建】图标，即可打开一个图纸设置对话框，如图 1-116 所示。

通过该对话框，可以设置颜色模式、背景颜色、图纸大小、绘图单位、分辨率等，如图 1-117 所示。

3. 界面内容：Corel PHOTO-PAINT 的界面与 CorelDRAW 的界面十分相似，同样包括标题栏、菜单栏、标准工具栏、属性栏、工具箱、调色板、状态栏、标尺和原点、图纸和工作区等内容。

二、Corel PHOTO-PAINT 菜单栏

处于程序界面上方第二行的是菜单栏，如图 1-118 所示，其下拉菜单和命令功能与 CorelDRAW 相似，通过实际操作很快即可熟悉，具体操作方式在后面案例中会有详解。

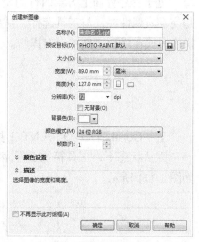

图 1-116

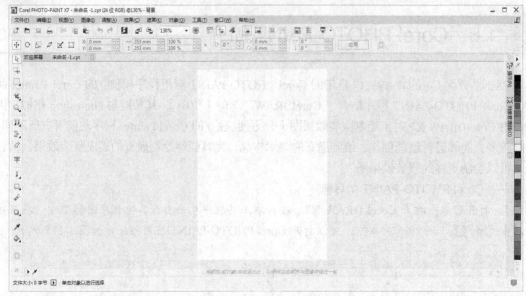

图 1-117

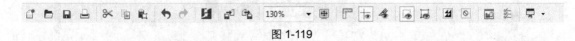

图 1-118

三、Corel PHOTO-PAINT 标准工具栏

处于程序界面上方第三行的是标准工具栏，如图 1-119 所示，其功能与 CorelDRAW 相似，通过实际操作很快即可熟悉，具体操作方式在后面案例中会有详解。

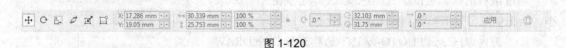

图 1-119

四、Corel PHOTO-PAINT 属性栏

处于程序界面上方第四行的是属性栏，如图 1-120 所示，其功能与 CorelDRAW 相似，它也是交互式属性栏，与工具选择、对象选择、命令操作相联系，通过实际操作很快即可熟悉，具体操作方式在后面案例中会有详解。

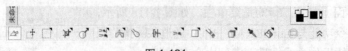

图 1-120

五、Corel PHOTO-PAINT 工具箱

默认状态下，工具箱位于程序界面的左侧，竖向放置。为了排版方便，我们将其横向放置，如图 1-121 所示。

图 1-121

工具箱包括我们经常使用的工具，大部分工具的使用方法与 CorelDRAW X7 和 Photoshop 类似，这里重点将使用较多且与服装效果图绘制相关的绘画工具、效果工具和颜色设置工具介绍如下。

1. 绘画工具：单击绘画工具的黑三角，展开一个菜单，如图 1-122 所示。其中主要工具是绘制工具 ，图像喷涂工具 ，替换颜色笔刷工具 等。

单击绘制工具图标 ，其属性栏会自动切换到绘制工具属性栏，如图 1-123 所示。

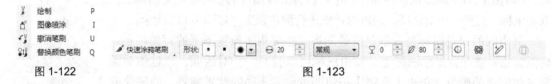

图 1-122   图 1-123

我们可以通过改变绘制工具属性栏的设置，选择符合要求的绘制工具属性进行绘画，包括艺术笔刷的选择、笔刷类型的设置、笔尖形状的选择、笔尖大小的设置、绘制模式的选择、透明度设置、光滑处理设置和羽化设置等，如图 1-124～图 1-126 所示。

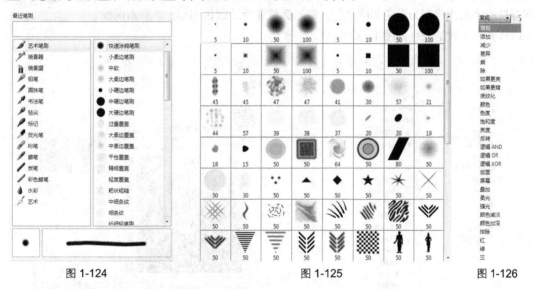

图 1-124   图 1-125   图 1-126

单击图像喷涂工具图标 ，其属性栏会自动切换到图像喷涂工具属性栏，如图 1-127 所示。

图 1-127

我们可以通过改变图像喷涂工具属性栏的设置，选择符合要求的图像喷涂工具属性进行绘画。包括笔刷类型的选择，如图 1-128 所示，修改喷涂列表 、大小的设置、色块的图像数量和间隔、扩展和淡出、透明度设置等。

2. 效果工具：单击工具箱上的效果工具图标 ，其属性栏会自动切换到效果工具属性栏，如图 1-129 所示。

我们可以通过改变效果工具属性栏的设置，选择符合要求的效果工具属性进行绘画。包括效果类型的选择，如图 1-130 所示，笔刷类型的设置、笔尖形状的选择、笔尖大小的设置、绘画模式的选择、透明度设置、光滑处理设置等。

3．颜色设置工具：工具箱最下方的是颜色设置工具，分别用于设置绘画的前景色、背景色和对象填充色。

其中上方的绿色图标是前景色设置图标，主要用于设置绘画工具的颜色。单击右侧调色板的一个色标，前景色会改变为单击的颜色。利用绘画工具绘图时，画笔绘制效果即是设置的颜色；也可以将鼠标指针放在对象填充图标上，双击鼠标，打开一个对话框，通过对话框进行颜色设置，如图 1-131 所示。

其中间的白色图标是背景色设置图标，主要用于设置图纸的背景颜色。将鼠标指针放在背景色图标上，双击鼠标可以打开一个对话框，通过该对话框选择需要的颜色，单击【确定】按钮即可设置不同的背景颜色。当删除或擦除绘制的图像后，留下的即是设定的背景颜色，如图 1-132 所示。

其下部的橘红色图标是填充颜色设置图标，主要对绘制图形填充颜色。利用绘图工具绘制一个图形，程序会自动填充设定的颜色，绘制一条线时，程序会自动将图线填充为设定的颜色等。将光标放在绘图颜色图标上，双击鼠标，可以打开一个对话框，如图 1-133 所示。

图 1-128

图 1-129

图 1-130

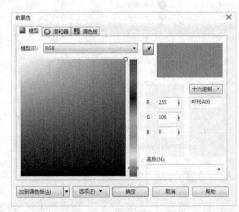

图 1-131

图 1-132

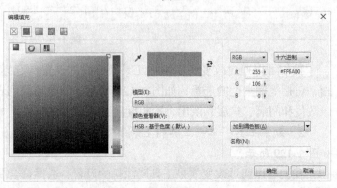

图 1-133

通过该对话框，可以选择绘图颜色为"使用前景色"填充设置、"使用背景色"填充设置，也可以选择使用不同的图案填充设置 ⊠ ▣ ▣ ▨ ▦ 等。通过单击【编辑】按钮，可以打开颜色和图案编辑对话框，进行颜色设置、图案设置。

最下部是重置图标 ▬▫ ，单击该图标，前景色和填充色同时变为黑色。

六、Corel Painter 2015

我们可以通过网络下载一个 Corel Painter 2015 独立软件，安装后打开程序。

1. Corel Painter 2015 的界面，如图 1-134 所示。

图 1-134

2. 利用仿制笔的毛发仿制工具 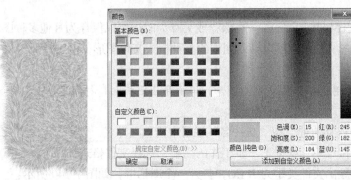 ，可以绘制逼真的毛发效果，如图 1-135 所示。

3. 绘制不同颜色的毛发效果：通过双击工具箱中的主要颜色图标 ，可以打开一个对话框，如图 1-136 所示。

通过对话框改变颜色，可以绘制不同颜色的毛发效果，如图 1-137 所示。

图 1-135   图 1-136   图 1-137

4. Corel painter 2015 的其他使用方法与 Corel PHOTO-PAINT X5 相似，请大家自行使用熟悉即可。

通过本节内容，我们认识了 Corel PHOTO-PAINT X5、Corel Painter 2015 的基本功能和一些与服装设计关系密切的工具。这两个程序与 Corel DRAW X7 配合使用，在 CorelDRAW X7 中绘制完成一幅服装效果图，将其在 Corel PHOTO-PAINT X7 或 Corel Painter 2015 中打开，利用相关工具进行效果处理，可以获得更为完美的服装设计效果图，如图 1-138 所示。

CorelDRAW X7 效果图　　　　PHOTO-PAINT X7 效果图　　　Corel Painter 2015 效果图

图 1-138

 # 1.9　CorelDRAW X7 的打印和输出

一、文件格式

CorelDRAW X7 的默认文件格式是"cdr"，在保存或另存为时还可以保存为其他多种图形格式。程序可以导出多种格式图形文件，也可以导入同样的多种格式文件图形；可以打开"cdr"文件，也可以打开其他多种格式的文件。

1. 导出保存转换格式：利用选择工具 选中图形，单击导出图标 ，打开【导出】对话框，如图 1-139 所示。

在"保存在"栏目中选择保存地址，在"文件名"栏目中输入文件名，勾选"只是选定的"复选框，展开"保存类型"下拉菜单，根据下一步工作的需要，选择文件格式类型，其他默认即可。单击【导出】按钮，选择导出文件类型为 JPEG，打开一个对话框，如图 1-140 所示。

通过该对话框可以设置图形的高度和宽度，可以设置图形的比例、单位、分辨率、颜色模式等，一般保持默认状态即可。单击【确定】按钮，后面连续单击【确定】按钮直至完成保存工作。

图 1-139

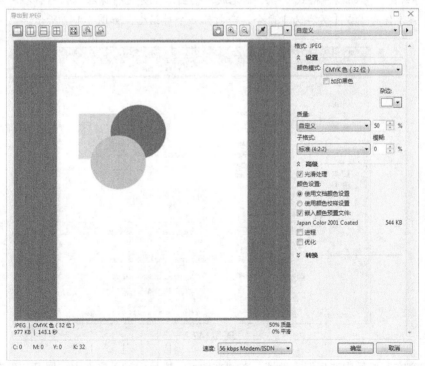

图 1-140

常用的文件格式包括 52 种文件格式。单击图 1-139 所示对话框的"保存类型"下拉菜单，其文件格式类型选项如图 1-141 所示。其中常用的文件格式包括 JPG、GIF、TIF、PSD、AI 等。

JPG - JPEG 位图	JP2 - JPEG 2000 位图
PDF - Adobe 可移植文档格式	JPG - JPEG 位图
AI - Adobe Illustrator	MAC - MACPaint Bitmap
CPT - Corel PHOTO-PAINT Image	PCX - PaintBrush
PNG - 可移植网络图形	PDF - Adobe 可移植文档格式
	PCT - Macintosh PICT
AI - Adobe Illustrator	PLT - HPGL Plotter File
PFB - Adobe Type 1 Font	PNG - 可移植网络图形
BMP - Windows 位图	PP5 - Picture Publisher 5.0
BMP - OS/2 Bitmap	PPF - Picture Publisher v10 Image
CAL - CALS Compressed Bitmap	PSD - Adobe Photoshop
CGM - 计算机图形图元文件	RTF - Rich Text Format
CMX - Corel Presentation Exchange	SCT - Scitex CT Bitmap
CMX - Corel Presentation Exchange Legacy	SVG - Scalable Vector Graphics
CPT - Corel PHOTO-PAINT Image	SVGZ - Compressed SVG
CPT - Corel PHOTO-PAINT 7/8 Image	SWF - Adobe Flash
CUR - Windows 3.x/NT Cursor Resource	TGA - Targa Bitmap
DOC - MS Word for Windows 6/7	TIF - TIFF 位图
DWG - AutoCAD	TTF - True Type Font
DXF - AutoCAD	TXT - ANSI Text
EMF - Enhanced Windows Metafile	WMF - Windows Metafile
EPS - 内嵌式 PostScript	WP4 - Corel WordPerfect 4.2
FMV - Frame Vector Metafile	WP5 - Corel WordPerfect 5.0
FPX - Kodak FlashPix Image	WP5 - Corel WordPerfect 5.1
GEM - GEM File	WPD - Corel WordPerfect 6/7/8/9/10/11
GIF - CompuServe Bitmap	WPG - Corel WordPerfect Graphic
ICO - Windows 3.x/NT Icon Resource	WSD - WordStar 2000
IMG - GEM Paint File	WSD - WordStar 7.0
JP2 - JPEG 2000 位图	WI - Wavelet Compressed Bitmap
JPG - JPEG 位图	XPM - XPixMap Image

图 1-141

2. 保存或另存为的文件格式：当绘制完成一个图形，并进行保存时，选择程序界面菜单栏的【文件】→【保存】或【另存为】命令，会打开一个对话框，如图 1-142 所示。

图 1-142

在"保存在"栏目中选择保存地址，在"文件名"栏目中输入文件名，展开"保存类型"下拉菜单，根据下一步工作的需要，选择文件格式类型，其他默认即可。单击【保存】按钮即可完成保存工作。

常用的文件格式有 20 种。单击图 1-142 所示对话框的"保存类型"下拉菜单，其文件格式类型选项如图 1-143 所示。其中常用的文件格式包括 CDR、CMX、AI 等。

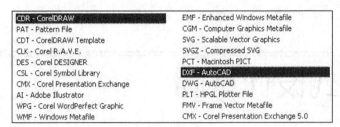

图 1-143

二、文件打印与输出

1. 当要作为一般作业或文档输出时，可以直接在程序中打印文件。操作方法与大部分程序相同。

2. 当要输出服装 CAD 样板图或排料图时，首先将文件另存为与输出仪的文件格式相同的格式，将计算机与输出仪连接，输出打印即可。CorelDRAW X7 的兼容性很强，所有计算机设备基本上都可以使用。

3. 当要使用自动裁剪设备时，同样要先将文件另存为与自动裁剪设备的文件格式相同的格式，再将计算机与自动裁剪设备连接，即可自动裁剪。

第 2 章

服装款式设计基础

款式是指服装的基本形态，服装的造型设计一般从服装的款式构思入手。在具体的服装中，服装的款式由服装的外形、领子、门襟、袖子、口袋、腰头等组合进行表现。因此，我们也从组成服装款式的这些元素入手开始研究服装的款式造型设计。服装是由人来穿用的，无论什么款式的服装，都必须符合人体的基本形态、身体结构比例，符合服装美学基本原理。因此本章重点探讨人体的基本形态和比例、服装廓型、服装美学法则等内容。

服装款式设计的步骤是确定整体造型、设计分割造型、设计局部造型、设计配件和配饰。

2.1 人体的比例与形态

一、人体的身长比例

不同年龄的人体高度与头长的比例是不同的，一般情况下，1~3 岁的比例是 4 个头长，4~6 岁是 5 个头长，7~9 岁是 6 个头长，10~16 岁是 7 个头长，成年一般是 7.5 个头长（如图 2-1 所示）。

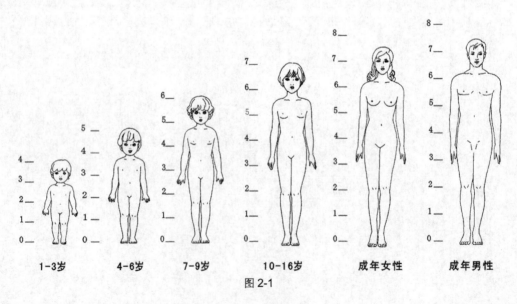

| 1-3岁 | 4-6岁 | 7-9岁 | 10-16岁 | 成年女性 | 成年男性 |

图 2-1

二、款式设计的身长比例

服装设计常用的身长比例为七头身、八头身、九头身和十头身,服装款式设计采用八头身的比例。

七头身是现实生活中的最佳真实比例,如果采取写实主义,这一比例最为合适。而服装设计和现实写生的身长比例有差别,这种差别变化也是随潮流而改变。为突出姿势,最理想的比例是八头身(如图 2-2 所示)。

三、男女体型的区别

女性身体较窄,其最宽部位也不超过两个头宽,乳头位置比男性的稍低,腰细,事实上女性通常有较短的小腿和稍粗的大腿。女性的肚脐位于腰线稍下方,男性的则在腰线上方或与之平齐。女性的肘位处于腰线稍上,臀部较宽,成梯形;男性臀部较窄,成倒梯形。

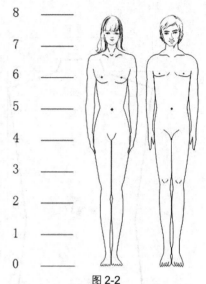

图 2-2

男女的区别是明显的,初学者往往画起来女性像男性,男性像女性。有的人认为男性不好画,线条没有女性的优美,其实不然。女性有女性的美,男性有男性的美,只要下功夫练习即可。一定要掌握女性特征和男性特征,以及表现上的不同特点。要记住并不难,最主要是熟练运用。在画笔、画料方面,没有男、女之别。一般来说,细而柔的线条宜于表现女性,刚而硬的线条宜于表现男性,至于如何运用得娴熟,这就得靠观察和练习了(如图 2-3 和图 2-4 所示)。

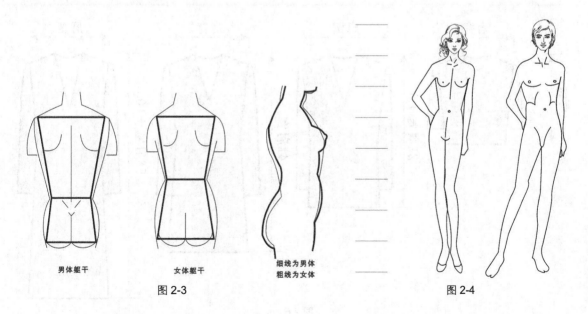

男体躯干　　　　女体躯干　　　　细线为男体
　　　　　　　　　　　　　　　　　　粗线为女体

图 2-3　　　　　　　　　　　　　　图 2-4

四、服装款式设计的比例

1. 男女上衣基本比例

男女上衣基本比例如图 2-5 所示。

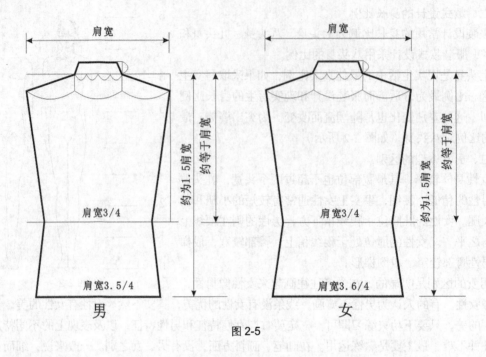

图 2-5

2. 上衣比例

上衣比例如图 2-6 所示。

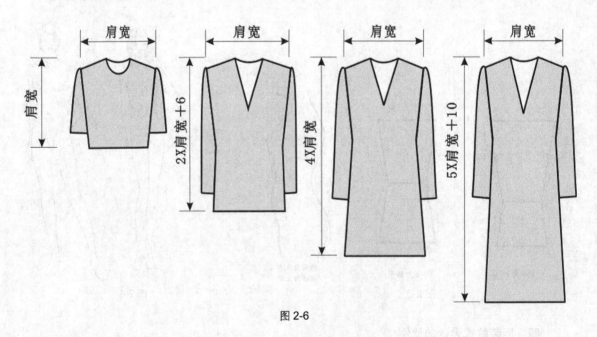

图 2-6

3. 裙子比例

裙子比例如图 2-7 所示。

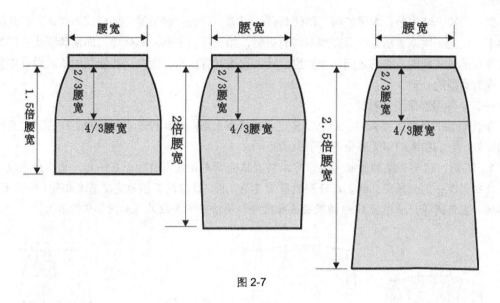

图 2-7

4. 裤子比例

裤子比例如图 2-8 所示。

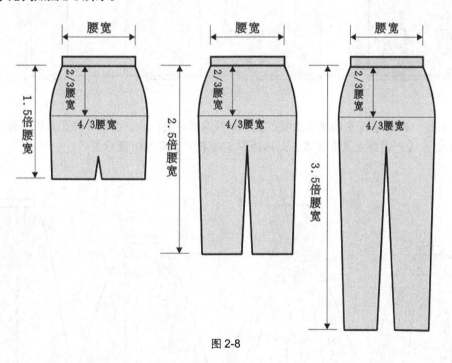

图 2-8

 ## 2.2　服装轮廓造型

服装的廓型即服装的轮廓造型，它的变化对服装的整体形态起决定性的作用：廓型相同的服装，如中山装、学生装、军便装等，即使其领、门襟、口袋、腰头等局部样式不同，它们之间的差异不会让人一眼就看出来；而廓型不同的服装，如长裤、中裤、短裤等，即使其腰头、门襟、口袋等局部样式相同，它们之间的差异也会让人一眼就看出来。因此，在服装的款式设计中要特别重视对廓型的处理。

一、单件服装廓型的种类

单件服装的外形主要有 H、A、V、S 这 4 种基本形态。这 4 种基本形态除了在样式上有明显不同以外，它们给人的审美感受也有很大的不同。

1. H 形：H 形以直线结构为主，可以将直线分割与曲线省位结合在一起，总体为直线，但曲线特征仍有一定的保留。廓型为 H 形的服装其肩、腰、臀围或下摆的宽度基本相等，如直筒衫、直筒裙、直筒裤等。廓型为 H 形的服装具有质朴、简洁的审美效果（如图 2-9 所示）。

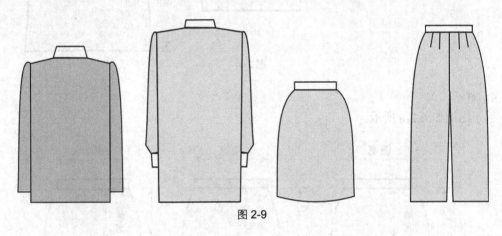

图 2-9

2. A 形：廓型为 A 形的服装上窄下宽，如窄肩放摆的披风、衬衣、外套、喇叭裙、大喇叭裤等。廓型为 A 形的服装具有活泼、潇洒的审美效果（如图 2-10 所示）。

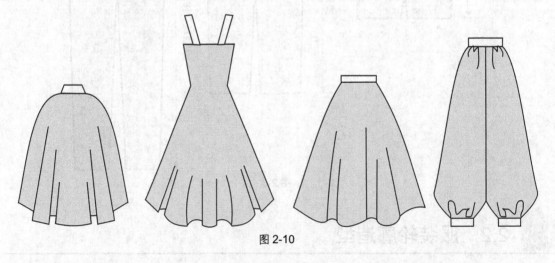

图 2-10

3. V 形：廓型为 V 形的服装上宽下窄，如具有夸张肩部和缩窄下摆的夹克、连衣裙、外套等。廓型为 V 形的服装具有洒脱的阳刚美（如图 2-11 所示）。

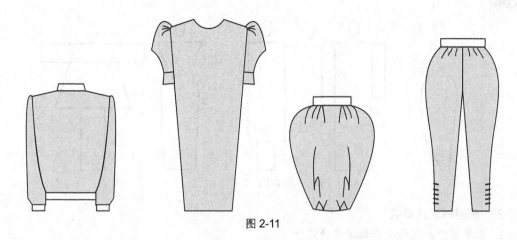

图 2-11

4．S 形：廓型为 S 形的服装外轮廓与人体本身的曲线比较吻合，如西装上衣、旗袍、小喇叭裤等。廓型为 S 形的服装具有温和、典雅、端庄的审美效果（如图 2-12 所示）。

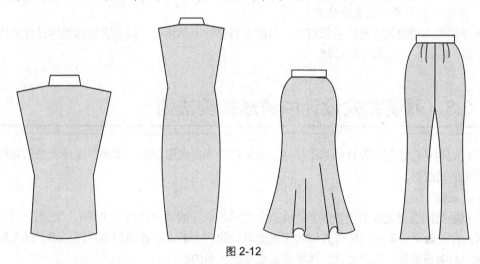

图 2-12

二、组合服装的廓型

在整体着装时，服装的廓型常常是以组合状态出现的，因此，在对服装的整体着装进行构思时，要注意服装组合后的廓型效果（如图 2-13 所示）。

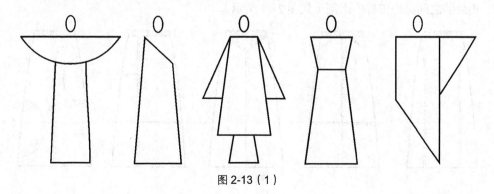

图 2-13（1）

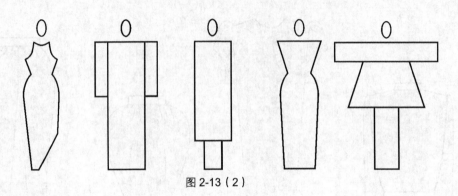

图 2-13（2）

三、廓型的设计要点

1. 服装廓型的设计要符合服装的流行。

由于廓型对服装的款式有十分明显的影响，因此，服装款式流行的特点常常会表现于服装的廓型，设计时应注意使服装的廓型符合流行。

2. 廓型的设计要注意整体协调。

单件服装廓型的设计要注意长与宽、局部与局部的比例协调。组合服装廓型的设计要注意上装与下装、内衣与外衣的比例协调。

2.3 服装款式设计中的形式美法则

形式法则是造型艺术设计的基本法则，为了进一步提高服装设计水平，设计者必须掌握造型美的基本形式法则。

一、比例

比例是指同类量之间的倍数关系。在造型艺术的创作活动中，作为法则的"比例"则要求艺术形式内部的数量关系必须符合人们的审美追求，即艺术形式中各局部与局部之间，以及局部与整体之间的面积关系、长度关系、体积关系都要给人美的感受。

对服装的设计也要这样：在单件服装设计中，要注意让组成服装的各局部之间、局部与整体之间保持美好的比例，如领与门襟之间、口袋与衣片之间、腰头与裤片之间，都必须有适当的数量关系，服装才能给人美的感受；而在成套服装设计中，除了上述要求以外，还要注意让上下装之间、内外装之间保持美好的比例（如图 2-14 所示）。

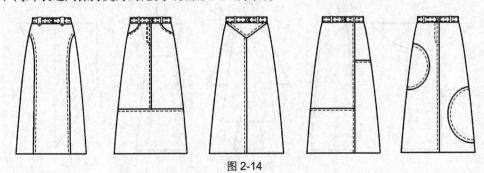

图 2-14

二、平衡

平衡是指对立的各方在数量或质量上相等或相抵之后呈现的一种静止状态。在造型艺术的创作活动中，作为法则的"平衡"则是要求艺术形式中不同元素之间组合后必须给人平稳、安定的美感。

服装的平衡美是通过服装中各造型元素适当配合表现的，当服装中的造型元素呈对称形式放置时，服装会呈现出简单、稳重的平衡美，对称形式如图 2-15 所示。而当服装中的造型元素呈非对称形式放置，且仍然能保持整体平衡时，服装会呈现出多变、生动的平衡美（如图 2-16 所示）。因此，设计者应结合设计要求，适当且灵活地组织服装中的各种元素，让这些元素为服装带来设计所需要的平衡美感。

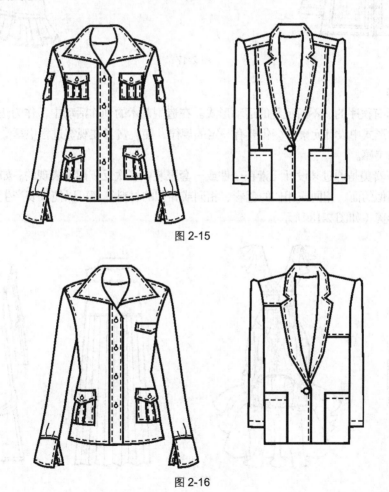

图 2-15

图 2-16

三、呼应

呼应是指事物之间互相照应的一种形式。在造型艺术的创作活动中，作为法则的"呼应"则是要求艺术形式中相关元素之间有适当联系，以便表现艺术形式内部的整体协调美感。

服装的整体协调美是通过相关元素外在形式的相互呼应或内在风格的相互呼应产生的，如用相同的色彩、相同的图案或相同的材料装饰服装的不同部位就可以使服装的色彩、图案或材料等设计元素之间产生协调美；或让组合在一套服装中的各个单品都统一在相同的风格中，服装也能呈现出和谐的整体协调美（如图 2-17 所示）。

图 2-17

四、节奏

节奏是指有秩序的、不断反复的运动形式。在造型艺术的创作活动中，作为法则的"节奏"则是要求艺术形式中设计元素的变化要有一定的规律，使观赏者在观赏过程中享受到这种有规律的变化带来的美感。

服装的节奏美是通过某设计元素在一件或一套服装中多次反复出现表现的，如相同或相似的线、相同或相似的面、相同或相似的色彩、相同或相似的材料等都可以使服装产生有秩序的、不断表现的节奏美（如图 2-18 所示）。

图 2-18

五、主次

主次是指事物中各元素组合之间的关系。在造型艺术的创作活动中，作为法则的"主次"则是指艺术形式中各元素之间的关系不能是平等的，必须有主要部分和次要部分的区别，主要部分在变化中起统领作用，而次要部分的变化必须服从主要部分部位的变化，对主要部分起陪衬或烘托作用。艺术形式中各元素的主次分明了，其设计风格和设计个性就能显现出来。

　　构成服装的元素很多，如点、线、面、色彩、图案等，在运用这些元素设计某一件服装时也要注意处理好这些元素之间的主次关系，或以点为主、或以线为主、或以面为主、或以色彩为主、或以图案为主，而让其他元素处于陪衬地位。服装中起主导作用的元素突出了，服装也就有了鲜明的个性或风格（如图 2-19 所示）。

图 2-19

六、多样统一

　　多样统一是宇宙的根本规律，它孕育了人们既不爱呆板、又不爱杂乱的审美心理。在造型艺术的创作活动中，作为法则的"多样统一"是对比例、平衡、呼应、节奏、主次的集中概括，它要求艺术作品的形式既要丰富多样，又要和谐统一。

　　单调呆板的服装是不美的，杂乱无章的服装也是不美的。在追求"统一"效果的服装中添加适当的变化，让"统一"的服装避免单调；在追求"多样"效果的服装中让各元素的变化协调起来，使"多样"的服装避免杂乱，是衡量服装设计者水平高低的重要依据（如图 2-20 所示）。

图 2-20（1）

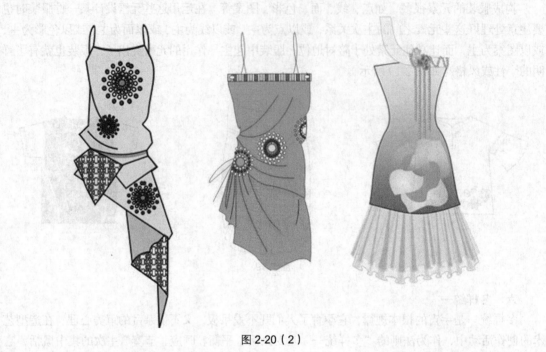

图 2-20（2）

第 3 章

服装部件和局部设计

　　服装款式构成服装的基本形态，服装的造型设计一般从服装的款式构思入手。在具体的服装中，服装的款式由服装的外形、领子、门襟、袖子、口袋、腰头等组合进行表现。因此，我们也从组成服装款式的这些元素入手开始进行服装造型的设计研究。

3.1　领子的设计与表现

　　领子是目光最容易触及的地方，同时，领子在上衣各局部的变化中总是起主导作用，因此，领子的设计通常是上衣设计的重点。

一、领子的分类和设计要点

　　根据领子的结构特征，领子可以分为领口领、立领、贴身领、驳领、连身领等（如图 3-1 所示）。

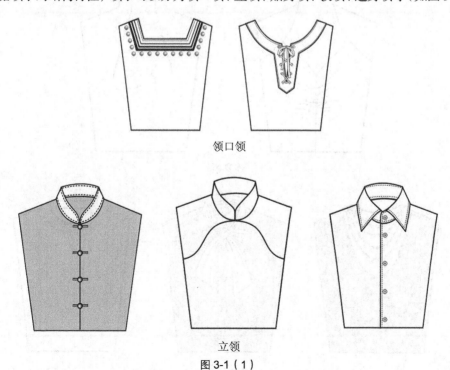

领口领

立领

图 3-1（1）

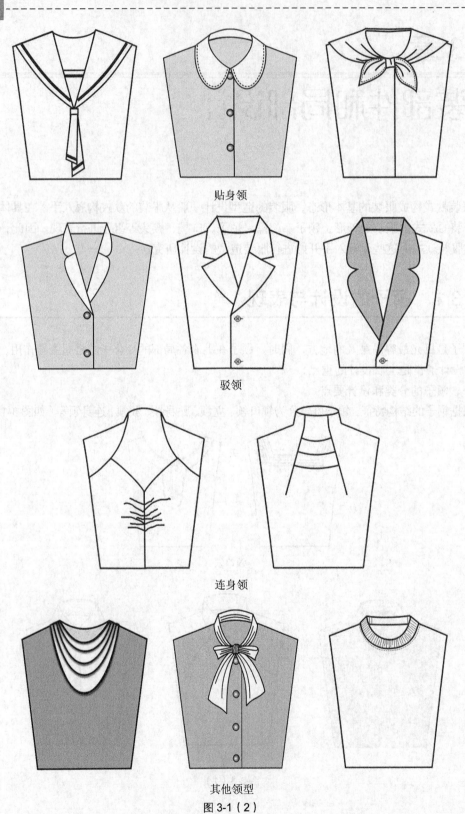

贴身领

驳领

连身领

其他领型

图 3-1（2）

各种类型的领子除了结构不同以外，给人的审美感受和设计表现方法也不同。在领子的设计中，应该注意以下几点：

1. 在批量生产的服装中，应尽可能运用流行元素设计领子。
2. 针对具体穿衣人时，领子的设计要符合穿衣人的脸型和颈项特征。
3. 领子的造型要与服装的整体风格一致。

二、领口领的设计与表现

领口领是指没有领面，只有领口造型的领子。领口领的形态由衣片的领口线或服装吊带的形态来确定，常常能给人简洁、轻松的美感。

用电脑设计和表现领口领，应先确定并画好衣身上部图形，然后在肩颈点以外的适当位置设计并画好领口线，最后再对领口线作适当装饰。装饰领口线的方法有很多，如辑明线、包边、嵌边、加缝花边或荷叶边等，设计中应根据服装的整体需要去把握。明线是装饰领口的方法，也是缝合衣片常用的方法，还可以用来装饰服装的其他部位。下面以图 3-2 的款式图为例，介绍领口领的绘制方法。

1. 图纸设置：打开 CorelDRAW X7，单击程序界面上的【新建】图标，或通过欢迎对话框（如图 3-3 所示），展开一张空白图纸。

图 3-2   图 3-3

通过程序界面上方的"交互式属性栏"（如图 3-4 所示）对图纸进行设置。

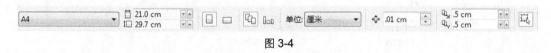

图 3-4

属性栏的第一列是图纸规格，单击右侧的下拉按钮 ，展开下拉菜单，选择【A4】图纸，即完成了图纸的规格设置（如图 3-5 所示）。

属性栏的第二列是绘图数据单位的设置菜单，单击右侧的下拉按钮，展开下拉菜单，选择【厘米】，设置绘图单位为厘米（如图 3-6 所示），即完成了绘图单位的设置。

属性栏的第三列是图纸方向设置按钮 。单击纵向按钮，设置图纸纵向摆放，即完成了图纸方向的设置。

图 3-5

图 3-6

2. 绘图比例的设置。双击横向标尺，打开"选项"对话框（如图 3-7 所示）。

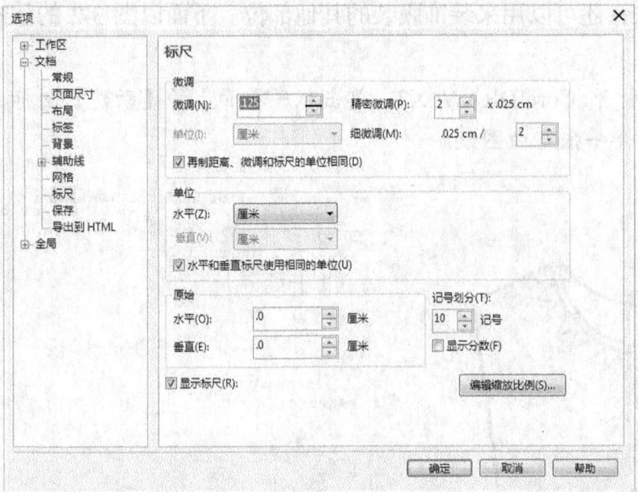

图 3-7

单击【标尺】对话框中的【编辑缩放比例】按钮，打开【绘图比例】对话框。将【页面距离】设置为"1.0"厘米，将【实际距离】设置为"5.0"厘米，单击【确定】按钮，即完成了 1:5 的绘图比例设置（如图 3-8 所示）。

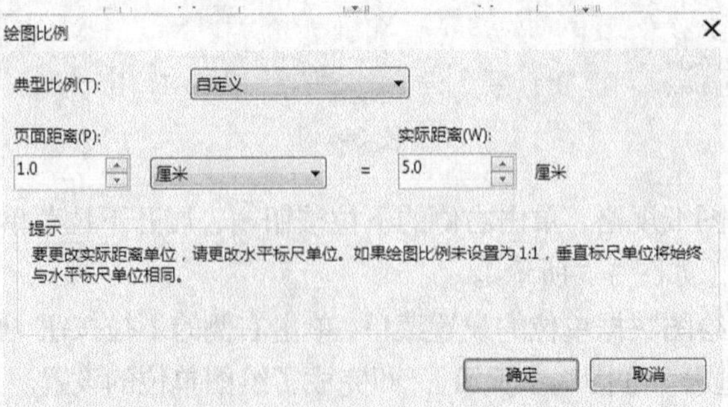

图 3-8

注：所有图纸的设置基本相同，以后不再叙述。

3．原点和辅助线的设置：为了绘图的方便与准确，一般都要设置原点位置和辅助线。单击挑选工具 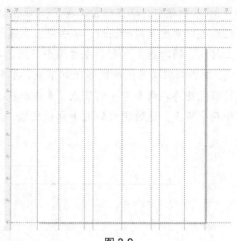，将鼠标指针移至横竖标尺的交叉点处，按住并拖动鼠标，将原点放置在图纸的适当位置。参照图 3-9，从竖向标尺上分别拖出若干条竖向辅助线，将其放置在相应位置，再从横向标尺上拖出若干条横向辅助线，将其放置在相应位置。

设置完原点后，还可以通过【辅助线】设置对话框进行精确设置。双击横向标尺，打开【标尺】设置对话框。在对话框的左侧展开【辅助线】

图 3-9

选项，选中【水平】选项，在右侧的文本框中输入需要的水平辅助线位置数据，比如：矩形高度线 –40cm，落肩线 –5cm 等，单击【确定】按钮。重复上述操作步骤，选中【垂直】选项，在右侧的文本框中输入需要的垂直辅助线位置数据，比如：矩形宽度线 20、–20cm，领口宽度线 10、–10cm，收腰位置线 15、–15cm 等，单击【确定】按钮（如图 3-10 所示）。

图 3-10

注：所有原点和辅助线的设置基本相同，以后不再叙述。

4．绘制外框：单击矩形工具 □，参照辅助线绘制一个矩形，其中宽度为 40cm，高度也为 40cm（如图 3-11 所示）。

5．绘制衣身：利用挑选工具 选中矩形，单击交互式属性栏的转换为曲线图标，将矩形转换为曲线。单击挑选工具，将原点拖动到矩形上边的中点处。单击形状工具，在矩形上边中点两侧各 10cm 处分别双击鼠标，增加 2 个节点。同时将矩形上边两端的节点分别向下移动 5cm，形成落肩。将矩形下边的两个节点分别向内移动 5cm，形成收腰形状（如图 3-12 所示）。

6. 绘制领口：单击椭圆工具 ◯，以上边中点为圆心，同时按住 Ctrl 键和 Shift 键，绘制一个直径和领口宽度相同的圆形。单击交互式属性栏的转换为曲线图标 ⌀，将其转换为曲线。单击形状工具 ⌖，同时选中圆形的左右两个节点，再单击交互式属性栏的尖突图标 ⌁，使两个节点变为尖突。单击形状工具选中圆形上部节点，再单击属性栏的分割曲线图标 ⌇，使曲线在节点处分离，这时节点处存在两个重叠的节点。单击形状工具，将两个节点同时选中，然后单击删除节点图标，删除两个节点。这时圆形的上半部被删除，只剩下下半部（如图 3-13 所示）。

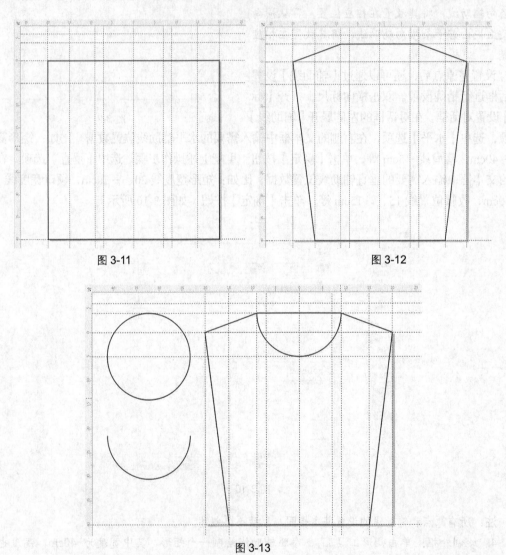

图 3-11　　　　　　　　　　　　　　图 3-12

图 3-13

　　单击形状工具 ⌖，选中衣身框图的领口直线。单击交互式属性栏的转换直线为曲线图标 ⌒，将其调整为曲线（如图 3-14 所示）。

　　7. 绘制双线：单击挑选工具 ⌖，选中半圆形前领口，通过【变换】对话框的【大小】选项，单击【应用到再制】按钮，再制一个半圆。同时拖动并放大半圆，将其重新定位到适当的位置。

单击挑选工具 ，选中衣身图形，通过【变换】对话框的【大小】选项，单击【应用到再制】按钮，再制一个衣身图形。单击形状工具 ，选中除肩颈点以外的其他所有节点，单击交互式属性栏的分割曲线图标 ，再单击删除键删除这些节点，只留下领口曲线。单击挑选工具 ，选中曲线，向下移动适当距离，调整端点位置（如图 3-15 所示）。

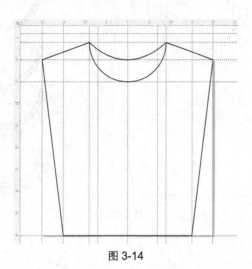

图 3-14

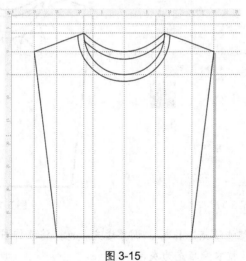

图 3-15

8. 绘制图案：单击手绘工具 ，在领口图形下边中点绘制一个三角形，并为其填充白色。选中此三角形，使其处于旋转状态，同时将旋转中心移动到领口曲线的圆心处。利用【变换】对话框的【旋转】选项，设置旋转角度为-10°，单击【应用到再制】按钮 8 次，形成左侧图案。同理，重复上述操作，利用【变换】对话框的【旋转】选项，设置旋转角度为 10°，连续单击【应用到再制】按钮 8 次，形成右侧图案（如图 3-16 所示）。

9. 加粗轮廓线：单击挑选工具 ，再单击工具箱的轮廓笔工具，展开选项菜单 。单击左侧第一个图标，打开【轮廓笔】对话框，将轮廓宽度单位设置为"毫米"，并选中左下角的无角选项，单击【确定】按钮（如图 3-17 所示）。

单击挑选工具 ⬚ ，框选整个图形，通过属性对话框的【轮廓】选项，设置轮廓宽度为 3.5mm，单击【应用】按钮（如图 3-18 所示）。

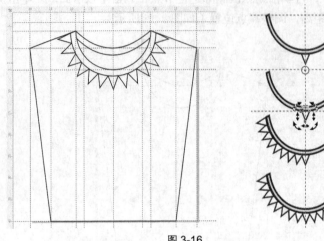

图 3-16

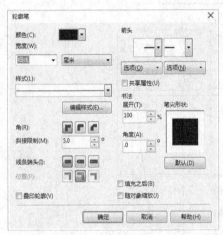

图 3-17

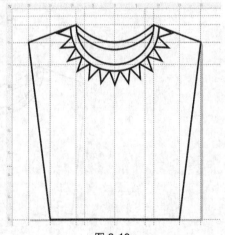

图 3-18

10. 填充颜色：单击智能填充工具 ⬚ ，调整填充颜色，将装饰图样和衣身内部填充为白色。将领口滚边填充为深灰色，将衣身填充为灰色。

至此，即完成了领口领款式图的绘制（如图 3-19 所示）。

三、立领的设计与表现

立领是领面直立的领子，有的只有领座没有翻领，有的既有领座也有翻领。如中国传统的旗袍领、中山装领、男式衬衣领等，能给人庄重、挺拔的审美感受。

用电脑设计和表现立领可以借鉴领口领的方法，先画好衣身上部图形，然后再在领口两侧画领高线（领高线的高低和倾斜度对立领的造型和着装效果有很大影响，要注意适度把握），画好领高线以后就可以画领子了。立领变化一般不大，主要用包边、嵌边或辑明线的手法去装饰（如图 3-20 所示）。

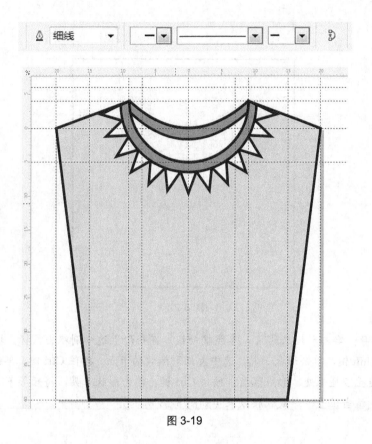

图 3-19

1. 设置图纸、原点和辅助线：参照前述方法，设置图纸为 A4、图纸方向为竖向摆放、绘图单位为 cm、绘图比例为 1:5。再设置原点和辅助线（如图 3-21 所示）。

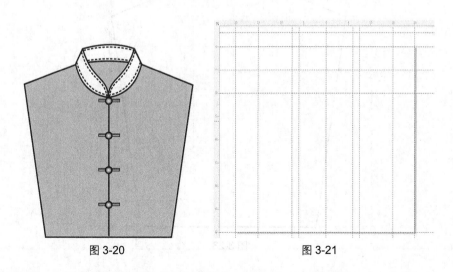

图 3-20   图 3-21

2. 绘制基本框图：单击矩形工具 ，绘制一个宽度为 40cm、高度为 40cm 的矩形（如图 3-22 所示）。

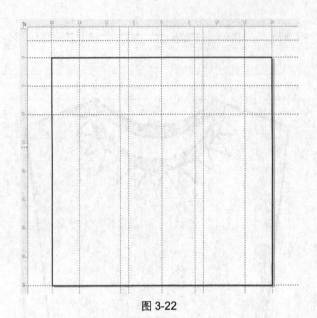

图 3-22

3. 绘制衣身：单击形状工具 ⟋，参照辅助线，在矩形上边分别双击鼠标，增加两个肩颈点的节点。按住 Shift 键，单击形状工具，选中大矩形两端的节点。按住 Ctrl 键，单击形状工具，将两个节点向下拖至 5 厘米处，形成落肩。按住 Ctrl 键，单击形状工具，将矩形下边的两个节点分别向中心线拖到适当位置，形成收腰效果（如图 3-23 所示）。

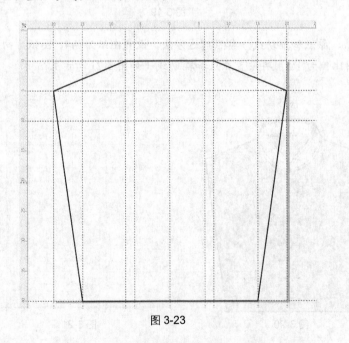

图 3-23

4. 领子的绘制：单击手绘工具 ⟋，绘制封闭三角形（如图 3-24 所示）。

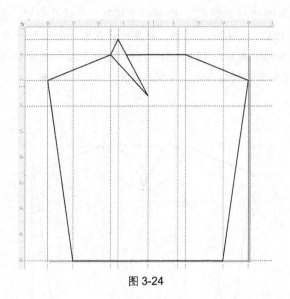

图 3-24

单击形状工具 🔧，选中三角形，再单击属性栏的转换为曲线图标 🔧，将其转换为曲线。单击形状工具 🔧，将三角形直边弯曲为领子形状（如图 3-25 所示）。

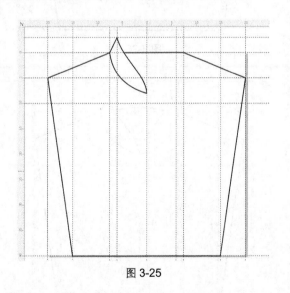

图 3-25

单击挑选工具 🔧，选中左侧领子，再单击【变换】对话框的【应用到再制】按钮，再制一个领子。单击属性栏的水平翻转图标 🔧，使领子水平翻转。按住 Ctrl 键，将其拖至右侧相应位置（如图 3-26 所示）。

单击手绘工具 🔧 和形状工具 🔧，参照上述方法，绘制后领图形（如图 3-27 所示）。

5. 绘制虚线明线：单击手绘工具 🔧 和形状工具 🔧，参照绘制领子的方法绘制领子明线，并通过交互式属性栏的【轮廓】选项，将其修改为虚线（如图 3-28 所示）。

6. 绘制门襟和扣子：按住 Ctrl 键，单击手绘工具 🔧，自领口处开始绘制一条直线到底边，

即完成了门襟的绘制。单击矩形工具 □，绘制一个矩形，并设置矩形的宽度为 6 厘米、高度为
0.5 厘米，单击【应用】按钮。再制一个矩形，将其放置在第一个矩形的下方，即完成了扣襻的绘
制。按住 Ctrl 键，单击椭圆工具 ○，绘制一个圆形，并设置圆形宽度和高度均为 1.3 厘米，单击
【应用】按钮，将其放置在双矩形的中点，即完成了一个扣子的绘制。

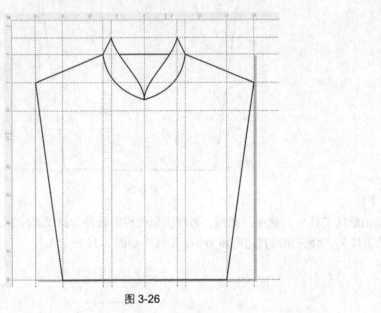

图 3-26

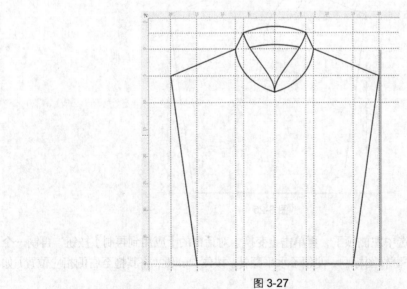

图 3-27

　　单击挑选工具 ，框选扣襻和扣子，再单击属性栏的群组图标 ，将其组合在一起。单击
挑选工具，将其拖放到门襟线上端。单击【变换】对话框的【应用到再制】按钮，再制 3 个扣子，
并将其向下拖放到适当位置，即完成了 4 个扣子的绘制（如图 3-29 所示）。

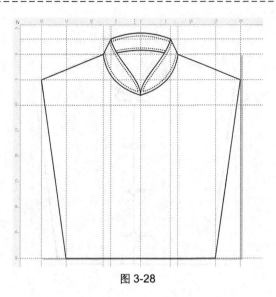

图 3-28

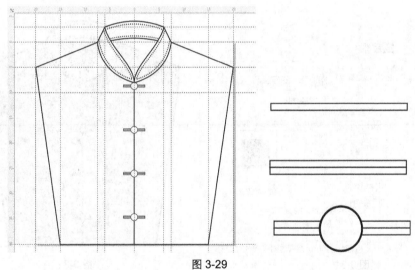

图 3-29

7. 加粗轮廓：单击挑选工具 ，按住 Shift 键，连续选中所有虚线，再单击对象属性对话框的轮廓选项，将轮廓宽度设置为 3mm，单击【应用】按钮。单击挑选工具 ，按住 Shift 键，连续选中所有实线图形，再单击对象属性对话框的【轮廓】选项，将轮廓宽度设置为 3.5mm，单击【应用】按钮（如图 3-30 所示）。

单击【编辑】按钮，打开【轮廓笔】对话框。在"角"设置区域，选择无角轮廓，即第三个图标 ，单击【确定】按钮，再单击【应用】按钮，即完成了轮廓设置（如图 3-31 所示）。

8. 填充颜色：单击挑选工具 ，选中衣身图形，再单击调色板中的灰色，为衣身填充灰色。单击挑选工具 ，选中全部领子，再单击调色板中的白色，为领子填充白色。通过属性对话框的【渐变填充】选项，为扣子填充线性渐变填充。

至此，即完成了中式立领的绘制（如图 3-32 所示）。

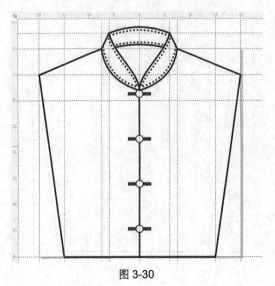

图 3-30

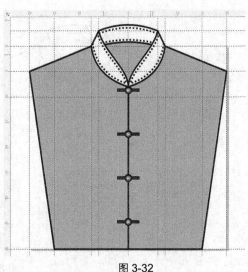

图 3-31

图 3-32

四、贴身领的设计与表现

贴身领即领面向外翻折，领子贴在衣身上的领子。贴身领的形态变化十分灵活，可以运用的装饰手法也很多，因此能产生的审美效果也非常丰富，设计者应结合整体需要去考虑。

用电脑设计和表现贴身领也需要先绘制衣身图形，然后再确定贴身领领座的高度。贴身领领座的高度对翻领的造型有一定影响，领座越高领面越会向上扬起，反之领面则会平摊在肩上。贴身领领座高度确定之后，就可以设计绘制贴身领了。

设计贴身领关键要注意把握好领面折线和领面的轮廓线。领面折线将决定贴身领的领深，而领面的轮廓线则决定贴身领的造型。领面的造型决定之后，还可以运用包边、嵌边、加刺绣图案、拼贴异色布、加缝花边、辑明线等手法丰富它们的变化（如图 3-33 所示）。

1. 设置原点和辅助线，绘制外框：参照前述方法设置原点和辅助线。单击矩形工具 ▢，绘制一个宽度为 40cm、高度为 40cm 的矩形。再制一个矩形，设置其宽度为 14cm、高度为 2cm，按住 Ctrl 键，利用鼠标将该矩形拖至大矩形的上方，并且与之对齐（如图 3-34 所示）。

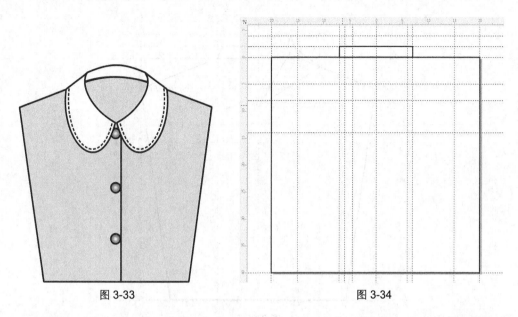

图 3-33 图 3-34

2. 绘制衣身：单击形状工具 ，在大矩形上边，与小矩形两条竖边的交汇处分别双击鼠标，增加两个节点。按住 Shift 键，单击形状工具，选中大矩形两端的节点。按住 Ctrl 键，单击形状工具，将两个节点向下拖至 5 厘米处，形成落肩。按住 Ctrl 键，单击形状工具，将大矩形下边的两个节点分别向中心线拖至适当位置，形成收腰效果（如图 3-35 所示）。

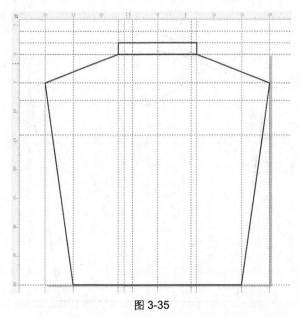

图 3-35

3. 领子绘制：单击形状工具 ，将小矩形上边的两个节点分别向中心线移动。单击手绘工具 ，自小矩形左侧上边节点处开始，沿 A→B→C→A 三点，绘制封闭三角形 ABC（如图 3-36

所示）。

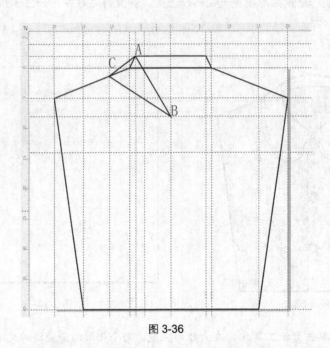

图 3-36

4. 单击形状工具 ，选中小矩形上边，再单击属性栏的转换为曲线图标 ，将其转换为曲线。单击形状工具 ，在小矩形上边的中心处向上拖至适当位置。重复上述步骤，将小矩形下边向上拖至适当位置。同样将大矩形上边中段拖至与小矩形下边重合（如图 3-37 所示）。

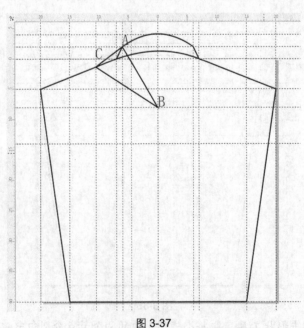

图 3-37

5. 单击形状工具 ，选中 BC 边，再单击属性栏的转换为曲线图标 ，将其转换为曲线。单击形状工具 ，将该曲线向下弯曲为领口形状。单击形状工具，选中 AB 边，再单击属性栏的

转换为曲线图标 ，将其转换为曲线。单击形状工具 ，将下端控制柄向上拖，将上端控制柄向下拖，使三角形 ABC 形成为领子形状（如图 3-38 所示）。

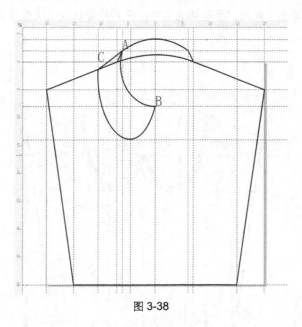

图 3-38

单击挑选工具 ，选中左侧领子，单击【变换】对话框的【应用到再制】按钮，再制一个领子。单击属性栏的水平翻转图标 ，使领子水平翻转。按住 Ctrl 键，将其拖至右侧相应位置（如图 3-39 所示）。

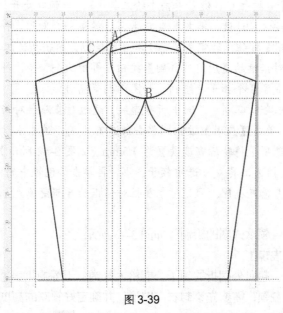

图 3-39

6. 绘制明线：单击手绘工具 ，在领子外口线左右端之间绘制一条直线。单击形状工具 ，选中该直线，并在直线中间单击鼠标，同时通过交互式属性栏，将其转换为曲线。拖动曲线，使其弯曲形状与领子外口线的形状相同。通过交互式属性栏的【轮廓】选项，设置线型为虚线。单击挑选工具，选中曲线，通过【变换】对话框的【大小】选项，再制一条虚线。通过交互式属性栏的翻转工具，将其水平翻转。单击挑选工具，将其移动到右领适当位置，即完成了明线绘制（如图3-40所示）。

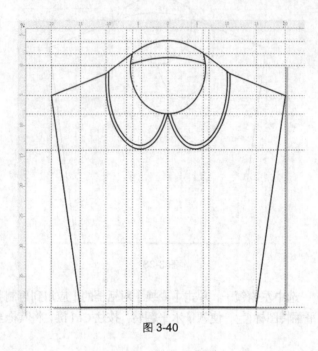

图 3-40

7. 绘制门襟和扣子：按住 Ctrl 键，单击手绘工具，自领口处开始绘制一条直线到底边，即完成了门襟的绘制。按住 Ctrl 键，单击椭圆工具，绘制一个圆形，并设置圆形的宽度和高度均为 2 厘米，单击【应用】按钮。即完成了一个扣子的绘制。单击挑选工具，将其拖放到上衣中线上。单击【变换】对话框的【应用到再制】按钮，再制两个扣子，并将其分别向下拖放到上衣中线适当位置，即完成了 3 个扣子的绘制（如图 3-41 所示）。

8. 加粗轮廓：单击挑选工具，选中所有虚线，通过对象属性对话框的【轮廓】选项，将轮廓宽度设置为 3mm，单击【应用】按钮。单击挑选工具，选中衣身和领子图形，通过对象属性对话框的【轮廓】选项，将轮廓宽度设置为 3.5mm（如图 3-42 所示）。

9. 填充颜色：单击挑选工具，选中领子图形，再单击调色板中的白色，为领子填充白色；利用同样的方法，为衣身填充灰色；通过对象属性对话框的【渐变填充】选项，为扣子填充线性渐变填充。

至此，即完成了贴身领款式图的绘制（如图 3-43 所示）。

五、驳领的设计与表现

驳领是领面和驳头一起向外翻折的领子，能给人开阔、干练的审美感受。

用电脑设计和表现驳领，需要先绘制衣身图形，并确定好领座的高度，驳领领座高度确定之后再绘制驳领。

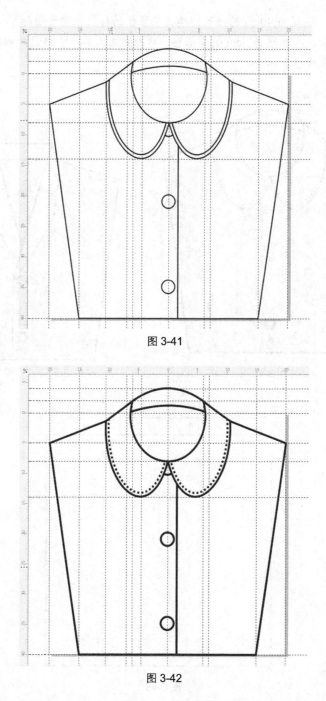

图 3-41

图 3-42

驳领驳头和领面的折线将决定驳领的深度，而驳头和领面的轮廓线将决定驳领的造型，设计时要注意处理好领面与驳头之间的比例关系。驳领领面造型一般变化较大，也可以运用嵌边或包边工艺去装饰它（如图 3-44 所示）。

1. 设置原点和辅助线，绘制外框：参照前述方法设置原点和辅助线。单击矩形工具 □，绘制一个宽度为 40cm、高度为 40cm 的矩形，单击属性栏的转换为曲线图标 ⊙，将其转换为曲线。
再绘制一个宽度为 14cm、高度为 3cm 的小矩形。单击挑选工具 ⊧，将该矩形拖至大矩形的上方，
并且与之对齐（如图 3-45 所示）。

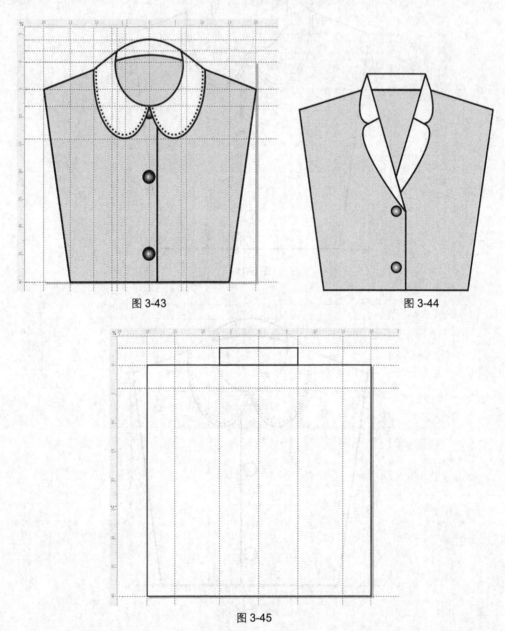

图 3-43　　　　　　　　　　　　　　　　　图 3-44

图 3-45

2. 绘制衣身：单击形状工具 ⊧，在大矩形上边，与小矩形两个竖边的交汇处分别双击鼠标，
增加两个节点。按住 Shift 键，单击形状工具，选中大矩形两端的节点。按住 Ctrl 键，单击形状工
具，将两个节点向下拖至 5 厘米处，形成落肩。按住 Ctrl 键，单击形状工具，将大矩形下边的两
个节点分别向中心线拖至适当位置，形成收腰效果（如图 3-46 所示）。

3．绘制领子：单击形状工具 🖰，将小矩形上边的两个节点分别向中心线移动到适当位置。
单击手绘工具 🖰，自小矩形左侧上边节点处开始，沿 A→B→C→A 三点，绘制封闭三角形 ABC，
同时在三角形的 B 点向下绘制一条竖向直线（门襟线）（如图 3-47 所示）。

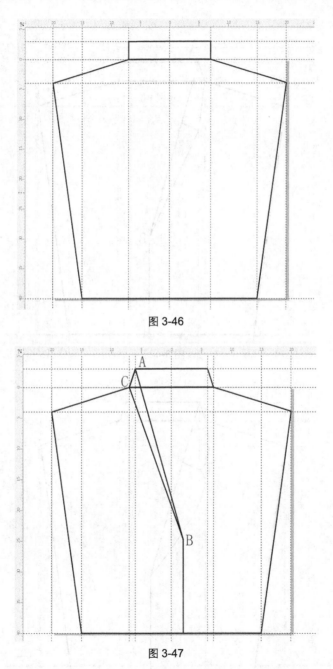

图 3-46

图 3-47

单击形状工具 🖰，在三角形的 BC 边上部双击鼠标，增加 3 个节点，移动节点使其成为领子
基本形状（如图 3-48 所示）。

单击形状工具 ，选中领子外边，再单击属性栏的转换为曲线图标 ，将其转换为曲线。单击形状工具 ，将该曲线向外弯曲为领子形状。单击形状工具，选中驳头外边，再单击属性栏的转换为曲线图标 ，将其转换为曲线。单击形状工具 ，将该曲线向外弯曲成为驳头形状（如图 3-49 所示）。

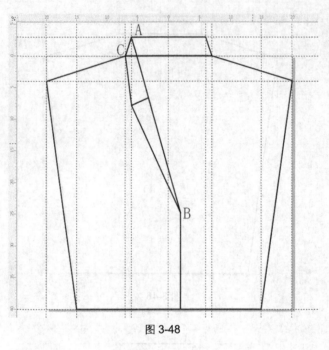

图 3-48

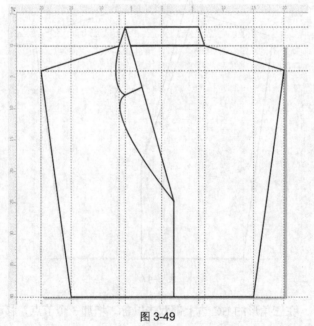

图 3-49

　　单击挑选工具 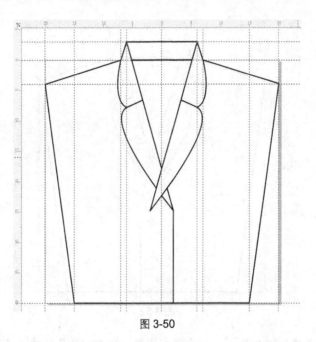，选中左侧领子，通过【变换】对话框的【大小】选项，单击【应用到再制】按钮，再制一个领子。通过单击交互式属性栏的水平镜像按钮，将其水平翻转。单击挑选工具，按住 Ctrl 键，将其水平移动到右侧相应位置（如图 3-50 所示）。

图 3-50

　　单击形状工具，选中右领，在左右领两个相交点上分别双击鼠标，增加两个节点。同时选中两个节点，单击交互式属性栏的使节点变为尖突图标，选中右领下部节点，按 Delete 键，删除节点。接着选中下部曲线，单击交互式属性栏的曲线变直线图标，即消除了领子的重叠情况（如图 3-51 所示）。

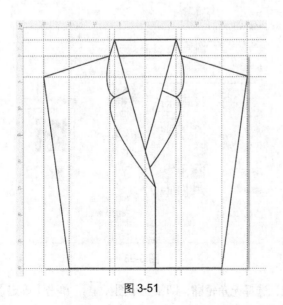

图 3-51

77

4. 绘制纽扣：单击椭圆工具 ○，按住 Ctrl 键，绘制一个圆形，并设置圆形的宽度和高度均为 2 厘米，单击【应用】按钮。单击挑选工具 ，选中扣子，将其放置在适当位置。再制一个扣子，将其放置在下部适当位置，即完成了扣子的绘制（如图 3-52 所示）。

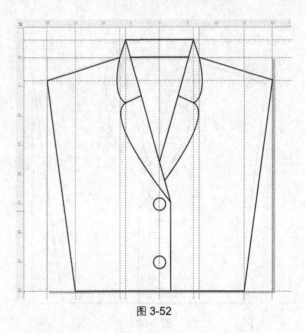

图 3-52

5. 加粗轮廓：单击挑选工具 ，选中所有图形。单击对象属性对话框的【轮廓】选项，将轮廓宽度设置为 3.5mm，单击【应用】按钮。

单击【编辑】按钮，打开【轮廓笔】对话框（如图 3-53 所示）。

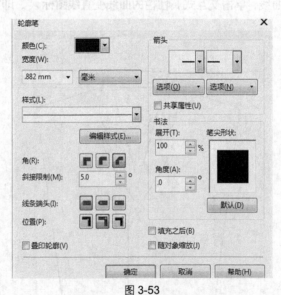

图 3-53

在"角"设置区域，选择无角轮廓，即第三个图标 ，单击【确定】按钮，再单击【应用】

按钮，即完成了轮廓设置（如图 3-54 所示）。

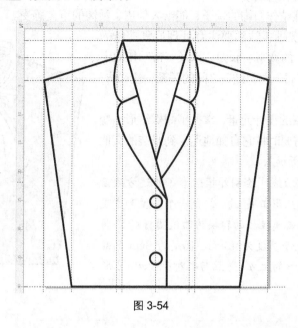

图 3-54

6. 填充颜色：单击挑选工具 ，选中衣身图形，再单击界面右侧调色板中的灰色，为衣身填充灰色，并且将其放置在最后部。单击挑选工具 ，选中全部领子，再单击调色板中的白色，为领子填充白色。通过对象属性对话框的【渐变填充】选项，为扣子填充线性渐变填充，即完成了全部驳领的绘制（如图 3-55 所示）。

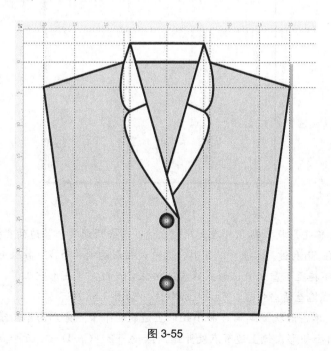

图 3-55

六、蝴蝶结领的设计与表现

蝴蝶结领是以蝴蝶结作领饰的领子，能给人俏皮、活泼的审美感受。

用电脑设计和表现蝴蝶结领要注意处理好蝴蝶结的形态，蝴蝶结中"带"的宽窄、长短，以及"带"扭曲中的变化，还要处理好"带"与"结"之间的关系，让"结"将"带"束住。

蝴蝶结是服装常用的设计元素，掌握了蝴蝶结形态变化的规律后，可以在需要时将它自如地运用到服装的其他部位中去（如图 3-56 所示）。

1. 设置原点和辅助线，绘制外框：参照前述方法设置原点和辅助线。单击矩形工具 □，绘制一个高度和宽度均为 40cm 的矩形，单击属性栏的转换为曲线图标 ⬡，将其转换为曲线。再制一个宽度为 13cm、高度为 3cm 的矩形，将该矩形拖至大矩形的上方，并且与之对齐（如图 3-57 所示）。

图 3-56

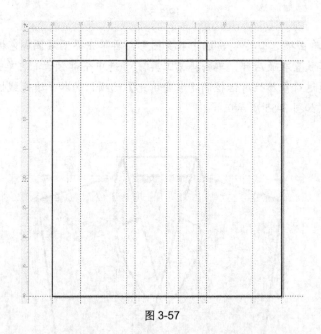

图 3-57

2. 绘制衣身：单击形状工具 ⬚，在大矩形上边，与小矩形两个竖边的交汇处分别双击鼠标，增加两个节点。按住 Shift 键，单击形状工具，选中大矩形两端的节点。按住 Ctrl 键，单击形状工具，将两个节点向下拖至 5 厘米处，形成落肩。按住 Ctrl 键，单击形状工具，将大矩形下边的两个节点分别向中心线拖至适当位置，形成收腰效果（如图 3-58 所示）。

3. 绘制领子：单击形状工具 ⬚，将小矩形上边的两个节点分别向中心线移动适当距离。单击手绘工具 ⬚，自小矩形左侧上边节点处开始，沿 A→B→C→D→E 五个点，绘制封闭多边形 ABCDE（如图 3-59 所示）。

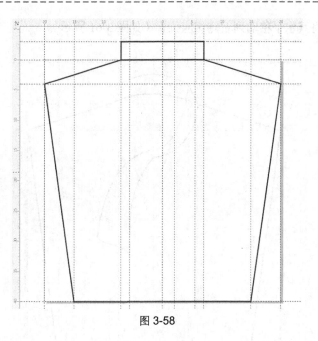

图 3-58

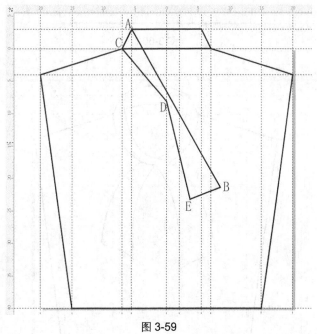

图 3-59

单击形状工具，选中基本领形，再单击交互式属性栏的直线变曲线图标，将所有基本领形的直线变为曲线。调整曲线，使其成为领子形状。利用同样的方法，将后领调整为所需的形状（如图 3-60 所示）。

单击挑选工具，选中左侧领子，通过【变换】对话框的【大小】选项，单击【应用到再制】按钮，再制一个领子。通过单击交互式属性栏的水平镜像按钮，将其水平翻转。单击挑选工具，按住 Ctrl 键，将其水平移动到右侧相应位置（如图 3-61 所示）。

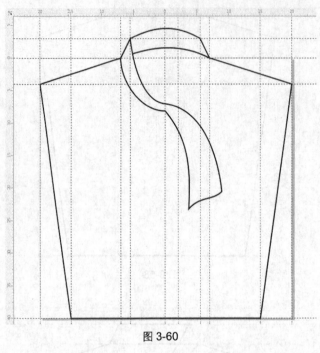

图 3-60

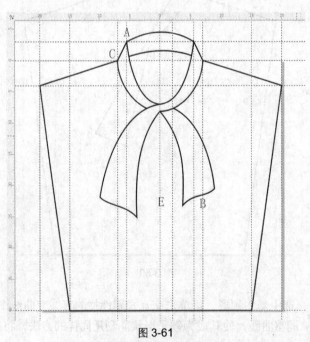

图 3-61

单击手绘工具 和形状工具 ，在左右领的交叉处绘制蝴蝶结（如图 3-62 所示）。

单击手绘工具 和形状工具 ，在领子内部绘制折纹曲线，使其更符合领子皱褶形态（如

图 3-63 所示)。

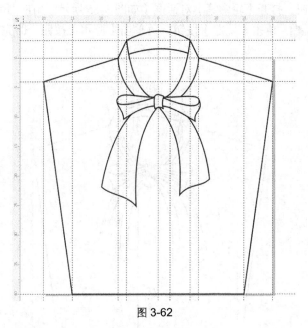

图 3-62

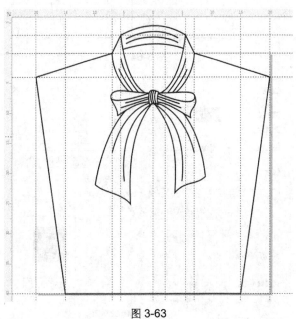

图 3-63

4. 绘制门襟和纽扣：单击手绘工具 ，在衣身中线右侧 2cm 处，绘制一条竖向直线作为门襟线。单击椭圆工具 ，按住 Ctrl 键，绘制一个圆形，并设置圆形的宽度和高度均为 2 厘米，单击【应用】按钮，并将其放置在领子交叉处。通过【变换】对话框的【大小】选项，再制 3 个扣子，并分别将其放置在适当位置（如图 3-64 所示）。

5. 加粗轮廓：单击挑选工具 ，选中所有图形。单击对象属性对话框的【轮廓】选项，将轮廓宽度设置为 3.5mm，单击【应用】按钮。再选中领子内部的折线，将其轮廓宽度设置为 3mm。

单击【编辑】按钮，打开【轮廓笔】对话框（如图 3-65 所示）。在"角"设置区域选择无角轮廓，即第三个图标 ，单击【确定】按钮，再单击【应用】按钮，即完成了轮廓设置（如图 3-66 所示）。

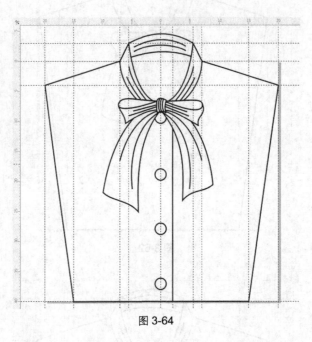

图 3-64

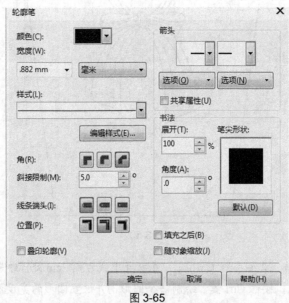

图 3-65

6. 填充颜色：单击挑选工具 ，选中衣身图形，单击界面右侧调色板中的灰色，为衣身填充灰色。利用同样的方法，为领子填充白色。通过对象属性对话框的【渐变填充】选项，为扣子填充线性渐变填充。

图 3-66

至此，即完成了蝴蝶结领子的绘制（如图 3-67 所示）。

图 3-67

七、悬垂领的设计与表现
悬垂领是一种特殊的领口领，其形态由领口部位衣片的悬垂后产生，能给人柔和、优雅的审美感受。

　　用电脑设计和表现悬垂领要注意处理好领口宽与领口深的关系。一般情况下，悬垂领的领口需要比较宽的时候，领口就不宜太深，而需要领口比较深的时候，领口就不宜太宽。否则，不仅会影响服装的穿着功能，也会影响服装的审美感受（如图 3-68 所示）。

　　1. 设置原点和辅助线，绘制外框：参照前述方法设置原点和辅助线。单击矩形工具 □，绘制一个宽度为 40cm、高度为 40cm 的矩形，单击交互式属性栏的转换为曲线图标 ⚙，将其转换为曲线图形（如图 3-69 所示）。

　　2. 绘制衣身：单击形状工具 ，在矩形上边中线两侧各 8cm 处分别双击鼠标，增加两个节点。按住 Shift 键，单击形状工具，选中矩形两端的节点。按住 Ctrl 键，单击形状工具，将两个节点向下拖至 5 厘米处，形成落肩。按住 Ctrl 键，单击形状工具，将矩形下边的两个节点分别向中心线拖至适当位置，形成收腰效果（如图 3-70 所示）。

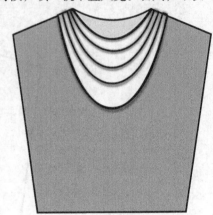

图 3-68

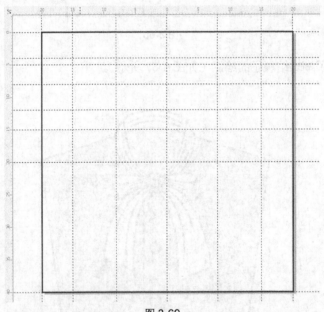

图 3-69

　　3. 绘制领子：单击形状工具 ，选中图形上边中间部位，将其变为曲线。向下拖动曲线，使其弯曲为领口形状（如图 3-71 所示）。

　　单击手绘工具 ，在领口外部的两侧肩线之间绘制一个封闭的梯形。单击形状工具 ，将梯形上下边直线变为曲线并弯曲为悬垂领形状，形成领子外形（如图 3-72 所示）。

　　单击手绘工具 ，在领子外形内部绘制 3 条直线，单击形状工具 ，将直线变为曲线并弯曲为悬垂领的折线（如图 3-73 所示）。

4. 加粗轮廓：单击挑选工具 ⬚，选中全部图形，通过对象属性对话框的【轮廓】选项，将其轮廓宽度设置为 3.5mm（如图 3-74 所示）。

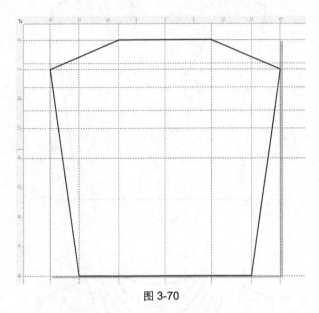

图 3-70

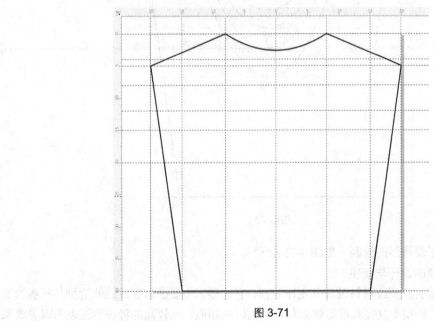

图 3-71

5. 填充颜色、绘制阴影：单击挑选工具 ⬚，选中衣身图形，单击界面右侧调色板中的深灰色，为衣身填充深灰色。

单击挑选工具 ⬚，选中领子外部图形，单击界面右侧调色板中的白色，为其填充白色。单击挑选工具 ⬚，选中全部领子，单击工具箱的交互式工具的交互式阴影工具，自领子上部向下拖动鼠标至领子下部，为领子添加阴影。

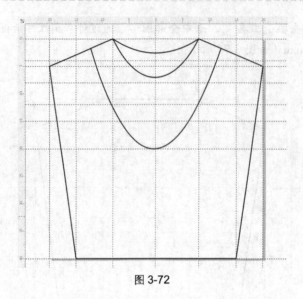

图 3-72

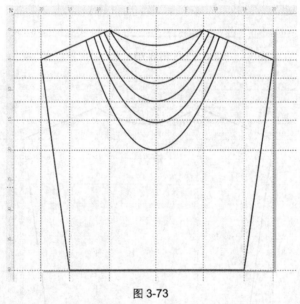

图 3-73

　　至此，即完成了悬垂领的绘制（如图 3-75 所示）。

八、针织罗纹领的设计与表现

　　针织罗纹领是用针织罗纹材料设计并制作的领，它的形态主要是靠领口线的造型与领圈的高低来决定。比较低的针织罗纹领其审美效果与一般领口领相似，而较高的针织罗纹领的审美效果会比一般立领显得轻松。针织罗纹领不仅常用于针织服装，在梭织服装中也可以见到。

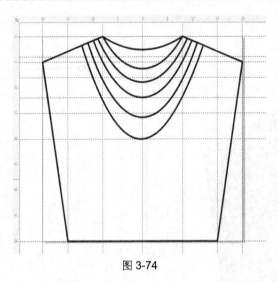

图 3-74

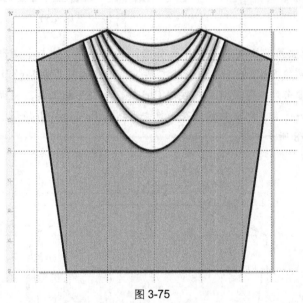

图 3-75

　　用电脑画针织罗纹领要注意表现领的质感和罗纹的表面肌理特征。学会了针织罗纹质感和肌理的表现，再画用针织罗纹材料制作的服装也就方便了（如图 3-76 所示）。

　　1. 设置原点和辅助线，绘制外框：参照前述方法，设置原点和辅助线。单击矩形工具 □，绘制一个宽度为 40cm、高度为 40cm 的矩形。单击属性栏的转换为曲线图标 ◎，将其转换为曲线图形。绘制一个如图所示的小矩形，并将其放置在大矩形上部中间位置，也将其转换为曲线图形（如图 3-77 所示）。

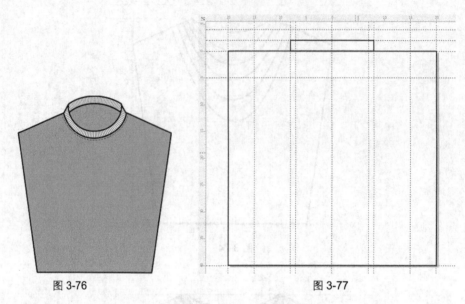

图 3-76   图 3-77

2. 绘制衣身：单击形状工具，选中大矩形，在大矩形上边与小矩形的交叉处分别双击鼠标，增加两个节点。按住 Shift 键，单击形状工具，选中大矩形两端的节点。按住 Ctrl 键，将两个节点向下拖至 5 厘米处，形成落肩。按住 Ctrl 键，单击形状工具，将大矩形下边的两个节点分别向中心线拖至适当位置，形成收腰效果。单击形状工具，将小矩形上边的两个节点分别内移适当距离（如图 3-78 所示）。

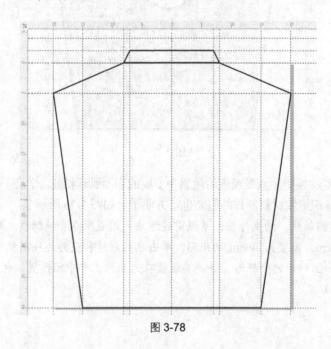

图 3-78

3. 找圆心 "A"、"B"：确定领台上边左端点为 C 点、衣身中心线上自领台向上 2cm 为 D 点、衣身中心线上 D 点向下 9cm 为 E 点。单击手绘工具 ，在 CD 两点之间绘制一条直线。单击挑选工具 ，选中直线，直线外围出现 8 个控制柄。单击挑选工具 ，从标尺上拖出竖向辅助线，将其放置在 CD 直线的中心。单击矩形工具 ，绘制一个长条矩形，将其左上角与 CD 直线中心对齐。再单击一次矩形，使其处于旋转状态，将旋转中心移动到 CD 直线的中心处，拖动旋转控制柄，使其旋转到矩形上边与 CD 直线对齐，其左边与衣身中心线的交点即是圆心 A（如图 3-79 所示）。

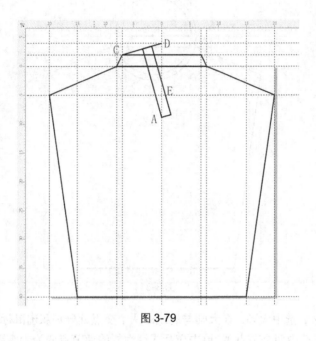

图 3-79

用同样的方法，可以找出另一个圆心 B（如图 3-80 所示）。

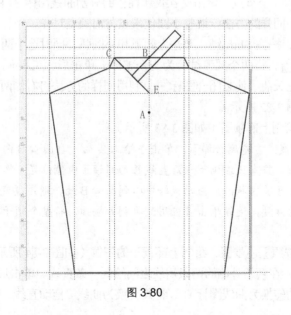

图 3-80

4. 绘制领子：单击椭圆工具 ◯，同时按住 Ctrl 键和 Shift 键，以 B 点为圆心，以 BC 线段为半径，绘制一个圆形，然后单击鼠标右键，选择"转换为曲线"命令。单击鼠标右键，选择 ▤，复制一个圆形。按住 Shift 键，拖动鼠标使其适当放大，两个圆形的间距即是领子的宽度（如图 3-81 所示）。

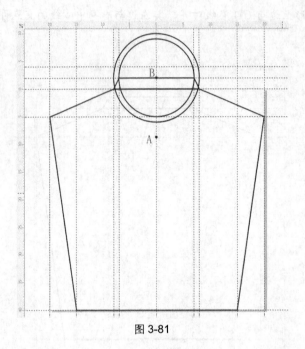

图 3-81

单击形状工具 ⬡，选中大圆，在大圆与肩线的两个交点处分别双击鼠标，增加两个节点。框选两个节点（即同时选中两个节点），单击交互式属性栏的使节点变为尖突图标 ⬡。单击形状工具 ⬡，框选大圆上部的 3 个节点，单击交互式属性栏的分割曲线图标 ⬡ 和删除节点图标 ⬡，删除上部 3 个节点。利用同样的方法，调整小圆使端点与肩颈点对齐。

单击挑选工具 ⬡，按住 Shift 键，单击大圆弧和小圆弧，同时选中两个部分圆弧。单击交互式属性栏的结合图标 ⬡，将两个圆弧结合为一个整体。单击形状工具 ⬡，选中左侧两个节点，单击交互式属性栏的延长曲线使之闭合图标 ⬡。利用同样的方法将右侧两个节点闭合。即完成了下部领子的绘制（如图 3-82 所示）。

按照上述步骤，绘制上部领子（如图 3-83 所示）。

5. 绘制罗纹和明线：首先删除梯形。单击手绘工具 ⬡，自圆心 B 向着左侧肩颈点绘制一条直线。单击形状工具 ⬡，将直线右端节点沿直线移动到领子内侧位置。单击挑选工具 ⬡，连续单击直线两次，使直线处于旋转状态，拖动旋转中心到圆心 B 处，通过【变换】对话框的【旋转】选项，设置旋转角度为 4 度，连续单击【应用到再制】按钮，将整个领子布满短直线，形成罗纹状态。

用同样的方法，按照上述步骤，绘制上部领子的罗纹（如图 3-84 所示）。

单击手绘工具 ⬡，在领子外侧的两条肩线之间绘制一条直线。单击形状工具 ⬡，选中直线，再单击交互式属性栏的转换为曲线图标 ⬡，将其转换为曲线。拖动直线，使其弯曲为与领子外口吻合。单击挑选工具 ，选中曲线，通过交互式属性栏的领口设置选项，将曲线设置为虚线。即完成了领子罗纹和明线的绘制（如图 3-85 所示）。

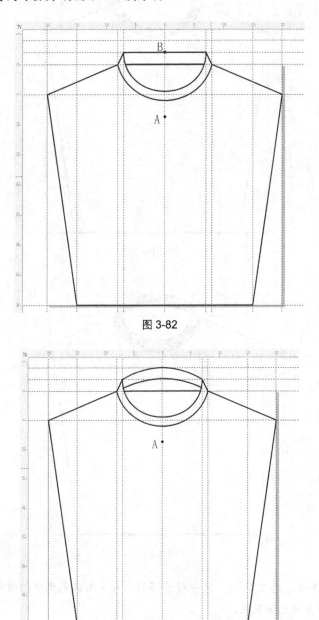

图 3-82

图 3-83

6. 加粗轮廓：单击挑选工具 ，选中所有罗纹线。通过【对象属性】对话框的【轮廓】选项，将领子和明线宽度设置为 1.76mm，单击【应用】按钮（如图 3-86 所示）。

单击挑选工具 ，选中其他衣身、明线和领子轮廓线，按照上述方法，将其设置为 3.5mm，即完成了加粗轮廓的步骤（如图 3-87 所示）。

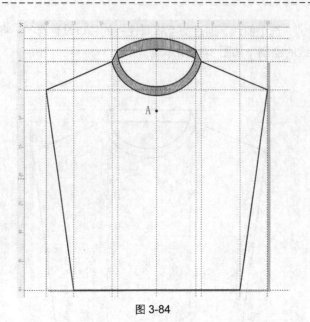

图 3-84

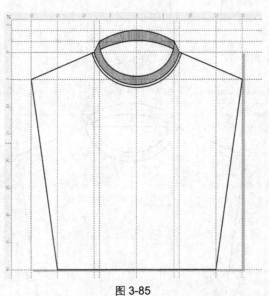

图 3-85

7. 填充颜色：单击挑选工具 ，选中领子图形，再单击调色盘中的白色，为其填充白色。利用同样的方法为衣身填充深灰色。

至此，即完成了罗纹领款式图的绘制（如图 3-88 所示）。

九、连身领的设计与表现

连身领是指衣身或衣身的部分与领子连在一起的领子类型，如图 3-89 所示。

1. 设置原点和辅助线：参照前述方法，设置如图 3-90 所示的原点和辅助线。

2. 绘制衣身：单击矩形工具 □，参照辅助线，绘制一个矩形。单击交互式属性栏的转换为曲线图标 ，将其转换为曲线图形（如图 3-91 所示）。

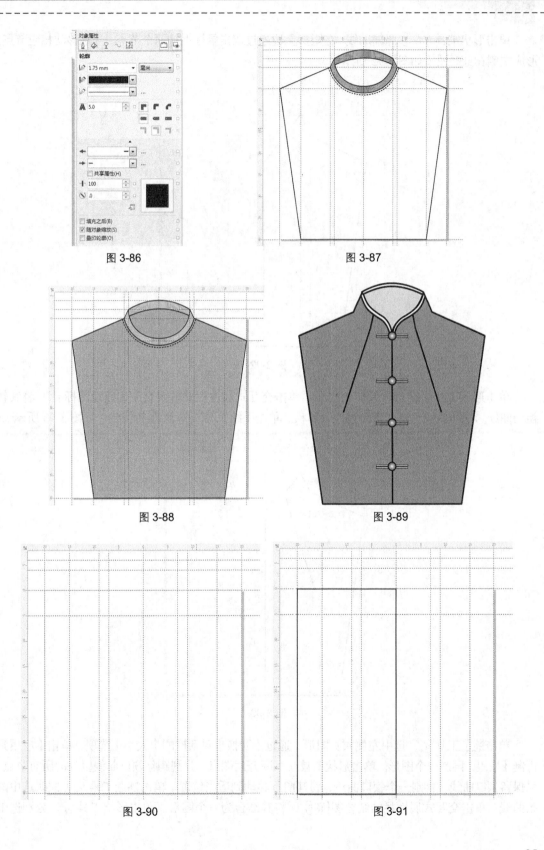

图 3-86

图 3-87

图 3-88

图 3-89

图 3-90

图 3-91

单击形状工具 ，参照辅助线，在矩形上边通过双击鼠标增加两个节点。分别移动相应节点，形成左侧衣身框图（如图 3-92 所示）。

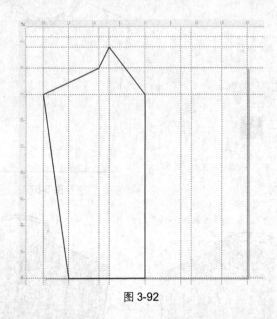

图 3-92

　　单击形状工具 ，选中领口斜直线，单击交互式属性栏的转换直线为曲线图标 ，将其转换为曲线。拖动曲线，使其弯曲为领口形状。单击手绘工具 ，绘制省位线（如图 3-93 所示）。

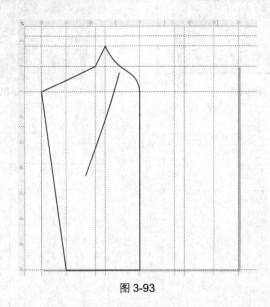

图 3-93

　　单击挑选工具 ，选中左侧衣身图形，通过【变换】对话框的【大小】选项，单击【应用到再制】按钮，再制一个图形。单击形状工具 ，断开肩端点，分别删除领口曲线以外的所有节点，只保留领口曲线。再制一个领口曲线，将其向下移动到适当位置。单击挑选工具 ，同时选中两条曲线，单击交互式属性栏的结合图标 ，将其结合为一个图形。单击形状工具 ，分别选中曲线两端的两个节点，单击交互式属性栏的延长曲线使之闭合图标 ，使其形成封闭图形，并为其填充白色（如图 3-94 所示）。

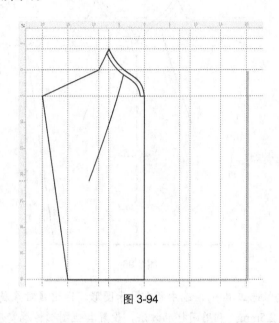

图 3-94

单击挑选工具 ，框选所有图形，通过【变换】对话框的【大小】选项，单击【应用到再制】按钮，再制一个图形。单击交互式属性栏的水平镜像图标 ，使其水平翻转，将其移动到右侧相应位置。单击手绘工具 和形状工具 ，绘制后领口的封闭图形（如图 3-95 所示）。

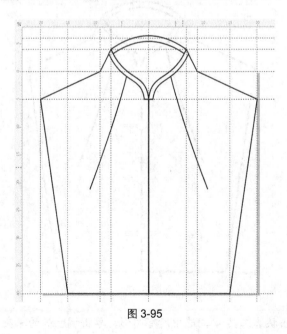

图 3-95

3. 绘制门襟和扣子：单击矩形工具 ，绘制双线扣袢；单击椭圆工具 ，绘制扣子图形（如图 3-96 所示）。

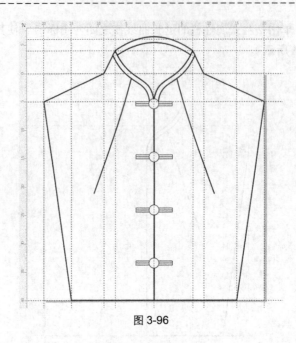

图 3-96

4. 加粗轮廓：单击挑选工具，选中所有扣子图形，通过【对象属性】对话框的【轮廓】选项，设置轮廓宽度为 2.5mm。利用同样的方法，设置其他图形轮廓宽度为 3.5mm（如图 3-97 所示）。

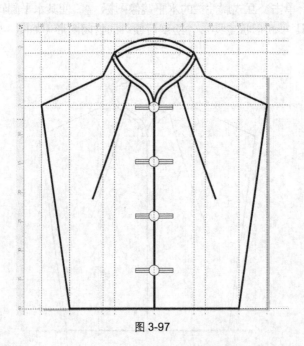

图 3-97

5. 填充颜色：单击挑选工具，选中所有图形，单击调色板的深灰色图标，为其填充深灰色。利用同样的方法，为双线领口图形填充白色，为扣袢填充白色。单击智能填充工具，通过交互式属性栏，选择浅灰色，单击双线领口内部图形，为其填充浅灰色。通过对象属性对话框的渐变填充选项，为扣子填充线性渐变填充。

至此，即完成了连身领款式图的绘制（如图 3-98 所示）。

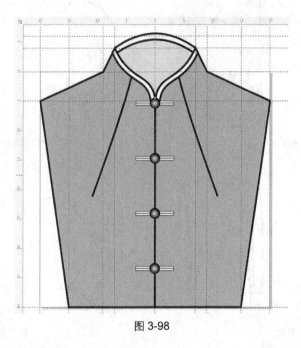

图 3-98

以上介绍了几种领子的基本形态的设计与表现要点。在实际运用时，可以根据服装的整体需要，将这些领子做一些变化，或将基本形夸张，或将多种基本形综合，以创造更多、更好的领型。

3.2　袖子的设计与表现

袖子是服装中包覆和美化人体上肢的重要部件。袖子的设计既要考虑服装的审美性，也要考虑服装的功能性。

一、袖子的分类设计要点

根据袖子的结构特征，袖子可以分为袖口袖、连身袖、圆袖、平袖、插肩袖等基本类型。各种类型的袖子随着袖身、袖头的变化还可以变化出各种各样的形态。下面分别介绍各类袖子的设计和表现方法。常用袖子类型如图 3-99 所示。

袖子的设计要点如下。

1. 要根据服装的使用功能来决定袖子的造型。不同的袖子对人体上肢活动会有不同的影响。如西装袖会极大地约束上肢摆动的幅度，喇叭袖会使前臂的上下活动受到牵扯。当服装需要伴随穿衣人去完成这些动作时，就不能为这些服装设计这类袖型。

2. 袖子的造型要与服装的整体风格相协调。不同形态的袖子有不同的风格，如西装袖比较端庄，喇叭袖比较飘逸，灯笼袖比较活泼。让袖子的风格与服装的整体风格协调起来，服装才能产生和谐的美感。否则，服装的整体美就可能被袖子的不和谐破坏。

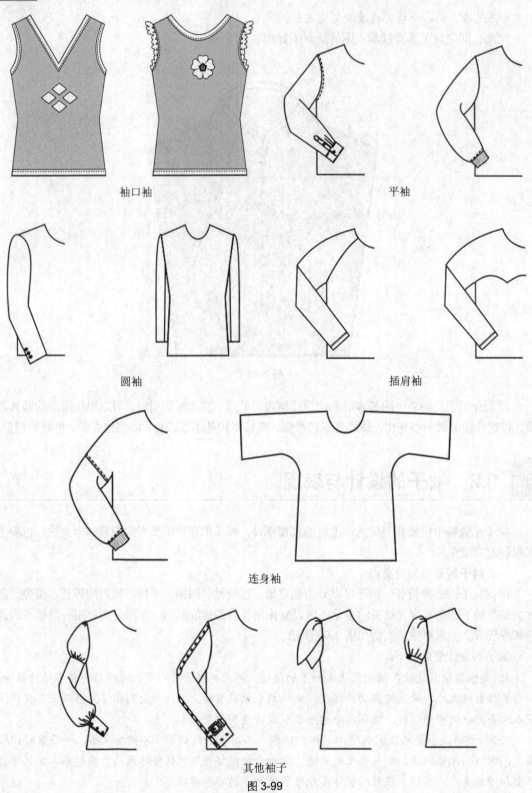

袖口袖　　平袖

圆袖　　插肩袖

连身袖

其他袖子

图 3-99

除了风格协调以外，许多袖子的面积对整体造型影响也很大。如中长袖、长袖的面积与服装大身之间的面积如果不协调，服装的整体美也会被破坏。因此，设计时要注意把握好袖子与服装大身之间的比例，以免影响服装的整体效果。

3. 一般情况下，在同一件服装中，袖子的局部装饰手法要尽可能与领子的装饰手法保持一致。

二、袖口袖的设计与表现

袖口袖即是衣片袖窿，一般没有袖身，能给人轻松、简洁的审美感受。它的变化主要由衣片袖窿弧线的形态和对袖口的装饰来决定。

用于袖口袖的装饰手法很多，如在袖口边加缝花边、荷叶边或与衣片有对比效果的其他材料。这里介绍用电脑绘制荷叶边的方法。荷叶边不仅常用于对袖口的装饰，在服装的其他部位也常常可以用到（如图 3-100 所示）。

1. 设置图纸、原点和辅助线：设置图纸为 A4、图纸方向为纵向、绘图单位为 cm、绘图比例为 1:5；参照前述方法，设置原点和辅助线（如图 3-101 所示）。

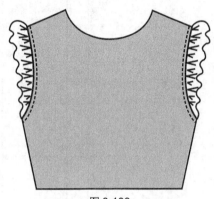

图 3-100

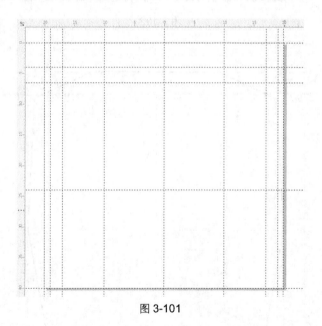

图 3-101

2. 绘制外框：单击矩形工具 □，参照辅助线绘制一个矩形，同时单击交互式属性栏的转换为曲线图标 ○，将其转换为曲线（如图 3-102 所示）。

3. 绘制衣身：单击形状工具 ，在矩形上边中点两侧 10cm 处双击鼠标，增加 2 个节点，作为肩颈点，矩形上部左右端点是肩端点，两个肩颈点之间的线段是领口线。单击形状工具 ，选中肩端点，按住 Ctrl 键，单击形状工具，将节点向下拖至 5 厘米处，形成落肩。单击形状工具，在矩形左右竖边 24cm 处双击鼠标，增加 2 个节点为袖窿深度。单击形状工具 ，将矩形底边两个节点分别向内移动，形成收腰效果（如图 3-103 所示）。

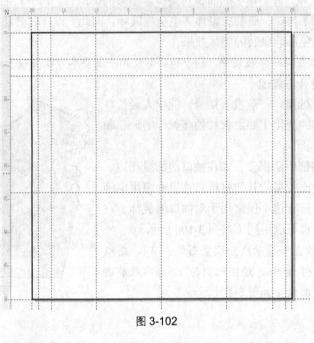

图 3-102

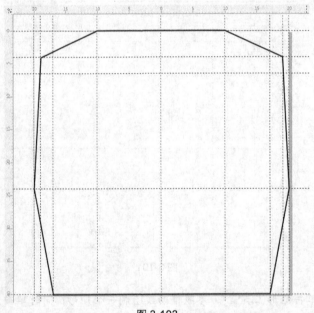

图 3-103

单击形状工具 🔾，分别选中领口线和袖窿线，分别单击交互式属性栏的转换为曲线图标 🎢，将其转换为曲线。拖动曲线，使其弯曲为领口形状和袖窿形状（如图 3-104 所示）。

4. 绘制荷叶边：单击手绘工具 🖊 和形状工具 🔾，绘制荷叶边造型（如图 3-105 所示）。

单击手绘工具 🖊，绘制荷叶边内部皱褶线（如图 3-106 所示）。

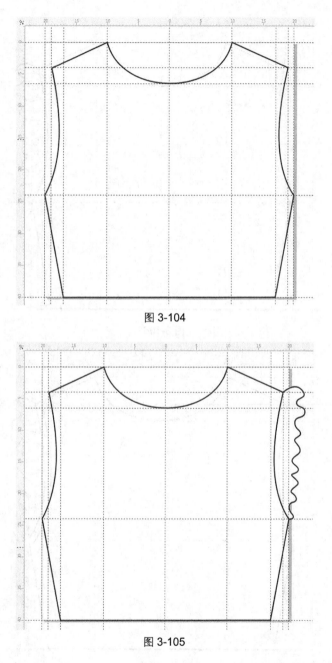

图 3-104

图 3-105

　　单击手绘工具 ，和形状工具 ，通过交互式属性栏的【轮廓】选项，绘制袖窿明线（如图 3-107 所示）。

　　单击挑选工具 ，选中右侧袖口袖所有图形，通过【变换】对话框的【大小】选项，再制一个袖口袖图形。单击交互式属性栏的水平镜像图标 ，使其水平翻转，将其移动到左侧相应位置（如图 3-108 所示）。

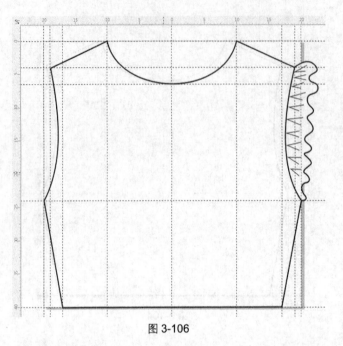

图 3-106

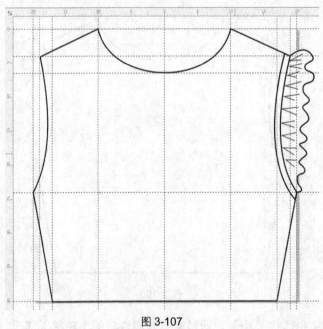

图 3-107

5. 加粗轮廓：单击挑选工具 ，选中所有图形，通过【对象属性】对话框的【轮廓】选项，将轮廓宽度设置为 3.5mm，单击对话框中的【应用】按钮（如图 3-109 所示）。

6. 填充颜色：单击挑选工具 ，选中衣身图形，单击调色板中的深灰色，为其填充深灰色。利用同样的方法，为荷叶边填充白色（如图 3-110 所示）。

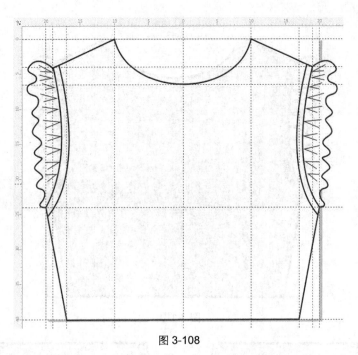

图 3-108

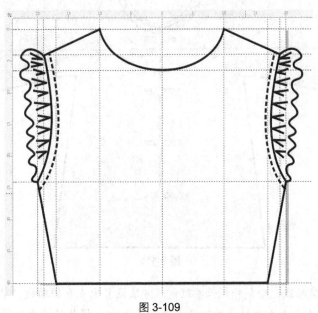

图 3-109

三、连袖的设计与表现

连袖是袖片与衣片直接相连的袖，没有袖窿线，一般比较宽松，是人类早期服装常见的袖型，能给人洒脱、含蓄的审美感受。

通过袖身的长短变化和对袖身的装饰，可以产生各种不同的连袖。用电脑设计和表现连袖要注意将连袖打开来画，这样更有利于表现连袖的造型特征（如图 3-111 所示）。

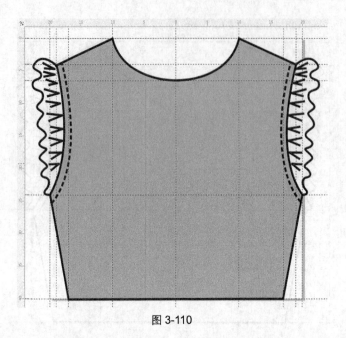

图 3-110

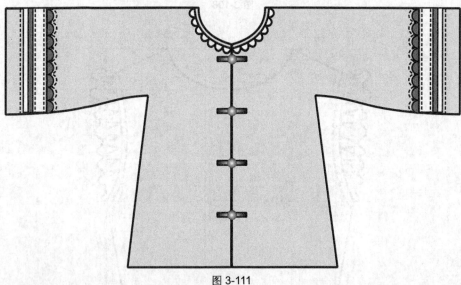

图 3-111

1. 设置原点和辅助线，绘制外框：参照前述方法设置原点和辅助线。单击矩形工具 □，绘制一个矩形，同时单击交互式属性栏的转换为曲线图标 ◎，将其转换为曲线（如图 3-112 所示）。

2. 绘制衣身：单击形状工具 ⬚，在矩形上边 5cm、矩形右边向下 15cm 处分别双击鼠标，增加节点。单击形状工具 ⬚，分别拖动相关节点，形成左侧衣身框图（如图 3-113 所示）。

3. 修画相关曲线：单击形状工具 ⬚，分别选中领口线和袖子底边线，单击交互式属性栏的转换为曲线图标 ⬚，将其转换为曲线。拖动曲线，使其弯曲为领口造型和袖子造型（如图 3-114 所示）。

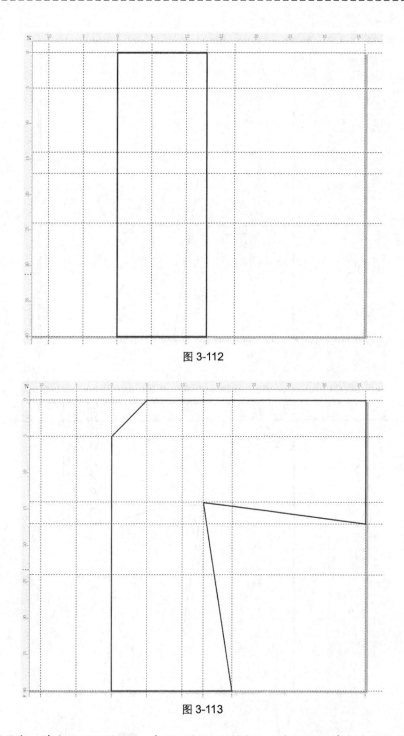

图 3-112

图 3-113

4. 绘制图案：单击矩形工具 □，在袖口部位绘制大小 3 个矩形。单击手绘工具 和形状工具 ，分别绘制轮廓图案和袖口图案，并绘制相关虚线明线和双线（如图 3-115 所示）。

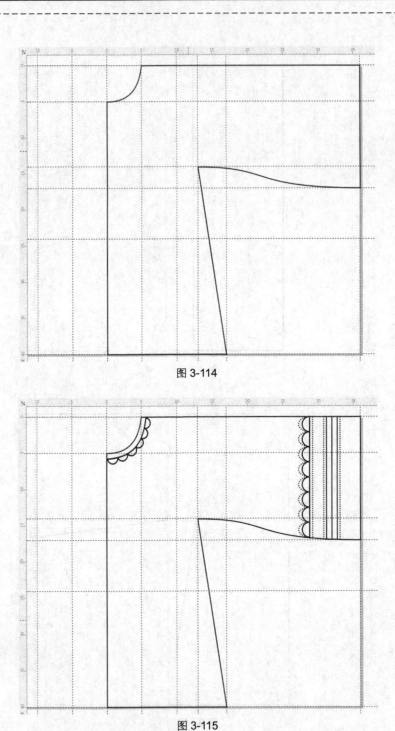

图 3-114

图 3-115

5. 加粗轮廓：单击挑选工具 ，选中所有图形，通过对象属性对话框的【轮廓】选项，设置轮廓宽度为 3.5mm，单击【应用】按钮（如图 3-116 所示）。

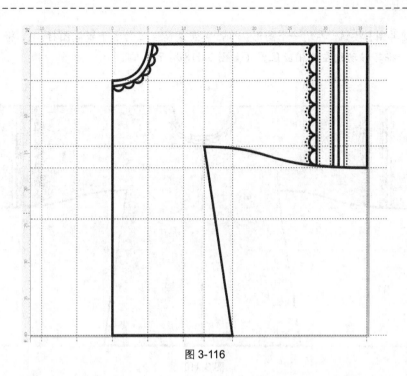

图 3-116

6．填充颜色：单击挑选工具 ，选中衣身图形，单击调色板中的灰色，为其填充浅灰色。利用同样的方法，为领口图样填充白色，为袖口图样填充深灰色。参照下图，为其他图形填充相应的颜色（如图 3-117 所示）。

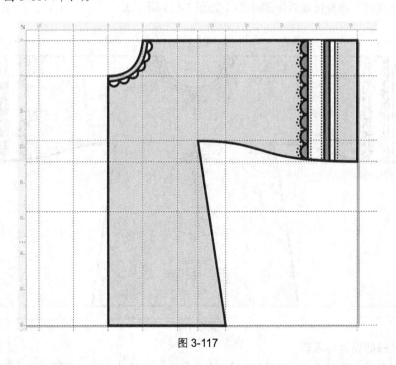

图 3-117

7．图形完整化：单击挑选工具 ，选中所有图形，通过【变换】对话框的【大小】选项，单击【应用到再制】按钮，再制一个图形。单击交互式属性栏的水平镜像图标 ，将其水平翻转。按住 Ctrl 键，将其移动到左侧相应位置（如图 3-118 所示）。

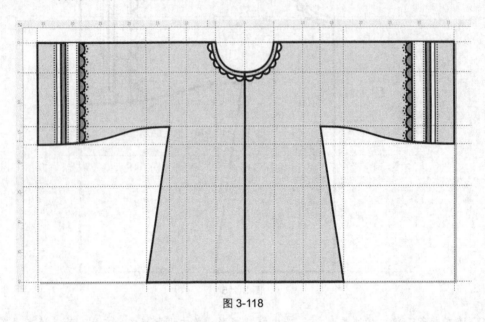

图 3-118

8. 绘制门襟和扣子：单击矩形工具 和椭圆工具 ，参照中式立领扣子的绘制方法，绘制门襟和扣子，并填充相应的颜色。

至此，即完成了连身袖款式图的绘制（如图 3-119 所示）。

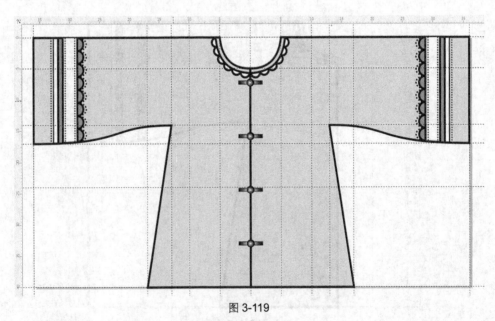

图 3-119

四、平装袖的设计与表现

平装袖是袖片与衣片分开裁剪的袖型，袖身多由一片袖片合成，袖窿线在人体肩关节附近。

男式衬衣袖是典型的平装袖，与连袖相比较其造型比较贴身、利索，能给人休闲、轻松的审美感受。

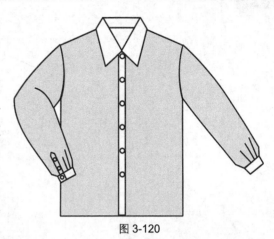

通过袖身的长度变化和对袖头的装饰可以产生许多不同款式的平装袖。由于平装袖多为一片袖，袖头的拼缝多在袖身后背，袖头的设计重点往往也会在袖身的后背，因此，用电脑设计和表现平装袖时，也要注意选择能反映设计重点的后背或将一只袖子翻折过来（如图 3-120 所示）。

图 3-120

1. 设置原点和辅助线，绘制外框：参照前述方法设置原点和辅助线。单击矩形工具 ▭，绘制一个矩形，同时单击交互式属性栏的转换为曲线图标 ⟳，将其转换为曲线（如图 3-121 所示）。

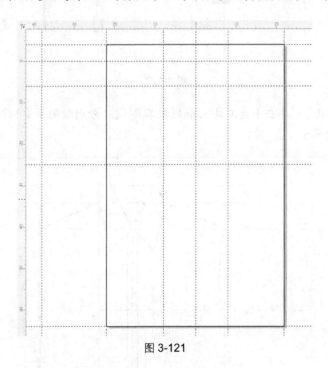

图 3-121

2. 绘制衣身：单击形状工具 ⟍，在矩形上边相应位置分别双击鼠标，增加 3 个节点，分别是肩颈点和中点。矩形上边端点是两个肩端点。在矩形左右 2 边相应位置分别增加两个节点，作为袖窿深位置。

单击形状工具 ⟍，选中肩端点。按住 Ctrl 键，单击形状工具，将节点向下拖至 6 厘米处，形成落肩。

单击形状工具 ⟍，向下拖动领口中点，形成领口形状。

单击形状工具 ⟍，选中袖窿直线，通过交互式属性栏的转换为曲线选项，将其转换为曲线。拖动鼠标，使曲线弯曲为袖窿形状（如图 3-122 所示）。

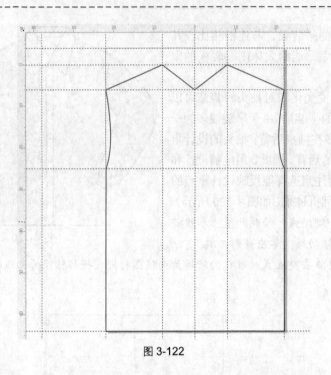

图 3-122

3. 绘制门襟和领子：单击手绘工具 和矩形工具 ，分别绘制领子和明门襟，并为其填充白色（如图 3-123 所示）。

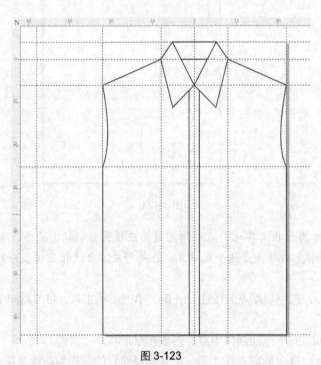

图 3-123

4. 绘制袖子：单击手绘工具 和形状工具 ，参照肩端点、袖子长度、袖口宽度、袖窿深度点等绘制一个封闭矩形作为袖子基本形，在袖口处再绘制一个小矩形作为袖头。单击形状工具 ，将相关线条转换为曲线，并弯曲为袖子造型。绘制袖开衩（如图 3-124 所示）。

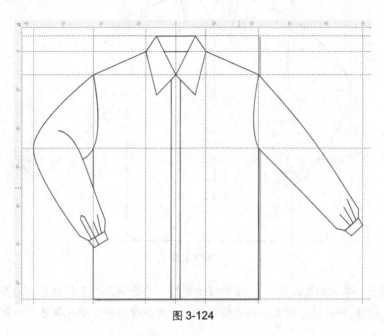

图 3-124

5. 绘制扣子：单击椭圆工具 ，绘制门襟扣子和袖开衩的扣子（如图 3-125 所示）。

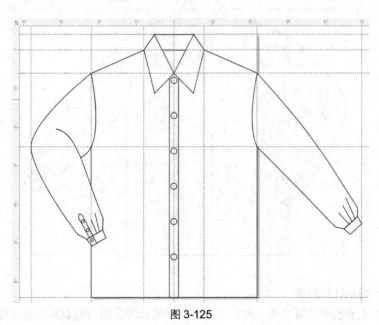

图 3-125

6. 加粗轮廓：单击挑选工具 ，选中所有图形，通过对象属性对话框的【轮廓】选项，设置轮廓宽度为 3.5mm，单击【应用】按钮（如图 3-126 所示）。

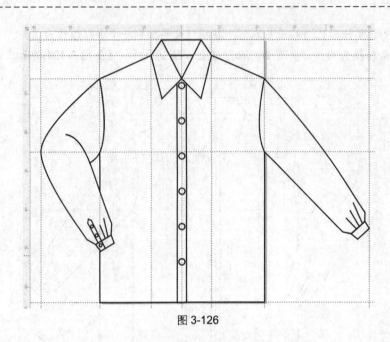

图 3-126

7. 填充颜色：单击挑选工具 ，选中领子图形，单击调色板中的白色，为其填充白色。利用同样的方法，分别为门襟、扣子和袖头填充白色，为衣身和袖子填充灰色（如图 3-127 所示）。

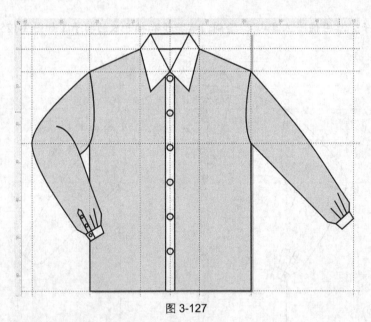

图 3-127

五、插肩袖的设计与表现

插肩袖是由平装袖演变而来的一种袖型，它与平装袖的区别首先表现在袖窿线的变化，插肩袖的袖窿线延伸到人体颈部位置，使服装的肩与袖连成一片，从而使袖身显得比较修长。插肩袖与平装袖的区别还表现在袖身的合成，平装袖多由一片袖片合成，而插肩袖则多由二片或二片以上的袖片合成，这为插肩袖的变化提供了更大的空间。

　　像平装袖一样，通过袖身的长短变化和对袖头的装饰可以产生许多不同款式的插肩袖。不仅如此，还可以用改变插肩袖袖窿线的位置、形态，或者对插肩袖袖身的结构线进行进一步加工以增加结构性的装饰效果，或者利用插肩袖袖身的结构变化改变袖身的造型都可以使插肩袖产生更大的变化（如图 3-128 所示）。

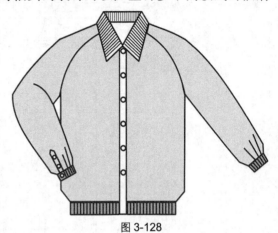

图 3-128

　　1. 设置原点和辅助线，绘制外框：参照前述方法设置原点和辅助线。单击矩形工具 □，绘制大小两个矩形，将其放置在相应位置，同时单击交互式属性栏的转换为曲线图标 ⚙，将其转换为曲线（如图 3-129 所示）。

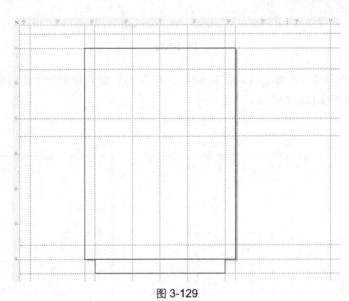

图 3-129

　　2. 绘制衣身：单击形状工具 ⬚，在矩形上边中心两侧 8cm 处分别双击鼠标，增加两个节点，作为肩颈点，矩形上部端点是肩端点，肩颈点之间的线段是领口线。

　　单击形状工具 ⬚，选中肩端点。按住 Ctrl 键，单击形状工具，将节点向下拖至 6 厘米处，形成落肩。单击形状工具，在矩形左右竖边−25cm 处双击鼠标增加节点，标记袖窿深度。

　　单击形状工具 ⬚，选中领口线，单击交互式属性栏的转换曲线图标 ⤵，使其转换为曲线。拖动曲线，使其向下弯曲为领口形状。

　　单击形状工具 ⬚，在大矩形的下部两边分别双击鼠标增加两个节点，将大矩形底边端点内移到小矩形端点处，形成下摆收缩形状（如图 3-130 所示）。

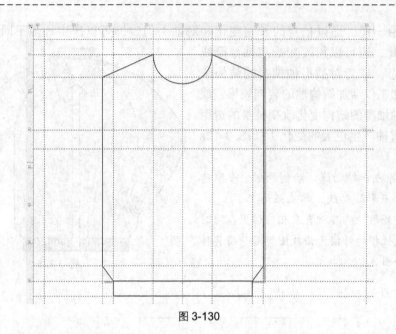

图 3-130

3. 绘制领子和门襟：单击手绘工具 ，和矩形工具 □ ，分别绘制领子和门襟的封闭图形，并为其填充白色（如图 3-131 所示）。

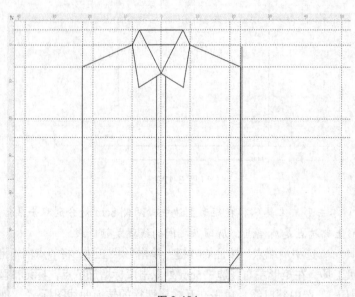

图 3-131

4. 绘制袖子：单击手绘工具 ，沿着肩颈点、肩端点、袖子长度、袖口宽度、袖窿深度点、插肩位置等绘制一个封闭图形作为袖子基本形。单击形状工具 ，框选袖子基本形，单击交互式属性栏的转换为曲线图标 ，将其转换为曲线。单击形状工具 ，拖动相关线条，使其符合设计造型。单击删除虚拟线段工具 ，分别删除多余的线段（如图 3-132 所示）。

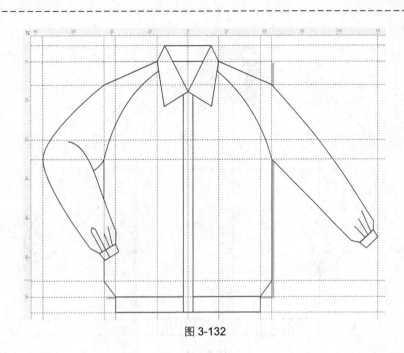

图 3-132

5. 绘制扣子：单击椭圆工具 ○ ，分别绘制门襟扣子和袖开衩扣子（如图 3-133 所示）。

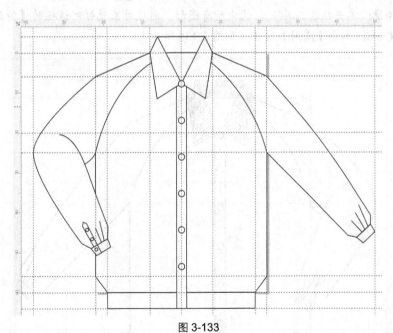

图 3-133

6. 绘制罗纹：单击手绘工具 和交互式调和工具 ，分别绘制领子罗纹、袖口罗纹和下摆罗纹（如图 3-134 所示）。

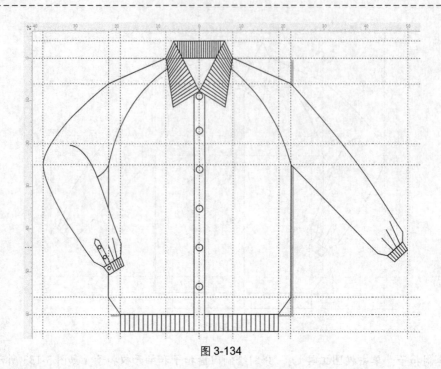

图 3-134

7. 加粗轮廓：单击挑选工具 ，选中所有图形，通过对象属性对话框的【轮廓】选项设置轮廓宽度为 4.0mm，单击【应用】按钮（如图 3-135 所示）。

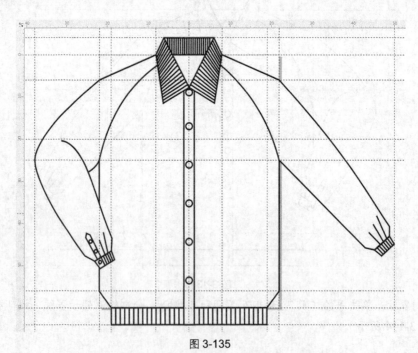

图 3-135

8. 填充颜色：单击挑选工具 ，选中衣身图形，单击调色盘中的灰色，为图形填充浅灰色。利用同样的方法，分别为领子、门襟和扣子填充白色，为下摆和袖头填充深灰色。

至此，即完成了插肩袖款式图的绘制（如图 3-136 所示）。

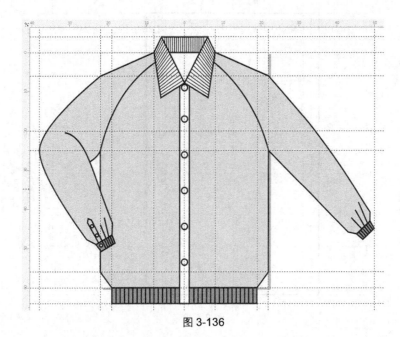

图 3-136

六、圆装袖的设计与表现

圆装袖也是袖片与衣片分开裁剪的袖型，袖身一般由大小两片袖片缝合而成，袖窿线在人体肩关节处。与其他袖型相比较，圆装袖的袖窿围度最小，西装袖是典型的圆装袖，其造型与人体手臂的自然状态比较吻合，且圆润而流畅，能给人端庄、优雅的审美感受。

在各种类型的袖中，圆装袖是最富于变化的袖型。以圆装袖为基本型，夸张其袖山或袖身可以变化出许多造型新颖的袖型。用电脑设计和表现圆装袖，应注意刻画出袖山和袖身的特征（如图 3-137 所示）。

1. 设置原点和辅助线，绘制外框：参照前述方法设置原点和辅助线。单击矩形工具 □，绘制一个矩形，同时单击交互式属性栏的转换为曲线图标 ◎，将其转换为曲线（如图 3-138 所示）。

2. 绘制衣身：单击形状工具 ⬚，在矩形周边增加相应节点。单击形状工具 ⬚，移动相关节点，使其形成衣身形状（如图 3-139 所示）。

单击形状工具 ⬚，将领口线弯曲为曲线领口。单击手绘工具 ⬚，绘制门襟造型（如图 3-140所示）。

图 3-137

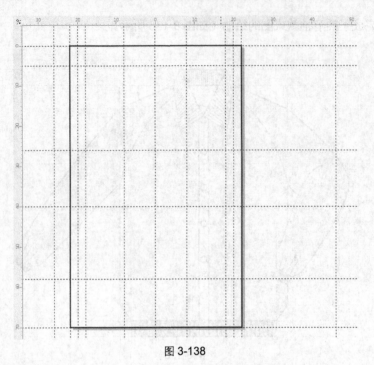

图 3-138

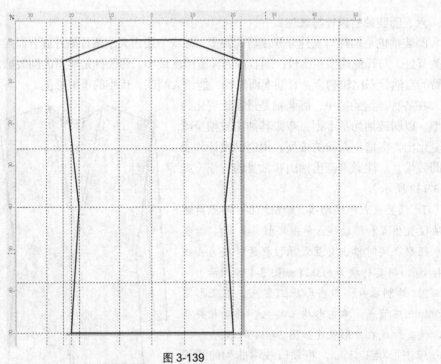

图 3-139

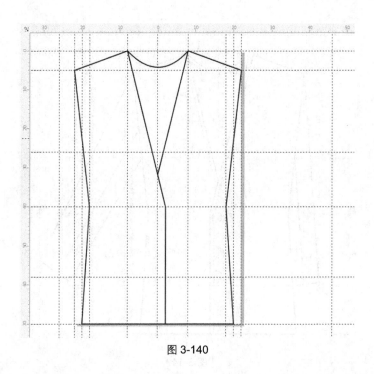

图 3-140

3. 绘制袖子: 单击手绘工具 , 沿着肩端点、腰节点、袖长点、袖口宽度点等绘制封闭的袖子形状。同时在袖子内部绘制一条与袖中线平行的直线, 作为袖接线 (如图 3-141 所示)。

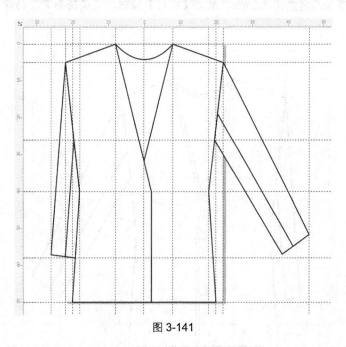

图 3-141

4. 绘制明线和扣子: 单击手绘工具 和形状工具 , 通过交互式属性栏的【轮廓】选项, 分别绘制门襟和领口的虚线明线。单击椭圆工具 , 绘制扣子 (如图 3-142 所示)。

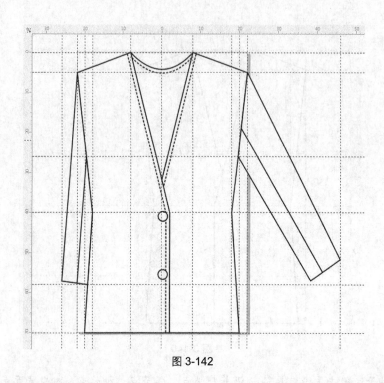

图 3-142

　　5. 加粗轮廓：单击挑选工具 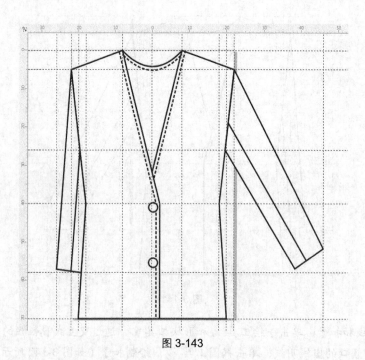，框选所有图形（即选中所有图形）。通过对象属性对话框的
【轮廓】选项，设置轮廓宽度为 3.5mm，单击【应用】按钮，完成轮廓宽度的设置（如图 3-143 所
示）。

图 3-143

6. 填充颜色：单击挑选工具 ，选中衣身图形，单击调色板中的灰色，为其填充浅灰色。利用同样的方法，为其他图形填充相应的颜色。通过对象属性对话框的【渐变填充】选项，为扣子填充径向渐变填充（如图 3-144 所示）。

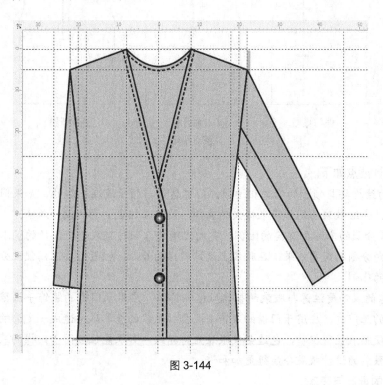

图 3-144

3.3　门襟的设计与表现

门襟即服装前部或背部的开口，它们使服装穿脱方便，同时也是重要的服装装饰部位。

一、门襟的分类和设计要点

门襟主要分为正开襟、偏开襟、通开襟、半开襟等，常见的门襟形式如图 3-145 所示。

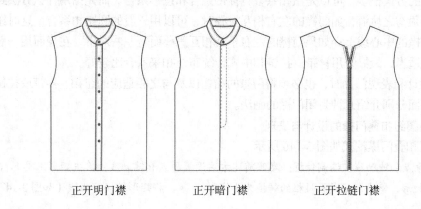

正开明门襟　　　　正开暗门襟　　　　正开拉链门襟

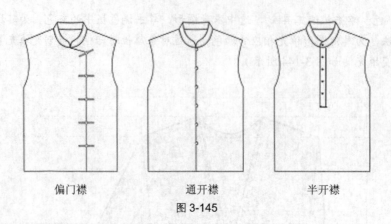

偏门襟　　　　　　通开襟　　　　　　半开襟

图 3-145

门襟的设计要点如下。

1. 门襟的结构要与领子的结构相适应。门襟总是与领子连在一起的，如果门襟的结构不能与领子相适应，会给服装的制作带来极大的麻烦，最终必然也会影响设计效果。

2. 被门襟分割的衣片要有美的比例。美的比例是人们对服装造型设计的基本要求之一。门襟对衣片有纵向分割的视觉效果，在服装上设计门襟的长短、位置时要注意使被分割的衣片与衣片之间保持美的比例。

3. 对门襟的装饰要注意与服装的整体风格相协调。应用于门襟的装饰手法很多，由于门襟总是处于人体的正前方，应用于门襟的装饰手法会对服装的整体风格造成一定影响，如用辑明线的装饰手法会使服装显得粗犷，包边会使服装显得精致。如果能让应用于门襟的装饰与服装整体风格相协调，服装的设计效果会显得更加和谐。

二、门襟的设计与表现

门襟的设计主要是通过改变门襟的位置、长短以及门襟线的形态实现的。位置处于人体前部正中的门襟叫正开襟，偏离人体中线的门襟叫偏开襟。正开襟能给人平衡、稳重的审美感受，而偏开襟则显得比较活泼。贯通全部衣片的门襟叫通开襟，门襟的开口仅是衣片长度的一部分叫半开襟。一般情况下，通开襟较半开襟的变化更丰富。垂直线是门襟最常见的形态，叫直开襟，斜线门襟叫斜开襟，不规则弧线门襟在现代服装设计中也可以见到，设计时可以根据需要选择。

门襟在着装时大多呈封闭状态，称为系合，因此，门襟的系合方式就成了门襟设计的重要内容。系合门襟的方法很多，可以是纽扣系合、袢带系合和拉链系合。而无论用什么方法封闭，门襟的结构都必须与之协调，如门襟的左右相互重叠时，可以用一般的圆纽扣系合，这时纽扣的中心应该落在门襟的中心线上。如果门襟的左右不是相互重叠而是左右对拼，在表面用一般的圆纽扣系合就不太适当，最好采用袢带、拉链和中式传统布纽扣来系合比较好。

用电脑设计和表现门襟时，也必须将门襟的结构以及与之相适应的纽扣、袢带或拉链准确地表达出来。下面分别介绍几种封闭门襟的画法。

三、普通圆纽扣叠门襟的设计与表现

普通圆纽扣叠门襟款式如图 3-146 所示。

1. 设置原点和辅助线，绘制外框：参照前述方法设置原点和辅助线。单击矩形工具 □，在适当位置绘制一个矩形，单击交互式属性栏的转换为曲线图标 ◌，将矩形转换为曲线（如图 3-147 所示）。

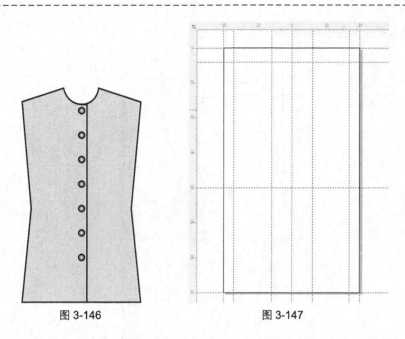

图 3-146　　　　　　　　　　　图 3-147

2．绘制衣身：单击形状工具 ，在矩形周边增加相应节点。单击形状工具 ，将领口直线转换为曲线，拖动曲线，使其弯曲为前领口形状。单击形状工具 ，拖动相关节点，使其形成衣身形状（如图 3-148 所示）。

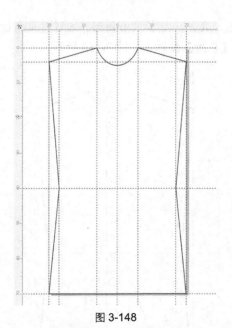

图 3-148

3．绘制门襟和纽扣：单击手绘工具 ，在中心线右侧 2cm 处绘制一条竖向直线，作为门襟线。单击椭圆工具 ，按住 Ctrl 键，绘制一个圆形。通过【变换】对话框的【大小】选项，设置其宽度、高度均为 2cm，单击【应用】按钮，作为第一个扣子。同时单击【应用到再制】按钮，原位再制一个扣子。单击挑选工具 ，将其向下移动适当距离，作为第二个扣子。利用同样的方法，绘制其他扣子（如图 3-149 所示）。

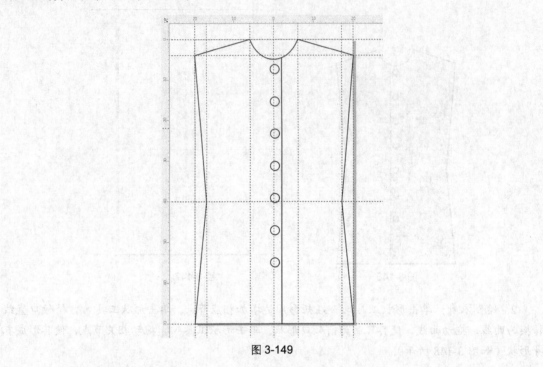

图 3-149

4. 加粗轮廓：单击挑选工具 ，选择所有图形。通过对象属性对话框的【轮廓】选项，设置轮廓宽度为 3.4mm，单击【应用】按钮（如图 3-150 所示）。

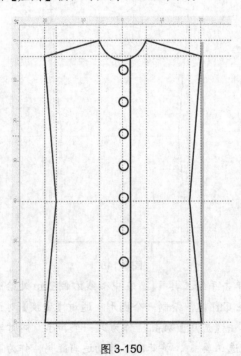

图 3-150

5. 填充颜色：单击挑选工具 ，选中衣身图形，单击调色板中的灰色，为其填充浅灰色。通过对象属性对话框的【渐变填充】选项，为扣子填充径向渐变填充（如图 3-151 所示）。

四、中式对襟布纽扣门襟的设计与表现

中式对襟布纽扣门襟的款式图如图 3-152 所示。

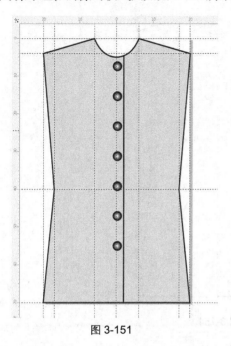
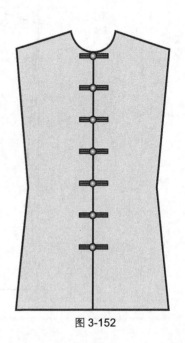

图 3-151   图 3-152

1. 设置原点和辅助线，绘制外框：参照前述方法设置原点和辅助线。单击矩形工具 □，在适当位置绘制一个矩形，单击交互式属性栏的转换为曲线图标 ，将矩形转换为曲线（如图 3-153 所示）。

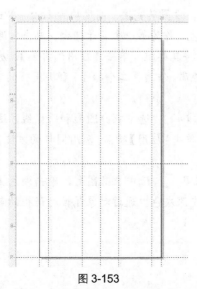

图 3-153

2. 绘制衣身：单击形状工具 ，在矩形周边增加相应节点。单击形状工具 ，将领口直线

转换为曲线，拖动曲线，使其弯曲为前领口形状。单击形状工具 ，拖动相关节点，使其形成衣身形状（如图 3-154 所示）。

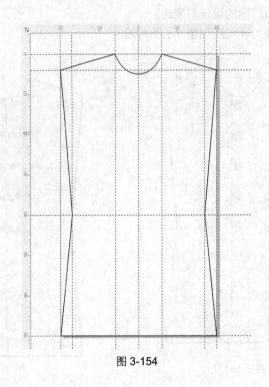

图 3-154

3. 绘制门襟和纽扣：单击手绘工具 ，在中心线处绘制一条竖向直线，作为门襟线。单击矩形工具 ，绘制一个矩形，通过【变换】对话框的【大小】选项，设置其宽度为 8cm、高度为 0.5cm，并在径向中间绘制一条横向直线。单击椭圆工具 ，按住 Ctrl 键，绘制一个圆形。通过【变换】对话框的【大小】选项，设置其宽度、高度均为 1cm，单击【应用】按钮。单击挑选工具 ，将其放置在矩形的中心位置，作为第一个扣子组合。单击挑选工具 ，选中扣子组合，单击交互式属性栏的群组图标 ，将其群组。单击【应用到再制】，原位再制一个扣子组合。单击挑选工具 ，将其向下移动适当距离，作为第二个扣子。利用同样的方法，绘制其他扣子（如图 3-155 和图 3-156 所示）。

4. 加粗轮廓：单击挑选工具 ，选中衣身图形和门襟线，通过对象属性对话框的【轮廓】选项，设置轮廓宽度为 3.4mm，单击【应用】按钮。利用同样的方法，设置纽扣的轮廓宽度为 2.5mm（如图 3-157 所示）。

5. 填充颜色：单击挑选工具 ，选中衣身图形，单击调色板中的灰色，为其填充浅灰色。取消扣子组合，为矩形扣祥填充深灰色。通过对象属性对话框的渐变填充选项，为圆形扣子填充径向渐变填充（如图 3-158 所示）。

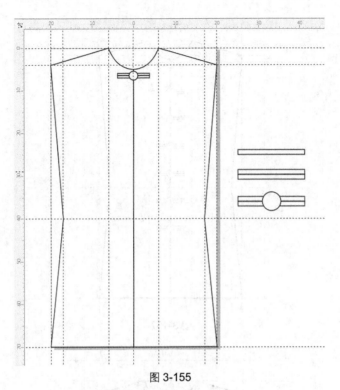

图 3-155

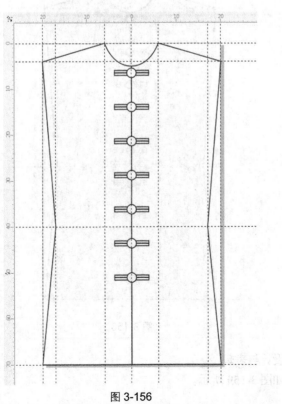

图 3-156

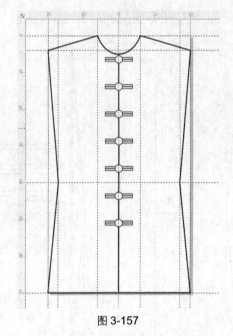

图 3-157

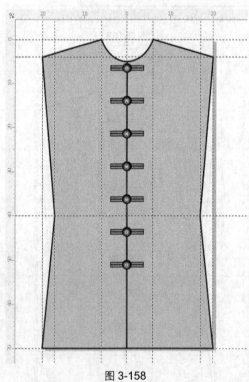

图 3-158

五、拉链门襟的设计与表现

拉链门襟款式图如图 3-159 所示。

1．设置原点和辅助线，绘制外框：参照前述方法设置原点和辅助线。单击矩形工具 □，在适当位置绘制一个矩形，单击交互式属性栏的转换为曲线图标 ○，将矩形转换为曲线（如图 3-160 所示）。

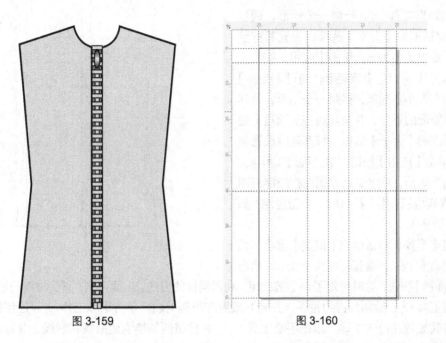

图 3-159　　　　　　　　　　　　　　　　　图 3-160

2．绘制衣身：单击形状工具 ○，在矩形周边增加相应节点。单击形状工具 ○，将领口直线转换为曲线，拖动曲线，使其弯曲为前领口形状。单击形状工具 ○，拖动相关节点，使其形成衣身形状（如图 3-161 所示）。

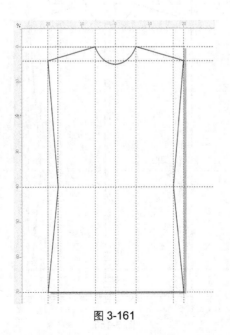

图 3-161

131

3. 绘制拉链：单击矩形工具 □，在衣身中心绘制一个矩形，作为拉链外框（如图 3-162 所示）。

单击矩形工具 □，绘制一个矩形，通过【变换】对话框的【大小】选项，设置其宽度为 1cm、高度为 0.3cm，单击【应用】按钮。单击挑选工具，选中该矩形，通过【变换】对话框的【大小】选项，再制一个矩形，将其移动到原矩形的下方，并与其对齐。通过【变换】对话框的【大小】选项，将其宽度设置为 0.3cm，单击【应用】按钮。单击挑选工具，选中这两个矩形，单击交互式属性栏的群组图标，将其群组，作为拉链的一个链齿组（如图 3-163 所示）。

通过【变换】对话框的【位置】选项，设置水平距离为 0cm，垂直距离为 0.6cm，单击

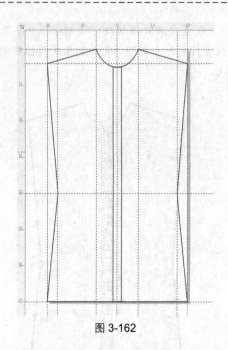

图 3-162

【应用到再制】按钮，这时再制了一个链齿组。利用同样的方法，连续再制，直到排满门襟线为止。单击椭圆工具 ○，绘制拉链的拉手，并将其放置在拉链上端。单击矩形工具 □，绘制拉链下端头，并将其放置在拉链下端。单击手绘工具，在拉链两侧绘制边沿线和明线，并通过交互式属性栏的【轮廓】选项，将明线设置为粗虚线（如图 3-164 所示）。

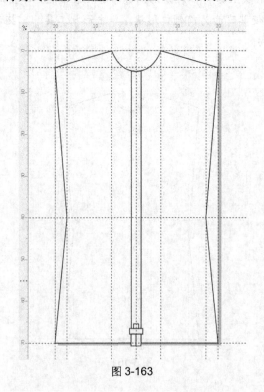

图 3-163

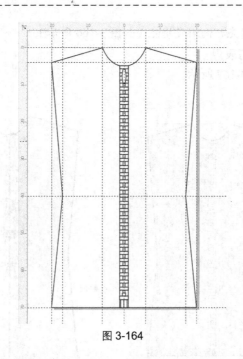

图 3-164

4. 加粗轮廓：单击挑选工具![挑选工具]，选中除拉链以外的所有图形，通过对象属性对话框的【轮廓】选项，设置轮廓宽度为 3.4mm，单击【应用】按钮。选中拉链，设置轮廓宽度为 1.72mm，单击【应用】按钮（如图 3-165 所示）。

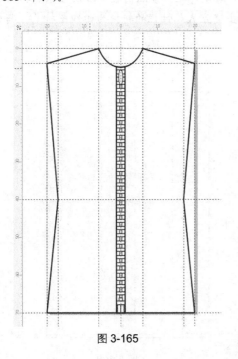

图 3-165

5. 填充颜色：单击挑选工具![挑选工具]，选中衣身图形，单击调色板中的灰色，为其填充浅灰色。利用同样的方法，为拉链外框填充深灰色，为拉链齿组填充白色。通过对象属性对话框的【渐变填充】选项，为拉链拉手填充径向渐变填充（如图 3-166 所示）。

六、带袢门襟的设计与表现

带袢门襟款式图如图 3-167 所示。

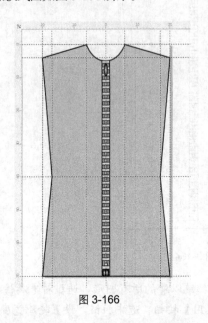

图 3-166

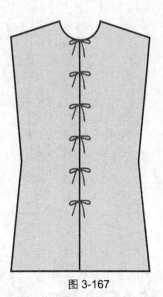

图 3-167

1. 设置原点和辅助线，绘制外框：参照前述方法设置原点和辅助线。单击矩形工具 □，在适当位置绘制一个矩形。单击交互式属性栏的转换为曲线图标 ⊙，将矩形转换为曲线（如图 3-168 所示）。

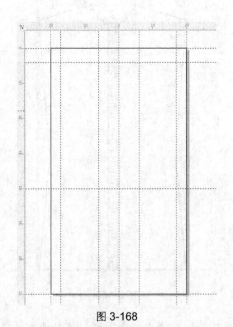

图 3-168

2. 绘制衣身：单击形状工具 ⤵，在矩形周边增加相应节点。单击形状工具 ⤵，将领口直线转换为曲线，拖动曲线，使其弯曲为前领口形状。单击形状工具 ，拖动相关节点，使其形成衣身形状（如图 3-169 所示）。

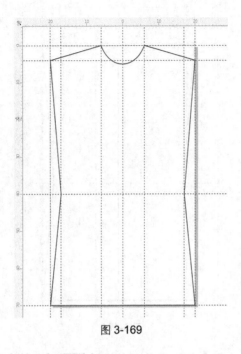

图 3-169

3. 绘制带衽门襟：单击手绘工具 ，绘制一条中心线，作为门襟线（如图 3-170 所示）。

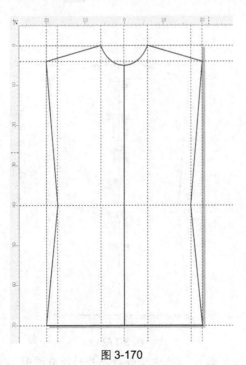

图 3-170

单击工具箱中的艺术笔工具 ，利用交互式属性栏的预设工具

⊠ ⫶ 凸 ⚲ ⌀ ⟋ ⎯⎯ ▾ ⌇100 ⊹ ⇅3.81 mm ⇕ ，绘制打结带袢，并调整大小（如图 3-171 所示）。

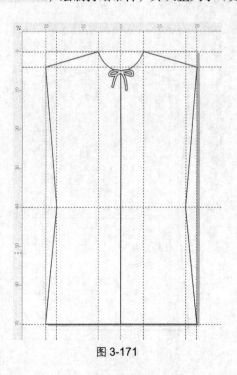

图 3-171

通过【变换】对话框的【大小】选项，再制数个打结带袢，并将其逐个放置在门襟线上的适当位置（如图 3-172 所示）。

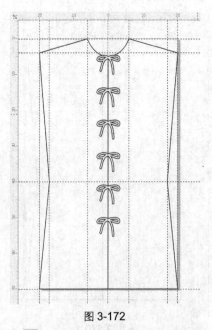

图 3-172

4. 加粗轮廓：单击挑选工具 ⧄ ，选中除带袢以外的所有图形，通过对象属性对话框的【轮廓】选项，设置轮廓宽度为 3.5mm，单击【应用】按钮。选中带袢图形，设置其轮廓宽度为 1.72mm，单击【应用】按钮（如图 3-173 所示）。

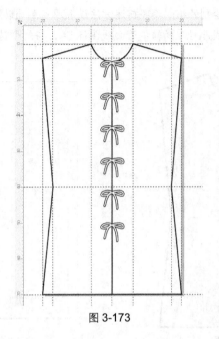

图 3-173

5. 填充颜色：单击挑选工具，选中衣身图形，单击调色板中的灰色，为其填充浅灰色。利用同样的方法为袢带扣子填充白色（如图 3-174 所示）。

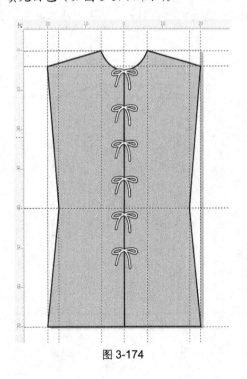

图 3-174

七、明门襟的设计与表现

明门襟的款式图如图 3-175 所示。

1. 设置原点和辅助线，绘制外框：参照前述方法设置原点和辅助线。单击矩形工具 □，在适当位置绘制一个矩形，单击交互式属性栏的转换为曲线图标 ⊙，将矩形转换为曲线（如图 3-176 所示）。

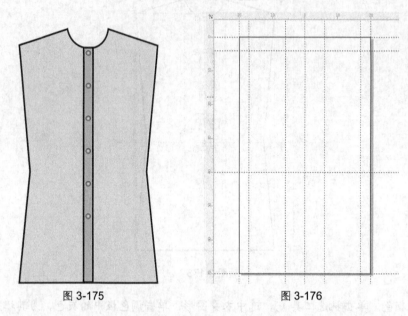

图 3-175　　　　　　　　　　　　图 3-176

2. 绘制衣身：单击形状工具 ↖，在矩形周边增加相应节点。单击形状工具 ↖，将领口直线转换为曲线，拖动曲线，使其弯曲为前领口形状。单击形状工具 ↖，拖动相关节点，使其形成衣身形状（如图 3-177 所示）。

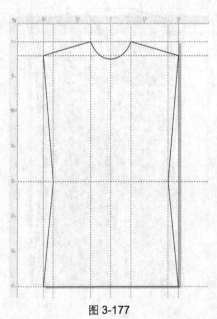

图 3-177

3. 绘制门襟和纽扣：单击矩形工具 □，在衣身中心线处绘制一个竖向矩形，作为明门襟。单击椭圆工具 ○，按住 Ctrl 键，绘制一个圆形。通过【变换】对话框的【大小】选项，设置其宽度、高度均为 1.5cm，单击【应用】按钮。单击挑选工具 ▷，将其放置在矩形上部的中心位置，作为第一个扣子（如图 3-178 所示）。

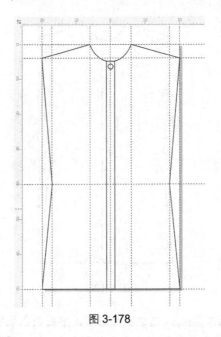

图 3-178

单击挑选工具 ▷，选中扣子，通过【变换】对话框的【大小】选项，单击【应用到再制】按钮，原位再制一个扣子。单击挑选工具 ▷，将其向下移动适当距离，作为第二个扣子。利用同样的方法，绘制其他扣子（如图 3-179 所示）。

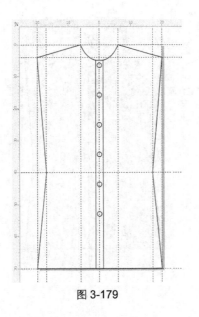

图 3-179

4. 加粗轮廓：单击挑选工具 ，选中衣身图形和门襟图形，通过对象属性对话框的【轮廓】选项，设置轮廓宽度为 3.5mm，单击【应用】按钮。利用同样的方法，设置纽扣的轮廓宽度为 2.5mm（如图 3-180 所示）。

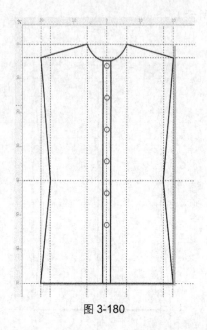

图 3-180

5. 填充颜色：单击挑选工具 ，选中衣身图形，单击调色板中的灰色，为其填充浅灰色。利用同样的方法为矩形门襟填充深灰色。通过对象属性对话框的【渐变填充】选项，为圆形扣子填充径向渐变填充（如图 3-181 所示）。

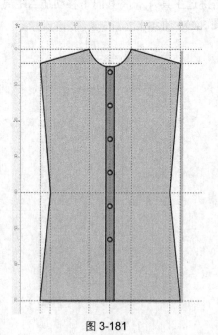

图 3-181

八、暗门襟的设计与表现

暗门襟款式图如图 3-182 所示。

1. 设置原点和辅助线，绘制外框：参照前述方法设置原点和辅助线。单击矩形工具 □，在适当位置绘制一个矩形，单击交互式属性栏的转换为曲线图标 ⬡，将矩形转换为曲线（如图 3-183 所示）。

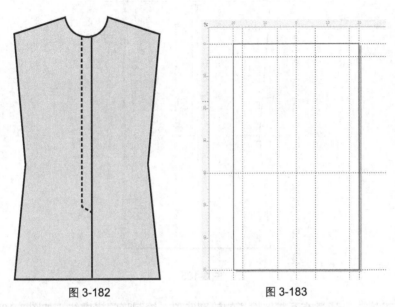

图 3-182　　　　　　　　　　　　图 3-183

2. 绘制衣身：单击形状工具 ⬚，在矩形周边增加相应节点。单击形状工具 ⬚，将领口直线转换为曲线，拖动曲线，使其弯曲为前领口形状。单击形状工具 ⬚，拖动相关节点，使其形成衣身形状（如图 3-184 所示）。

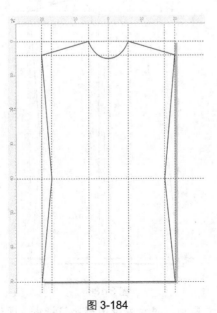

图 3-184

3. 绘制门襟和纽扣：单击手绘工具 ，在中心线处绘制一条竖向直线，作为门襟线（如图 3-185 所示）。

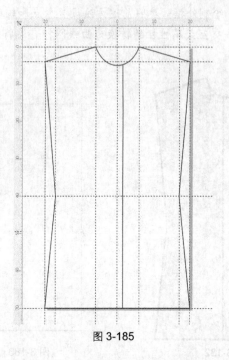

图 3-185

单击手绘工具 ，通过交互式属性栏的轮廓选项，绘制暗门襟虚线（如图 3-186 所示）。

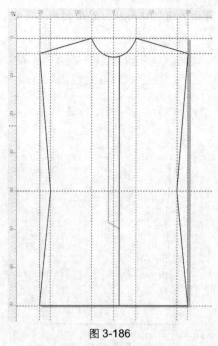

图 3-186

4. 加粗轮廓：单击挑选工具 ，选中衣身图形和门襟线，通过对象属性对话框的【轮廓】

选项，设置轮廓宽度为 3.5mm，单击【应用】按钮（如图 3-187 所示）。

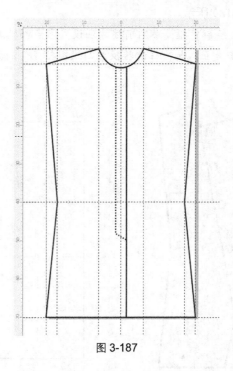

图 3-187

5. 填充颜色：单击挑选工具 ，选中衣身图形，单击调色板中的灰色，为其填充浅灰色（如图 3-188 所示）。

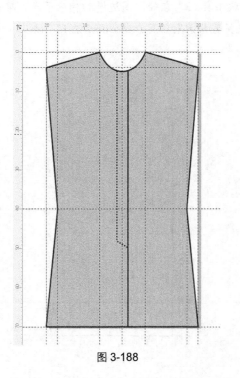

图 3-188

九、斜门襟的设计与表现

斜门襟的款式图如图 3-189 所示。

1. 设置原点和辅助线，绘制外框：参照前述方法设置原点和辅助线。单击矩形工具 □ ，在适当位置绘制一个矩形，单击交互式属性栏的转换为曲线图标 ⚙ ，将矩形转换为曲线（如图 3-190 所示）。

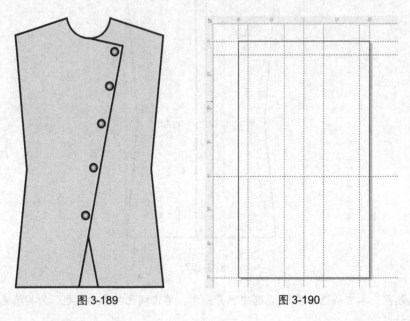

图 3-189　　　　　　　　　　　图 3-190

2. 绘制衣身：单击形状工具 ◟ ，在矩形周边增加相应节点。单击形状工具 ◟ ，将领口直线转换为曲线，拖动曲线，使其弯曲为前领口形状。单击形状工具 ◟ ，拖动相关节点，使其形成衣身形状（如图 3-191 所示）。

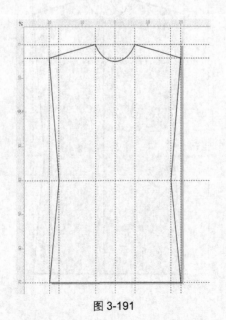

图 3-191

3. 绘制门襟和纽扣：单击手绘工具 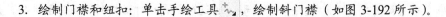，绘制斜门襟（如图 3-192 所示）。

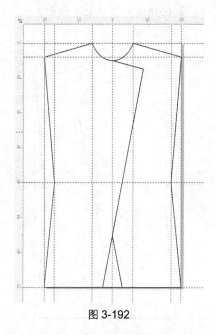

图 3-192

单击椭圆工具 ⊙，按住 Ctrl 键，绘制一个圆形。通过【变换】对话框的【大小】选项，设置其宽度、高度均为 2cm，单击【应用】按钮。单击挑选工具 ⊿，将其放置在斜门襟的上部，作为第一个扣子。单击挑选工具 ⊿，选中扣子，通过【变换】对话框的【大小】选项，单击【应用到再制】按钮，原位再制一个扣子组合。单击挑选工具 ⊿，将其向左下移动适当距离，作为第二个扣子。利用同样的方法，绘制其他扣子（如图 3-193 所示）。

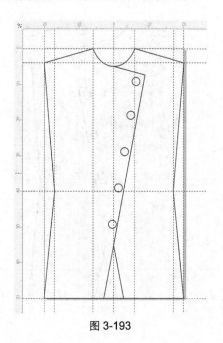

图 3-193

4. 加粗轮廓：单击挑选工具 ⬉，选中所有图形，通过对象属性对话框的【轮廓】选项，设置轮廓宽度为 3.5mm，单击【应用】按钮（如图 3-194 所示）。

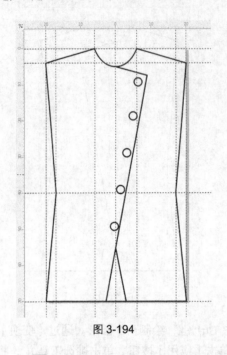

图 3-194

5. 填充颜色：单击挑选工具 ⬉，选中衣身图形，单击调色板中的灰色，为其填充浅灰色。通过对象属性对话框的【渐变填充】选项，为圆形扣子填充径向渐变填充（如图 3-195 所示）。

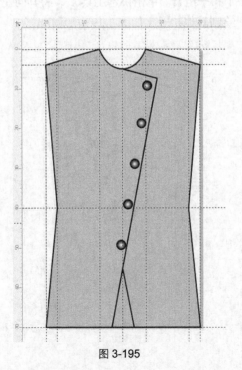

图 3-195

3.4　口袋的设计与表现

口袋在服装设计中运用很广泛，它不仅能提高服装的实用功能，也常常是装饰服装的重要元素。

一、口袋的设计要点

1. 方便使用

口袋一般都是用来放置小件物品的，因此，口袋的朝向、位置和大小都要方便手的操作。

2. 整体协调

口袋的大小和位置都可能与服装的相应部位产生对比关系，因此，设计口袋的大小和位置时要注意使其与服装的相应部位的大小、位置相协调。运用于口袋的装饰手法也很多，在对口袋进行装饰设计时，也要注意所采用的装饰手法与整体风格相协调。

另外，口袋的设计还要结合服装的功能要求和材料特征一起考虑。一般情况下，表演服、专业运动服以及用柔软、透明材料制作的服装无需设计口袋，而制服、旅游服或用粗厚材料制作的服装则可以设计口袋以增强它们的功能性和审美性。

3. 口袋分类

根据口袋的结构特征，口袋可以分为贴袋、挖袋和插袋 3 种类型。不同类型的口袋设计方法与表现方法也会有较大的不同。

学会了用电脑画上述服装局部的画法，画口袋就十分容易了，因此，这里仅介绍画口袋的一般步骤，供大家学习时参考。

二、贴袋的设计与表现

贴袋是贴缝在服装表面的口袋，是所有口袋中造型变化最丰富的一类。用电脑设计和表现贴袋除了要注意准确地画出贴袋在服装中的位置和基本形态以外，还要注意准确地画出贴袋的缝制工艺和装饰工艺的特征。

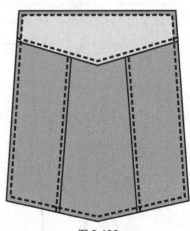

图 3-196

贴袋款式图如图 3-196 所示。

1. 设置原点和辅助线，绘制外框：参照前述方法设置原点和辅助线。单击矩形工具 ▢，在图纸适当位置绘制一个宽度为 15cm，高度为 17cm 的矩形（如图 3-197 所示）。

2. 绘制外形：单击形状工具 ✐，选中矩形，单击交互式属性栏的转换为曲线图标 ⟳，将其转换为曲线。单击形状工具 ✐，在矩形底边中点双击鼠标，增加一个节点。将底边两端的节点向上移动 4cm，形成贴袋底边造型。将矩形上边两个端点分别向内移动 2cm，形成口袋造型（如图 3-198 所示）。

3. 绘制内部分割线：单击手绘工具 ✐，绘制内部款式分割线条（如图 3-199 所示）。

4. 绘制虚线明线：单击手绘工具 ✐，绘制明线基本线，同时通过交互式属性栏的【轮廓】选项，设置线型为虚线（如图 3-200 所示）。

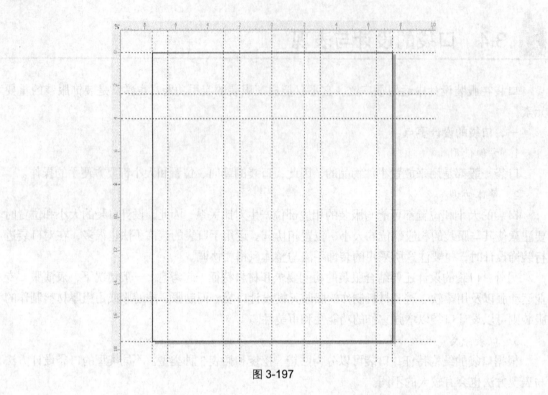

图 3-197

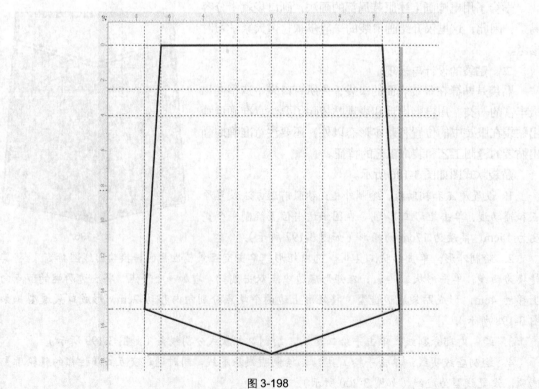

图 3-198

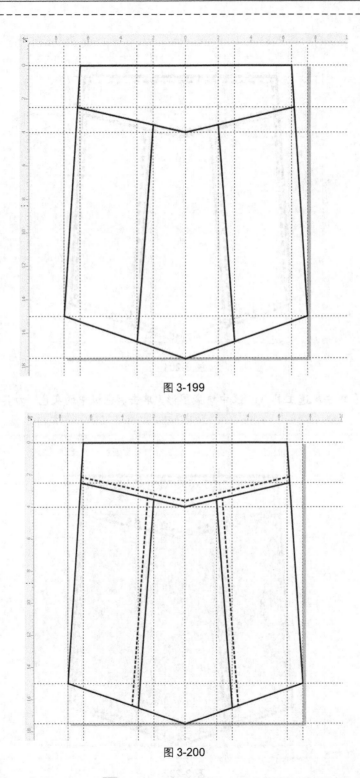

图 3-199

图 3-200

5．加粗轮廓：单击挑选工具 ，选中所有图形，通过对象属性对话框的【轮廓】选项，设置轮廓宽度为 3.5mm，单击【应用】按钮，加粗轮廓线（如图 3-201 所示）。

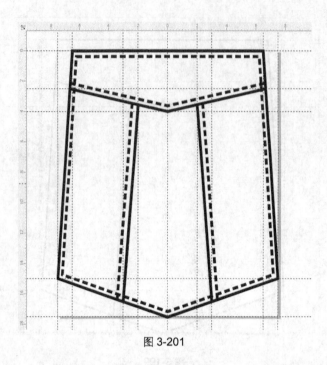

图 3-201

6. 填充颜色：单击挑选工具 ▧，选中口袋图形，单击调色板中的灰色，为其填充深灰色（如图 3-202 所示）。

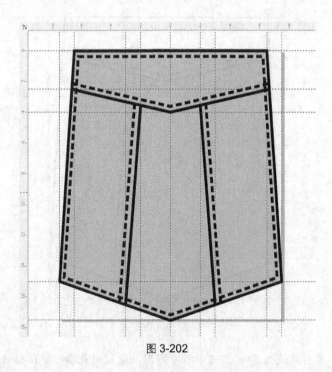

图 3-202

掌握了贴袋的基本画法就可以自由地进行贴袋设计了，常见贴袋的造型如图 3-203 所示。

图 3-203（1）

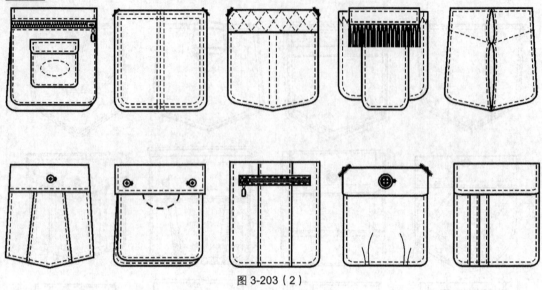

图 3-203（2）

三、挖袋的设计与表现

挖袋的袋口开在服装的表面，而袋却藏在服装的里层。服装表面的袋口可以显露，也可以用袋盖掩饰。

挖袋的造型变化比贴袋简单，重点在袋口或袋盖的装饰，因此，用电脑设计和表现挖袋主要是画好挖袋袋口或袋盖在服装中的位置、基本形态，以及缝制和装饰袋口、袋盖的工艺特征。

挖袋款式图如图 3-204 所示。

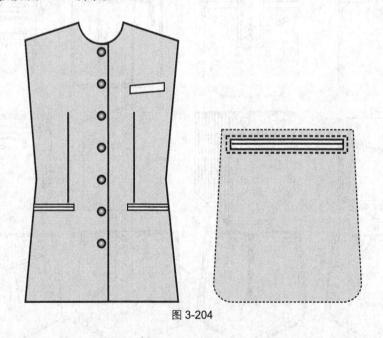

图 3-204

1. 设置原点和辅助线，绘制虚线袋布：参照前述方法设置原点和辅助线。单击矩形工具 □，在图纸适当位置绘制一个宽度为 20cm、高度为 22cm 的矩形，单击交互式属性栏的转换为曲线图标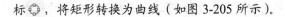，将矩形转换为曲线（如图 3-205 所示）。

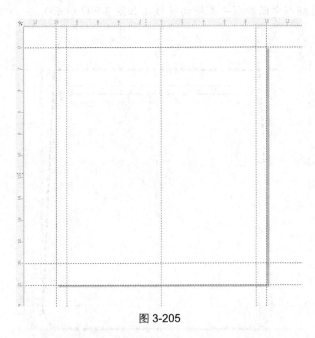

图 3-205

单击形状工具 ，将矩形上边两个端点向内移动 2cm。通过双击鼠标，在袋布下部两侧 20cm 处各增加一个节点，将下端两侧节点内移各 3cm，单击交互式属性栏的转换直线为曲线图标 ，将两段斜直线转换为曲线，并将其分别弯曲为圆角。通过交互式属性栏的【轮廓】选项，将其设置为虚线（如图 3-206 所示）。

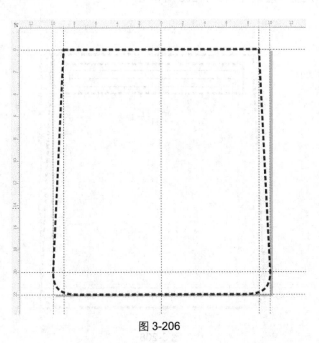

图 3-206

2. 绘制袋口：单击矩形工具 □，在袋布上部绘制一个宽度为 15cm、高度为 1.5cm 的矩形。单击手绘工具 ✎，在矩形中间绘制一条横向直线（如图 3-207 所示）。

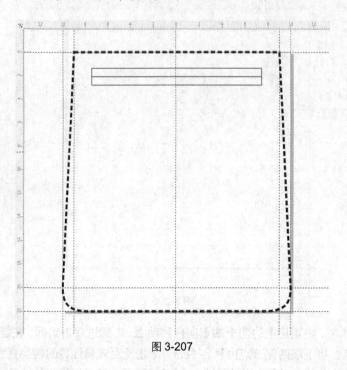

图 3-207

3. 绘制袋口虚线：单击矩形工具 □，在袋口外围绘制一个矩形，通过对象属性对话框的【轮廓】选项，设置轮廓线型为虚线（如图 3-208 所示）。

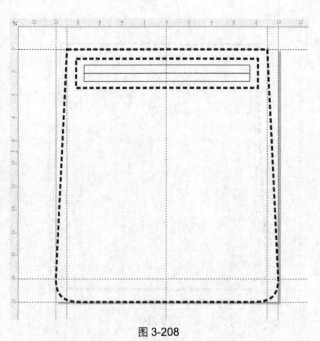

图 3-208

4. 加粗轮廓：单击挑选工具 ，选中所有虚线图形，通过对象属性对话框的【轮廓】选项，设置轮廓宽度为 2.5mm。利用同样的方法，设置袋口轮廓宽度为 3.5mm（如图 3-209 所示）。

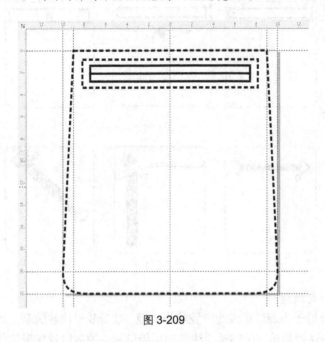

图 3-209

5. 填充颜色：单击挑选工具 ，选中袋布图形，单击调色板中的灰色，为其填充浅灰色。利用同样的方法为袋口图形填充白色（如图 3-210 所示）。

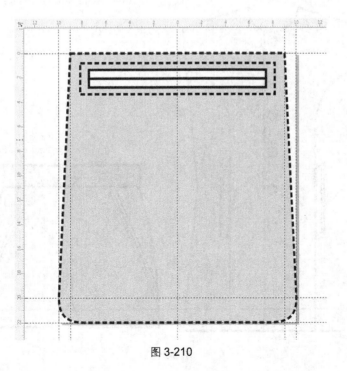

图 3-210

掌握了挖袋的基本画法就可以自由地进行挖袋设计了，常见的挖袋如图 3-211 所示。

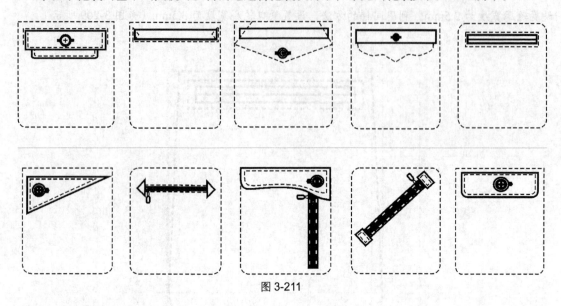

图 3-211

四、插袋的设计与表现

利用衣片的缝合缝子为袋口形成的口袋称为插袋。插袋袋口比较隐蔽，是口袋中造型变化最小的一类。插袋的画法很简单，关键是要注意利用袋口两头的封口表现袋的位置与大小。

缝内袋款式图如图 3-212 所示。

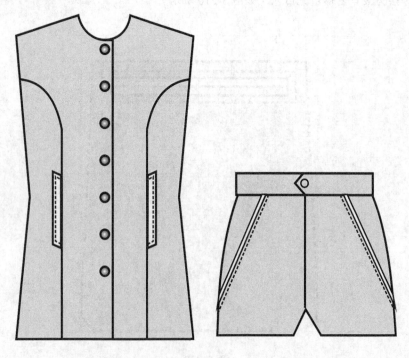

图 3-212

1. 设置原点和辅助线，绘制相关服装基本形状：参照前述方法设置原点和辅助线。单击手绘工具 ✍、形状工具 ✎ 和椭圆工具 ⬭，绘制上衣和短裤的基本形状（如图 3-213 所示）。

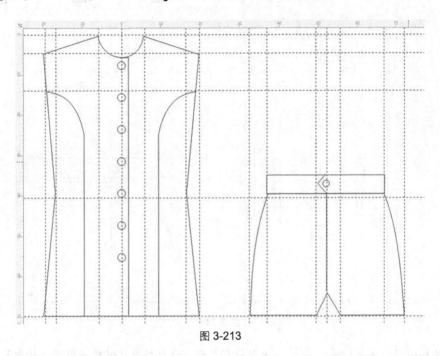

图 3-213

2. 绘制袋口：单击手绘工具 ✍，绘制上衣插袋袋口和短裤的插袋袋口（如图 3-214 所示）。

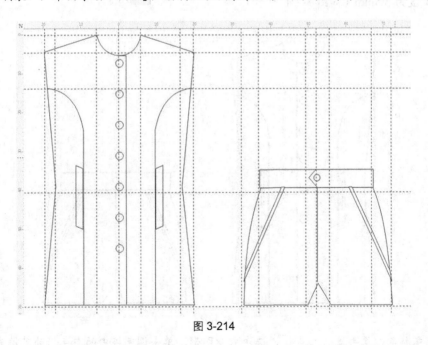

图 3-214

3. 绘制袋口明线：单击手绘工具 ✍，绘制插袋的相关明线，通过交互式属性栏的【轮廓】

选项，将其设置为虚线（如图 3-215 所示）。

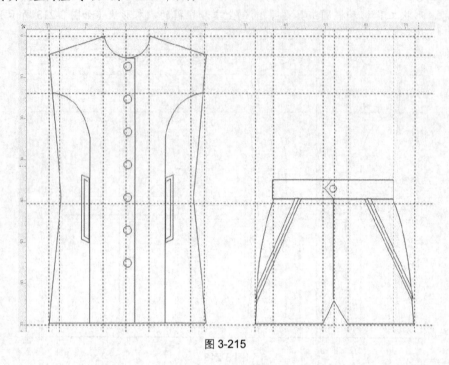

图 3-215

4. 加粗轮廓：单击挑选工具 ，选中所有图形，通过对象属性对话框的【轮廓】选项，设置其轮廓宽度为 3.5mm（如图 3-216 所示）。

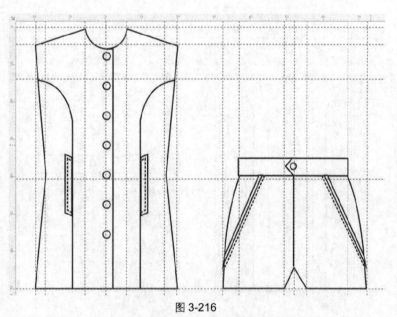

图 3-216

5. 填充颜色：单击挑选工具 ，选中衣身图形，单击调色板中的灰色，为其填充浅灰色。利用同样的方法，为扣子和袋口图形填充白色（如图 3-217 所示）。

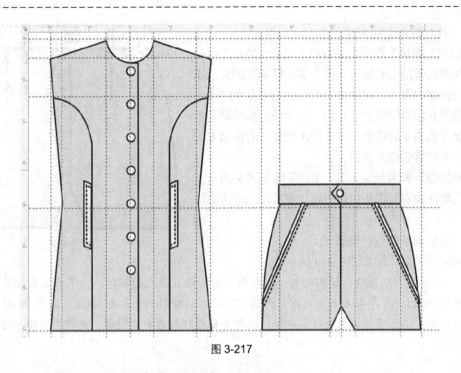

图 3-217

掌握了缝内袋的基本画法就可以自由地进行挖袋设计了（如图 3-218 所示）。

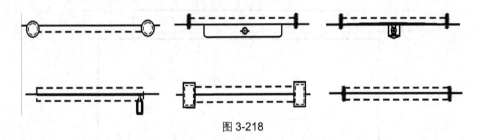

图 3-218

 # 3.5 腰头的设计与表现

腰头有收紧腰部、束起下装的功能，通常是裙子和裤子的设计重点。

一、腰头的设计要点

1. 在批量生产的服装中，应尽可能地运用流行元素设计腰头。由于腰头在下装中的特殊地位，下装的流行元素常常会反映到腰头的设计中去。腰头的造型，腰头的装饰手法如果能跟上流行，会大大提高产品的附加值。

2. 腰头的造型和装饰手法要与下装的整体风格一致。不同造型或不同装饰手法的腰头会有不同风格，如用几何形设计的腰头会显得比较简洁、明朗，用任意形设计的腰头会显得比较丰富、含蓄；用明线装饰腰头会显得比较粗犷，用花边装饰腰头会显得比较优雅。让腰头的造型和装饰手法与下装的整体风格协调起来，是追求服装整体和谐的重要原则之一。

二、腰头的设计与表现

目前常见的腰头造型主要有两大类，一类是几何形腰头，如用皮带抽缩的腰头；另一类是任意形腰头，如用松紧带抽缩的腰头。设计几何形的腰头可以变化腰头本身的造型并用腰带去装饰它们。设计任意形的腰头一般不变化腰头本身的造型，主要用改变腰头的抽缩方式并用适当的袢带去装饰它们。

用电脑设计和表现腰头时，不仅要绘制腰头的造型特征，还要注意将与腰头相连的裙片或裤片的结构交待清楚。

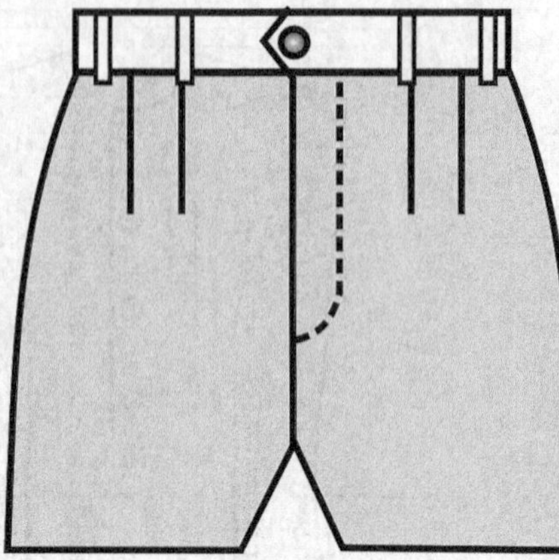

图 3-219

三、西裤腰头的设计与表现

西裤腰头的款式图如图 3-219 所示。

1. 设置原点和辅助线，绘制外框：参照前述方法设置原点和辅助线。单击矩形工具，绘制一个宽为 30cm，高为 4cm 的小矩形，作为裤腰矩形。绘制一个长为 40cm、高为 30cm 的矩形作为裤身矩形。单击【转换为曲线】命令，将两个矩形转换为曲线图形，并将两个矩形对齐（如图 3-220 所示）。

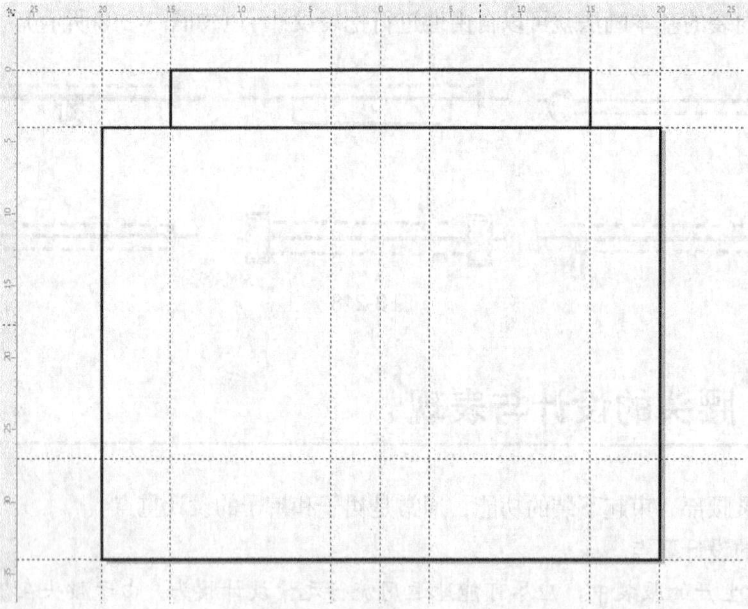

图 3-220

2. 绘制裤身：单击形状工具，选中大矩形的左、右上角节点，并向内移动，使之与小矩形相对齐（如图 3-221 所示）。

单击形状工具，在梯形底边的中间部位，参照辅助线，增加 3 个节点。向上移动中间的节点，形成裤腿分裆形状（如图 3-222 所示）。

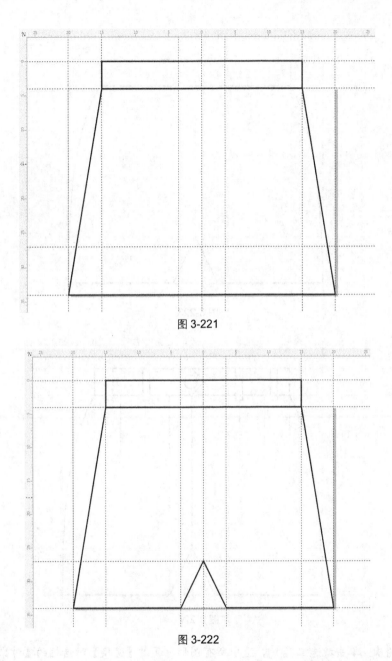

图 3-221

图 3-222

　　单击形状工具 ，选中大矩形的左边线，单击交互式属性栏的转换为曲线图标 ，将其转换为曲线。拖动左边线上部，使其符合裤身曲线造型。利用同样的方法，将右边线调整为与左边相同（如图 3-223 所示）。

　　3. 绘制门襟、裤裆活褶：单击手绘工具 ，在裤身中心绘制一条竖向直线，作为门襟开口线。在门襟开口线右侧绘制门襟虚线明线。在小矩形中部绘制裤腰搭门形状。单击椭圆工具 ，绘制搭门纽扣。单击手绘工具 ，在裤身中心线两侧绘制 4 条活褶线。单击矩形工具 ，在裤腰上绘制 4 个竖向小矩形，作为腰带袢（如图 3-224 所示）。

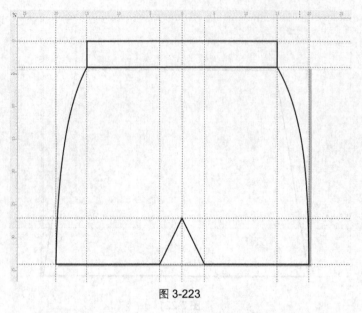

图 3-223

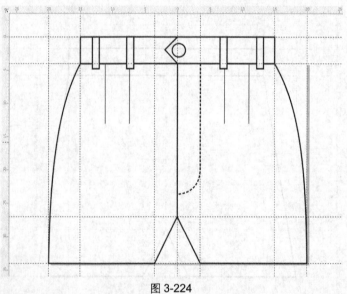

图 3-224

4. 加粗轮廓：单击挑选工具 ，选中所有图形，通过【变换】对话框的【对象】属性选项，设置轮廓宽度为 3.5mm，单击【应用】按钮（如图 3-225 所示）。

5. 填充颜色：单击挑选工具 ，选中裤身图形，单击调色板中的灰色，为其填充深灰色。利用同样的方法，为裤腰填充白色。通过对象属性对话框的【渐变填充】选项，为扣子填充径向渐变填充（如图 3-226 所示）。

四、绳带抽缩腰头的设计与表现

绳带抽缩腰头款式图如图 3-227 所示。

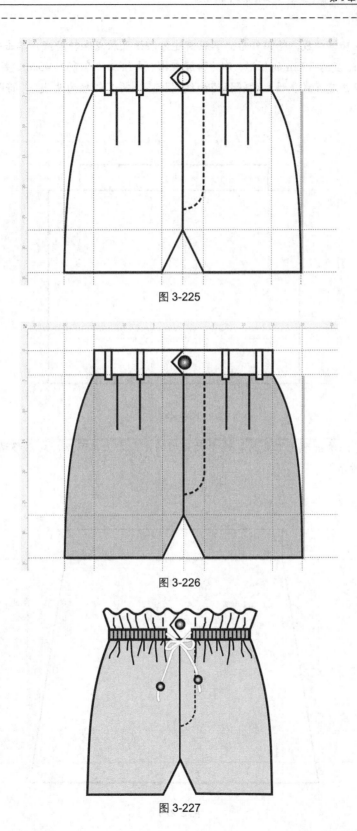

图 3-225

图 3-226

图 3-227

1. 设置原点和辅助线，绘制外框：参照前述方法设置原点和辅助线。单击矩形工具 □，绘制一个高为 40cm、宽为 30cm 的矩形，作为裤腰矩形。再绘制一个宽为 40cm、高为 30cm 的矩形，作为裤身矩形。单击交互式属性栏的转换为曲线图标 ⟳，将其转换为曲线。并将两个矩形对齐（如图 3-228 所示）。

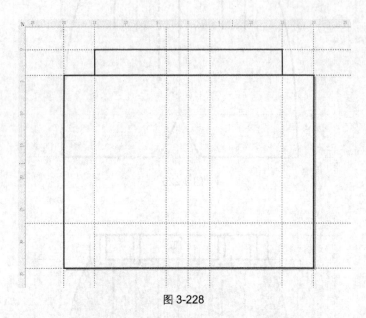

图 3-228

2. 绘制裤身：单击形状工具 ⬝，选中大矩形的左、右上角节点，向内移动节点与小矩形对齐（如图 3-229 所示）。

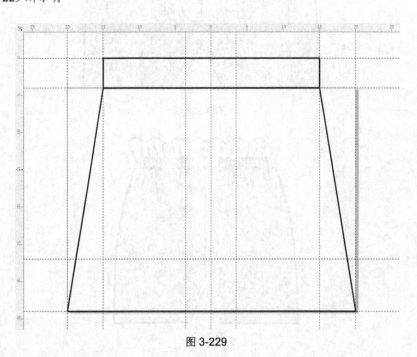

图 3-229

　　单击形状工具 ，在梯形底边的中间部位，参照辅助线，增加 3 个节点。向上移动中间的节点，形成裤腿分裆形状（如图 3-230 所示）。

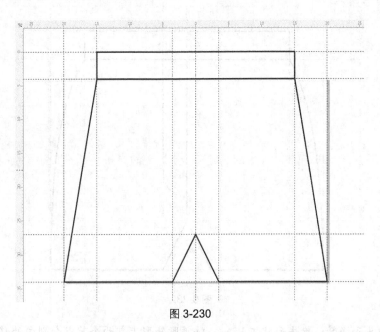

图 3-230

　　单击形状工具 ，选中大矩形左边线，单击交互式属性栏的转换为曲线图标 ，将其转换为曲线。拖动左边线上部，使其符合裤身造型。利用同样的方法，将右边线调整为与左边相同（如图 3-231 所示）。

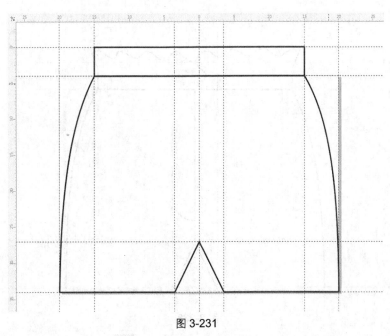

图 3-231

　　3. 绘制门襟：单击手绘工具 ，在裤身中心绘制一条竖向直线，作为门襟开口线。在门襟开口线右侧绘制门襟虚线明线。在小矩形中部绘制裤腰搭门形状（如图 3-232 所示）。

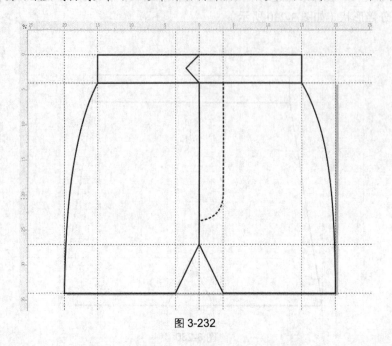

图 3-232

4. 绘制腰头和绳带：单击形状工具 ，将裤腰矩形上部两个节点分别向外移动适当距离。单击形状工具 ，在裤腰上口线上连续双击鼠标左键，为上口线增加若干节点。同时选中裤腰上口线的所有节点，单击交互式属性栏的转换为曲线图标 ，将裤腰上口线转换为曲线。单击形状工具 ，逐个拖动节点之间的曲线，使其弯曲为如图 3-233 所示的形状。

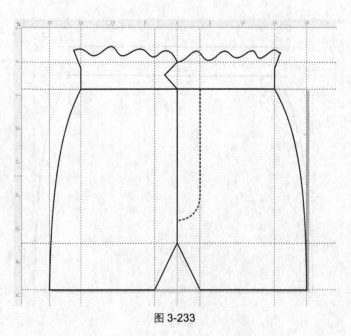

图 3-233

5. 绘制抽褶线：单击矩形工具 □ 和手绘工具 ⚡，绘制绳带穿口和绳带抽缩形态。绘制绳带抽缩形态时，只需绘制一条竖向直线，在选中状态下，通过【变换】对话框的【位置】选项，设置水平距离为 0.5cm，垂直距离为 0cm，连续单击【应用到再制】按钮即可。为了使抽褶的形状逼真，需要绘制抽褶线。单击手绘工具 ⚡ 和形状工具 ⟋，按照抽褶形状的需要绘制抽褶线。抽褶线有多条，只需绘制其中一条，其他通过再制、镜像翻转、移动位置即可绘制出来（如图 3-234 所示）。

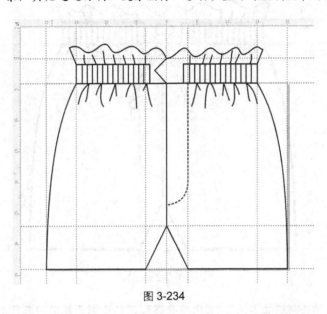

图 3-234

6. 绘制绳带和扣子：利用艺术笔工具的预设选项 ⟨icons⟩，通过选择笔触、调整笔触宽度，绘制绳带。

单击椭圆工具 ◯，绘制绳结饰物圆珠。单击椭圆工具 ◯，绘制搭门纽扣（如图 3-235 所示）。

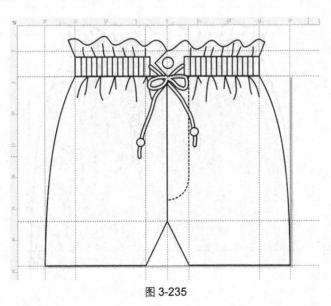

图 3-235

7. 加粗轮廓：单击挑选工具 ↖，选中除绳带以外的所有图形。通过【变换】对话框的【对象】选项，设置其轮廓宽度为 3.5mm，单击【应用】按钮。单独选中绳带，设置绳带宽度为 2.5mm，单击【应用】按钮（如图 3-236 所示）。

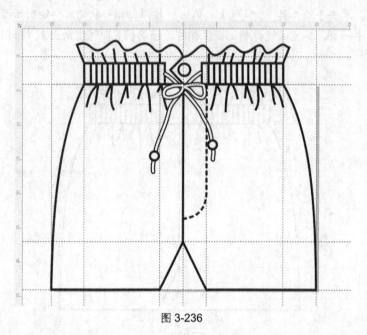

图 3-236

8. 填充颜色：单击挑选工具 ↖，选中裤身图形，单击调色板中的灰色，为其填充浅灰色。利用同样的方法，为裤腰抽褶矩形填充深灰色。通过对象属性对话框的【渐变填充】选项，为圆形扣子和绳带饰珠填充径向渐变填充（如图 3-237 所示）。

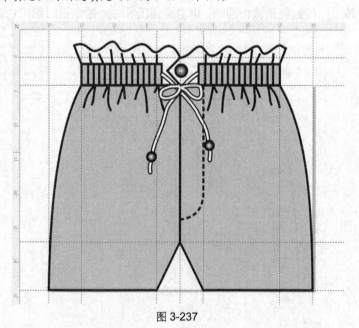

图 3-237

3.6 常用服饰配件的绘制

一、纽扣的绘制

1. 衬衣纽扣的绘制：单击椭圆工具 ◯，按住 Ctrl 键，绘制一个圆形。通过【变换】对话框的【大小】选项，设置宽度和高度均为 1cm。单击椭圆工具 ◯，绘制两个直径为 0.15cm 的圆作为纽扣穿线孔。单击调色板中的相应颜色图标，为扣子填充白色，为穿线孔填充深灰色（如图 3-238 所示）。

2. 普通上衣纽扣的绘制：单击椭圆工具 ◯，按住 Ctrl 键，绘制一个圆形。通过【变换】对话框的【大小】选项，设置宽度和高度均为 2cm，并通过单击调色板中的灰色，为其填充灰色。通过【变换】对话框的【大小】选项，单击【应用到再制】按钮，再制一个圆形，按住 Shift 键，将其缩小，并为其填充线性渐变填充。单击椭圆工具 ◯，绘制一个圆形，设置其直径为 0.25cm，作为穿线孔。通过再制、移动位置的方法，绘制其他穿线孔（如图 3-239 所示）。

3. 无眼上衣纽扣的绘制：单击椭圆工具 ◯，按住 Ctrl 键，绘制一个圆形。通过【变换】对话框的【大小】选项，设置宽度和高度均为 2cm，并通过单击调色板中的灰色，为其填充灰色。通过【变换】对话框的【大小】选项，单击【应用到再制】按钮，再制一个圆形，按住 Shift 键，将其缩小，并为其填充径向渐变填充（如图 3-240 所示）。

图 3-238　　　　　　　图 3-239　　　　　　　图 3-240

4. 中式布纽扣的绘制：单击矩形工具 ▢，绘制一个矩形，设置其宽度为 0.3cm、长度为 5cm，单击交互式属性栏的转换为曲线图标 ⟳，将其转换为曲线图形。单击形状工具 ⟋，框选矩形，单击交互式属性栏的转换直线为曲线图标 ⟋，拖动相关线条，调整为如图 3-241 所示的形状。

5. 叶形纽扣的绘制：单击矩形工具 ▢，绘制一个长度为 3cm、宽度为 1.2cm 的矩形。单击手绘工具 ✎，沿矩形对角线绘制连续、封闭的两条重合直线。单击形状工具 ⟋，框选直线，单击交互式属性栏的转换直线为曲线图标 ⟋，将其转换为曲线。单击形状工具 ⟋，拖动鼠标，分别使其向上下弯曲。通过对象属性对话框的【渐变填充】选项，为其填充径向渐变填充。单击交互式阴影工具 ▢，为其添加阴影。删除开始绘制的矩形，将叶形轮廓设置为灰色（如图 3-242 所示）。

图 3-241　　　　　　　　　　　　　图 3-242

6. 菱形纽扣的绘制：单击矩形工具 ☐，按住 Ctrl 键，绘制一个 2.5cm×2.5cm 的正方形。单击挑选工具 ▯，选中正方形，再单击一次，使其处于旋转状态，拖动鼠标，使其旋转 45°。重新选中图形，将鼠标指针按在上边中间的控制柄上，拖动鼠标，使其上下缩小为菱形，并为其填充灰色。通过【变换】对话框的【大小】选项，单击【应用到再制】按钮，再制一个菱形，按住 Shift 键，拖动鼠标使其缩小，并通过对象属性对话框的【渐变填充】选项，为其填充径向渐变填充（如图 3-243 所示）。

图 3-243

7. 方形纽扣的绘制：单击矩形工具 ☐，绘制一个 2cm×2cm 的矩形。通过单击【效果】→【斜角】命令，打开【斜角】设置对话框（如图 3-244 所示）。

按照图 3-244 进行适当设置，单击【应用】按钮。单击椭圆工具 ○，绘制 4 个穿线孔，并为其填充黑灰色（如图 3-245 所示）。

8. 椭圆形纽扣的绘制：单击椭圆工具 ○，绘制一个椭圆，通过【变换】对话框的【大小】选项，设置宽度为 2cm、高度为 1.25cm。单击【效果】→【斜角】命令，打开【斜角】设置对话框。

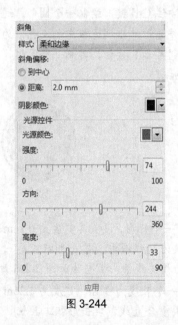

图 3-244

图 3-245

按照图 3-244 进行适当设置，单击【应用】按钮。单击椭圆工具 ○，绘制两个穿线孔，并为其填充黑灰色（如图 3-246 所示）。

二、项链的绘制

1. 珍珠项链的绘制：单击椭圆工具 ○，绘制一个小圆，再制一个小圆，将其水平拖放到右侧适当位置（如图 3-247 所示）。

单击交互式调和工具 ♦，设置步数为 20，将鼠标指针按在左侧小圆上，按住并拖动鼠标到右侧小圆上，形成系列调和图形（如图 3-248 所示）。

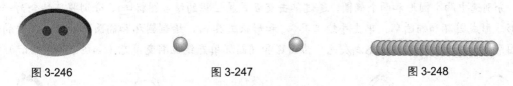

图 3-246   图 3-247   图 3-248

单击手绘工具 和形状工具 ，绘制一条曲线，作为新路径（如图 3-249 所示）。

单击挑选工具 ，选中图 3-248 所示的图形。单击交互式调和工具 ，再单击新路径

图标，这时鼠标指针变为黑色大箭头，单击图 3-249 所示的新路径，所有珍珠都均匀分布在新路径上。如果珠粒有重叠或间隙，通过调整路径长度或调和步数，可使珍珠均匀排列（如图 3-250 所示）。

单击挑选工具 ，选中图形，右键单击调色板上部的无填充图标 ，不显示轮廓和路径（如图 3-251 所示）。

图 3-249   图 3-250   图 3-251

2. 珍珠手链的绘制：手链的绘制方法与项链的绘制方法相同（如图 3-252 所示）。

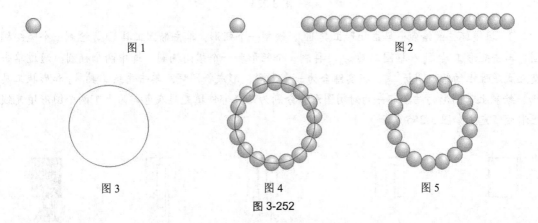

图 1   图 2

图 3   图 4   图 5

图 3-252

三、拉链的绘制

1. 拉链环一的绘制：单击椭圆工具 ，绘制一个圆形，再绘制一个竖向椭圆。通过【变换】对话框的【大小】选项，分别再制圆形和椭圆。单击挑选工具 ，按住 Shift 键，缩小再制的图

形。分别选中两个圆形和两个椭圆，通过单击交互式属性栏的结合图标▣，分别将其结合为一个图形，形成圆环和椭圆环。单击手绘工具▾和形状工具▸，绘制圆环和椭圆环的结合部件的封闭图形。分别为结合部件填充浅灰色，为圆环和椭圆环填充线性渐变填充（如图 3-253 所示）。

图 3-253

2. 拉链环二的绘制：单击矩形工具□，绘制一个矩形。单击椭圆工具○，绘制一个竖向椭圆。单击矩形工具□和椭圆工具○，再制一个矩形和一个横向椭圆。选中两个椭圆，通过单击交互式属性栏的结合图标▣，将其结合为一个图形，形成椭圆环。单击手绘工具▾和形状工具▸，绘制上下图形的结合部件的封闭图形。分别为结合部件填充浅灰色，为上下两个图形填充线性渐变填充（如图 3-254 所示）。

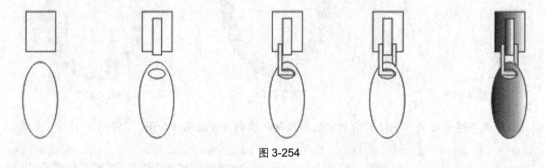

图 3-254

3. 拉链环三的绘制：单击矩形工具□，绘制一个矩形。单击椭圆工具○，绘制一个竖向椭圆。单击矩形工具□和椭圆工具○，再制一个矩形和一个横向椭圆。选中两个椭圆，通过单击交互式属性栏的结合图标▣，将其结合为一个图形，形成椭圆环。单击手绘工具▾和形状工具▸，绘制上下图形的结合部件的封闭图形。分别为结合部件填充浅灰色，为上下两个图形填充线性渐变填充（如图 3-255 所示）。

图 3-255

4. 拉链的绘制：单击矩形工具 □，先绘制一个竖向矩形，然后在该矩形下面绘制两个并排的小矩形，接着再在矩形下部绘制一组拉链齿。单击挑选工具 ▷，选中拉链齿组，单击交互式属性栏的群组图标 ⊞，将其群组。通过【变换】对话框的【位置】选项，设置垂直数据与拉链齿组同样的数据，连续单击【应用到再制】按钮，直至布满整个矩形。参照拉链环的绘制方法，绘制拉链环。通过调色板为矩形和拉链齿填充深灰色和浅灰色。通过对象属性对话框的【渐变填充】选项，为拉链环填充线性渐变填充（如图 3-256 所示）。

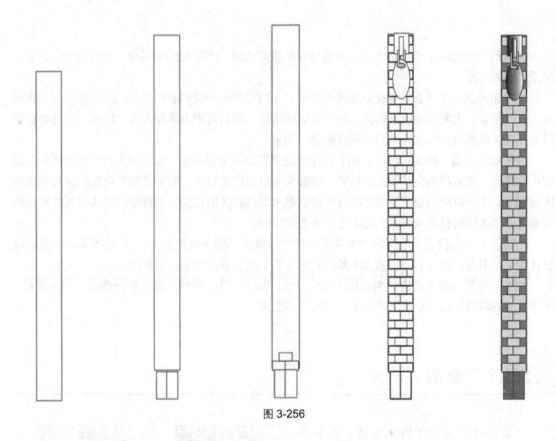

图 3-256

第 4 章
半截裙款式设计

半截裙是常用的下装款式之一，与其他服装款式相比，半截裙结构简单、穿着方便，因此，深受人们的喜爱。

半截裙的款式设计首先要注意处理好外形，不同外形的半截裙有明显不同的风格，如短裙轻松、长裙凝重、大喇叭裙活泼热情、鱼尾裙端庄优雅，而直筒裙则质朴大方。因此，设计半截裙时首先应该根据自己的设计意图将其外形确定下来。

外形确定以后，腰头的设计就成了设计者需要考虑的重要问题。因为腰头对半截裙风格的影响也比较大，如宽腰头会显得比较粗犷，细腰头会显得比较清秀，而用松紧带束起的腰头则显得比较悠闲。设计时应该结合半截裙的外形特点来考虑其腰头的造型，半截裙的腰头与其外形风格协调了，半截裙的整体风格才有可能充分地表现出来。

确定了外形和腰头，处理好方便穿着的开口和省道（贴身裙需要），一件最简单的半截裙就设计完了。但是，在人们审美追求不断提高的今天，半截裙还需要更丰富的变化。

褶裥与分割是使半截裙产生变化的常用手法。除此以外，各种口袋、各种图案、不同色彩、不同质感的材料拼接，也能使半截裙产生丰富的变化。

 ## 4.1　筒裙

筒裙是外形为方型的半截裙，具有朴实、大方的审美特征。这里介绍的是最基本的筒裙。

一、款式图
筒裙的款式图如图 4-1 所示。

二、图纸、原点和辅助线的设置
这里我们设置图纸为 A4 图纸、横向摆放，绘图单位为 cm，绘图比例为 1:5。将原点设置在图纸上部中间适当位置。参考图中数据，设置辅助线（如图 4-2 所示）。

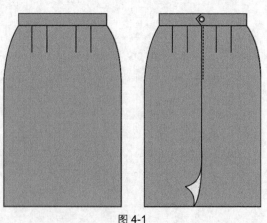

图 4-1

三、款式图的绘制

1. 绘制裙腰矩形：参照辅助线，单击矩形工具 □，绘制裙腰矩形和裙身矩形。分别选中这两个矩形，单击交互式属性栏的转换为曲线图标 ⊙，分别将这两个矩形转换为曲线图形，方便以后对其进行编辑造型（如图 4-3 所示）。

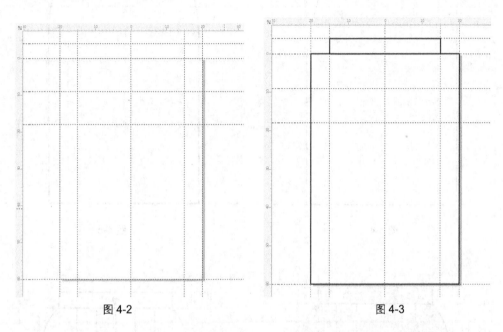

图 4-2   图 4-3

2. 绘制直线框图：单击形状工具 ↖，在裙身矩形的两个竖边上 20cm 左右的地方双击鼠标，分别增加两个节点。将裙身矩形上端的两个节点分别向内移动，与裙腰矩形宽度点对齐（如图 4-4 所示）。

3. 调整相关曲线：单击形状工具 ↖，分别选中裙身矩形的斜直线，单击交互式属性栏的转换直线为曲线图标 ⌇，将其转换为曲线。单击形状工具 ↖，将鼠标指针移至斜直线上，按住并拖动鼠标，使其弯曲为流畅圆润的曲线（如图 4-5 所示）。

4. 绘制前片裙省并填充颜色：单击手绘工具 ✎，在裙身上部左侧绘制一条长度为 10cm 的竖向直线作为一个裙省。通过【变换】对话框的【大小】选项，再制 3 个裙省，并将这 3 个裙省放置在适当位置。这样就完成了裙子正面款式图的绘制。

单击挑选工具 ▧，选中裙腰和裙身，通过调色盘为其填充深灰色（如图 4-6 所示）。

5. 绘制后中线、拉链、搭门及扣子：单击挑选工具 ▧，选中整个裙子的正面款式图。通过【变换】对话框的【大小】选项，单击【应用到再制】按钮，再制一个图形。将其水平移动到图纸右侧的适当位置。单击手绘工具 ✎，在裙身图形中间绘制一条竖向直线，作为后中线。注意后中线画到开衩高度位置（大约距裙腰 40cm）。

单击手绘工具 ✎，在后中线上部绘制一条长度为 20cm 的竖向直线，并将其设置为虚线，作为拉链的位置。

单击手绘工具 ✎，在裙腰上绘制搭门形状。单击椭圆工具 ○，在裙腰的中心线上绘制一个圆，通过【变换】对话框的【大小】选项，设置其直径为 2cm（如图 4-7 所示）。

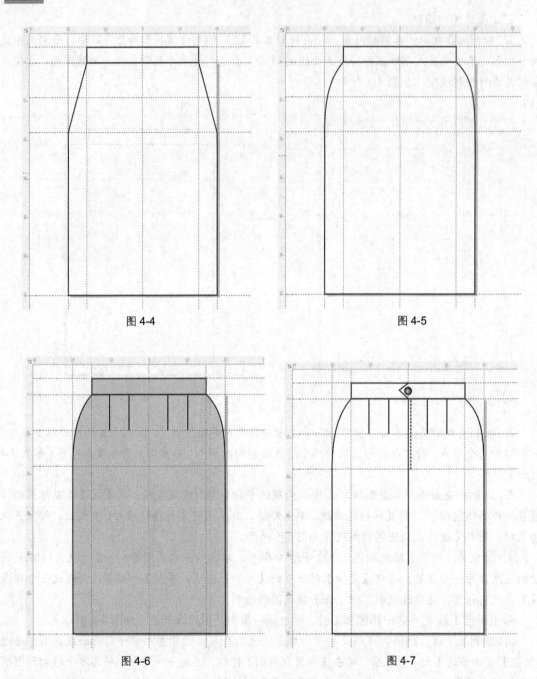

图 4-4   图 4-5

图 4-6   图 4-7

　　6. 绘制后开衩：单击手绘工具，绘制一个三角形。单击形状工具，选中整个三角形的所有节点，单击交互式属性栏的转换直线为曲线图标，将三角形的 3 个边同时转换为曲线。分别选中每个边，拖动鼠标，使其弯曲为后开衩的翻开造型（如图 4-8 所示）。

　　7. 后开衩的另一种形式：上述情况是后开衩有搭门重叠的款式。后开衩也可以是没有重叠搭门的款式，直接在后中线处开衩（如图 4-9 所示）。

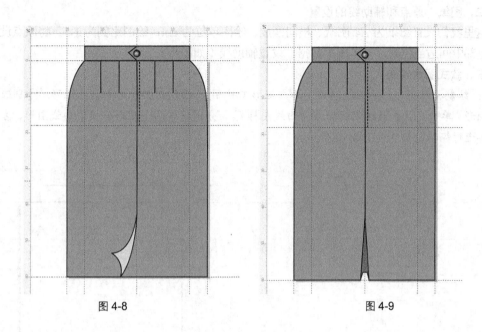

图 4-8   图 4-9

 ## 4.2 分割线筒裙

分割线装饰是筒裙设计的常用手法。应用分割线装饰筒裙时要注意被分割的各部位之间有良好的比例关系，同时，应用分割线设计的筒裙要采用中厚型面料去制作。

一、款式图

分割线筒裙的款式图如图 4-10 所示。

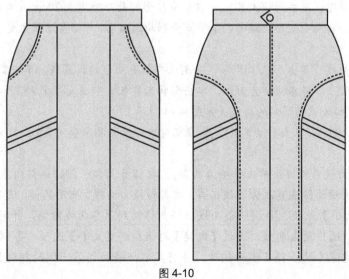

图 4-10

二、图纸、原点和辅助线的设置

这里我们设置图纸为 A4 图纸、横向摆放，绘图单位为 cm，绘图比例为 1:5。将原点设置在图纸上部中间适当位置。参考图中数据，设置辅助线（如图 4-11 所示）。

三、款式图的绘制

1. 绘制裙腰矩形：参照辅助线，单击矩形工具 ▢，绘制裙腰矩形和裙身矩形。分别选中这两个矩形，单击交互式属性栏的转换为曲线图标 ⬡，分别将这两个矩形转换为曲线图形，方便以后对其进行编辑造型（如图 4-12 所示）。

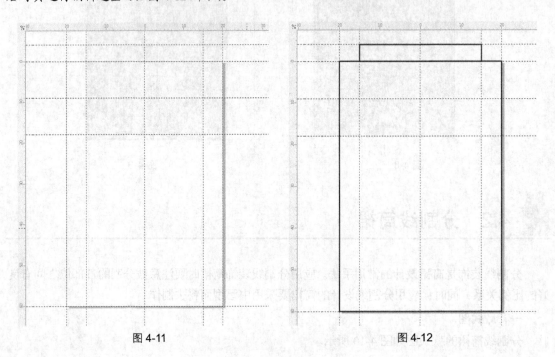

图 4-11   图 4-12

2. 绘制直线框图：单击形状工具 ⬟，在裙身矩形的两个竖边上 20cm 左右的地方双击鼠标，分别增加两个节点。将裙身矩形上端的两个节点分别向内移动，与裙腰矩形宽度点对齐（如图 4-13 所示）。

3. 调整相关曲线：单击形状工具 ⬟，分别选中裙身矩形的斜直线，单击交互式属性栏的转换直线为曲线图标 ⤴，将其转换为曲线。单击形状工具 ⬟，将鼠标指针移至斜直线上，按住并拖动鼠标，使其弯曲为流畅圆润的曲线（如图 4-14 所示）。

4. 绘制竖向分割线：单击手绘工具 ⤳，在裙身中部绘制两条竖向直线，作为竖向分割线（如图 4-15 所示）。

5. 绘制袋口曲线分割线：单击手绘工具 ⤳，在裙身上部一侧绘制斜向直线。单击形状工具 ⬟ 和交互式属性栏的转换直线为曲线工具，将其转换为曲线。拖动鼠标，使其弯曲。通过【变换】对话框的【大小】选项，再制一条曲线，将其移动到原有曲线内侧，并将其设置为虚线。单击挑选工具 ⬚，选中两条曲线，通过【变换】对话框的【大小】选项，再制一组曲线。单击交互式属性栏的镜像工具，将其水平翻转，并将其水平移动到另一侧的相对位置（如图 4-16 所示）。

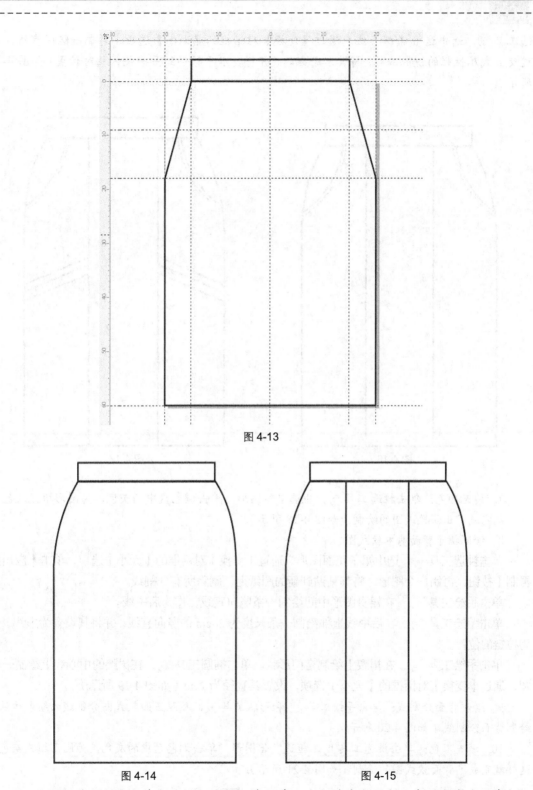

图 4-13

图 4-14   图 4-15

6. 绘制侧片分割线：单击手绘工具 ，在裙身一个侧片中部绘制 3 条斜向直线。单击挑

选工具 ，选中这 3 条斜直线，通过【变换】对话框的【大小】选项，再制一组斜直线。通过交互式属性栏的镜像工具，将其水平翻转，并将其水平移动到另一侧的相对位置（如图 4-17 所示）。

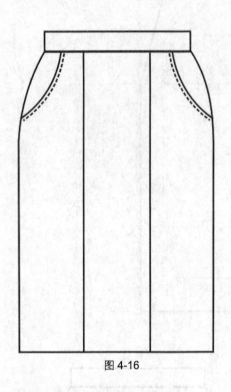

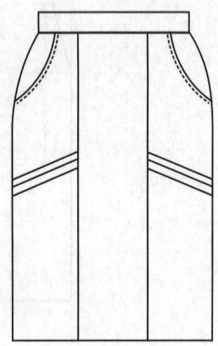

图 4-16   图 4-17

7. 填充颜色：单击挑选工具 ，框选整体图形，单击调色盘中的灰色，为图形填充灰色。这样就完成了正面款式图的绘制（如图 4-18 所示）。

8. 绘制裙子背面基本款式图。

单击挑选工具 ，选中裙子正面图形。通过【变换】对话框的【大小】选项，单击【应用到再制】按钮，再制一个图形，将其粘贴到新的图纸上，删除所有分割线。

单击手绘工具 ，在裙身图形中间绘制一条竖向直线，作为后中线。

单击手绘工具 ，在后中线上部绘制一条长度为 20cm 的竖向直线，并将其设置为虚线，作为拉链的位置。

单击手绘工具 ，在裙腰上绘制搭门形状。单击椭圆工具 ，在裙腰的中心线上绘制一个圆，通过【变换】对话框的【大小】选项，设置其直径为 2cm（如图 4-19 所示）。

9. 绘制背面分割线：单击手绘工具 和形状工具 ，参照正面款式图分割线的绘制方法，绘制背面分割线（如图 4-20 所示）。

10. 填充颜色：单击挑选工具 ，框选整体图形，单击调色盘中的灰色，为图形填充灰色，这样就完成了背面款式图的绘制（如图 4-21 所示）。

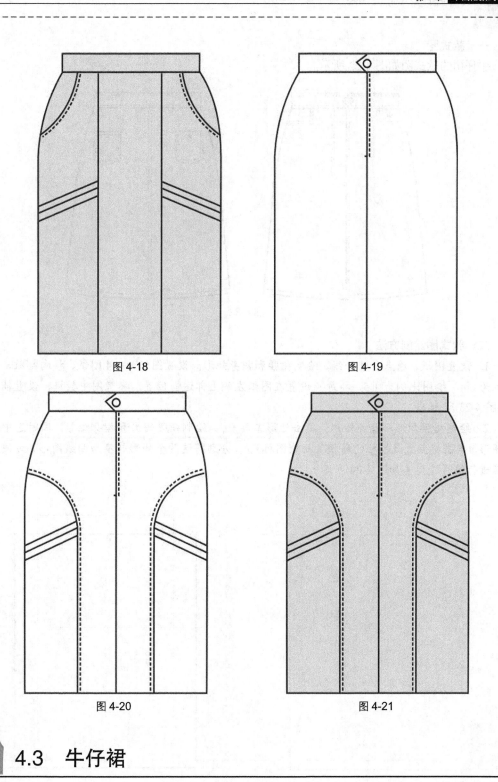

图 4-18

图 4-19

图 4-20

图 4-21

4.3 牛仔裙

牛仔裙的特点是门襟的变化、口袋的装饰、分割线的应用和明线装饰。

一、款式图

牛仔裙的款式图如图 4-22 所示。

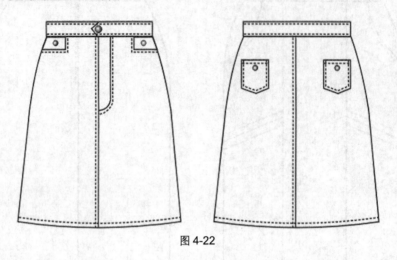

图 4-22

二、款式图绘制方法

1. 设置图纸、原点和辅助线，绘制裙腰和裙身矩形：设置图纸为 A4 图纸、横向摆放，绘图单位为 cm，绘图比例为 1:5。将原点设置在图纸左侧上部适当位置。参考图中数据，设置辅助线（如图 4-23 所示）。

2. 绘制裙腰矩形和裙身矩形：单击矩形工具 □，绘制裙腰矩形和裙身矩形。同时选中这两个矩形，单击交互式属性栏的转换为曲线图标 ⬡，分别将这两个矩形转换为曲线图形，方便以后对其进行编辑造型（如图 4-24 所示）。

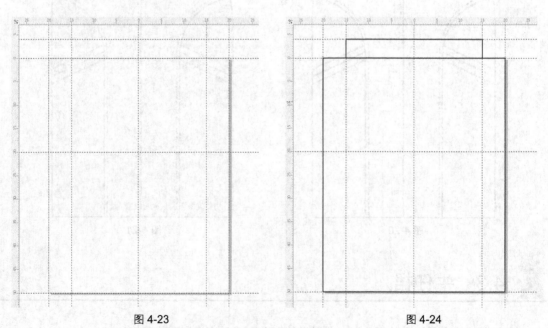

图 4-23   图 4-24

3. 绘制裙腰和裙身直线框图：单击形状工具 ⬐，在裙身矩形的两个竖边上 20cm 左右的地方双击鼠标，分别增加节点。将裙身矩形上端的两个节点分别向内移动，与裙腰对齐。将裙身底边的两个节点分别向外水平移动 3cm，即形成裙子的直线框图（如图 4-25 所示）。

4. 调整相关曲线：单击形状工具 ，选中整个裙身矩形，单击交互式属性栏的转换直线为曲线图标 ，将其各条直线转换为曲线。单击形状工具 ，将鼠标指针移至下边上，按住并向下拖动鼠标，使其弯曲为流畅圆润的曲线（如图 4-26 所示）。

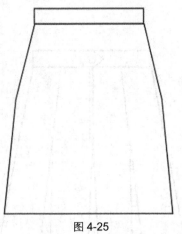
图 4-25

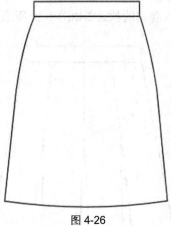
图 4-26

5. 绘制分割线、门襟线、口袋和搭门：单击手绘工具 ，在裙身中心绘制一条竖向直线，作为裙身中心线。同时通过【变换】对话框的【大小】选项，再制一条直线作为明线，将其放置在中心线左侧，并将其设置为虚线。利用同样的方法，绘制裙身的门襟线及其明线、口袋及其明线、底边明线、裙腰明线和裙腰搭门等。单击椭圆工具 ，按住 Ctrl 键，绘制一个直径为 2cm 的圆，并将其放置在裙腰中心线上，作为搭门的扣子。这样就完成了裙子正面款式图的绘制（如图 4-27 所示）。

6. 绘制背面款式图：再制一个裙子正面图形，将其移动到图纸右侧适当位置。删除门襟、搭门、扣子和口袋。单击手绘工具 ，绘制后口袋及其明线。单击椭圆工具 ，绘制口袋装饰扣子。这样即完成了裙子背面款式图的绘制（如图 4-28 所示）。

图 4-27

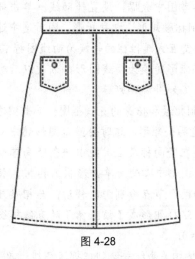
图 4-28

4.4　加褶裥 A 型裙

在 A 型裙的基本型中加入褶裥，能使裙子的外形产生微妙的变化，从而使裙子显得活泼。

一、款式图

加褶裥 A 型裙的款式图如图 4-29 所示。

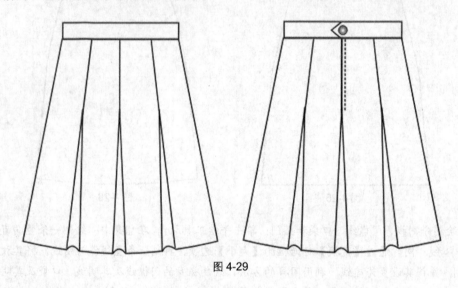

图 4-29

二、款式图绘制方法

1. 设置图纸、原点和辅助线，绘制裙腰和裙身矩形：设置图纸为 A4 图纸、横向摆放，绘图单位为 cm，绘图比例为 1:5。将原点设置在图纸左侧上部适当位置。参考图中数据，设置辅助线。单击矩形工具 □，绘制裙腰矩形、裙身矩形。同时选中这两个矩形，单击交互式属性栏的转换为曲线图标 ⟳，分别将这两个矩形转换为曲线图形，方便以后对其进行编辑造型（如图 4-30 所示）。

2. 绘制裙腰和裙身的直线框图：单击挑选工具 ⬚，选中这两个矩形，这时会显示图形的中心。将鼠标指针按在竖向标尺上，拖出一条竖向辅助线，将其放置在图形中心处。单击形状工具 ⬚，将裙身矩形上端的两个节点分别向内移动，与裙腰矩形宽度点对齐。这样即形成了该款裙子的直线框图（如图 4-31 所示）。

3. 调整相关曲线并绘制裙摆活褶线：单击形状工具 ⬚，选中整个裙身矩形，单击交互式属

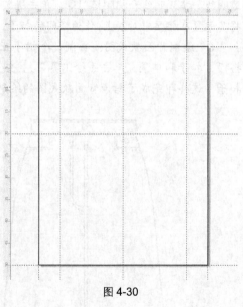

图 4-30

性栏的转换直线为曲线图标 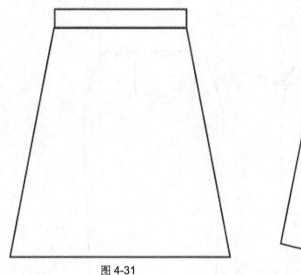，将其各条直线转换为曲线。单击形状工具 ，将鼠标指针按在下边上，向下拖动鼠标，使其弯曲为流畅圆润的曲线。

　　单击手绘工具 ，绘制 3 条活褶线。活褶线上部为独立的单直线，下部为连续的折线（如图 4-32 所示）。

图 4-31　　　　　　　　　　　　　　　　图 4-32

　　4. 调整裙摆活褶造型：单击形状工具 ，在裙身底边与活褶线的交点处分别双击鼠标，增加 6 个节点。同时选中这 6 个节点，单击交互式属性栏的使节点变为尖突图标 。将鼠标指针按在两个节点之间的曲线上，然后拖动鼠标，使其弯曲为所需造型（如图 4-33 所示）。

　　5. 绘制裙子背面款式图：单击挑选工具 ，选中裙子的正面图形，通过【变换】对话框的大小选项，单击【应用到再制】按钮，再制一个裙子正面图形。将其移动到页面右侧适当位置。单击手绘工具 ，绘制拉链位置虚线、裙腰搭门和扣子。这样即完成了裙子背面款式图的绘制（如图 4-34 所示）。

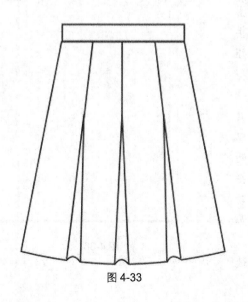

图 4-33　　　　　　　　　　　　　　　　图 4-34

4.5　原身出带的筒裙

一、款式图

原身出带筒裙的款式图如图 4-35 所示。

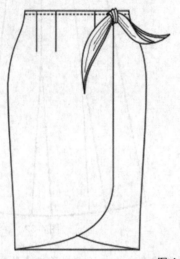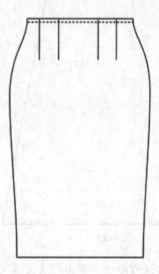

图 4-35

二、款式图绘制方法

1. 设置图纸、原点和辅助线，绘制裙腰和裙身矩形：设置图纸为 A4 图纸、横向摆放，绘图单位为 cm，绘图比例为 1:5。将原点设置在图纸左侧上部适当位置。参考图中数据，设置辅助线。单击矩形工具 □，绘制裙身矩形。同时选中矩形，单击交互式属性栏的转换为曲线图标 ○，分别将两个矩形转换为曲线图形，方便以后对其进行编辑造型（如图 4-36 所示）。

2. 绘制裙腰和裙身直线框图：单击形状工具 ↖，在裙身矩形的两个竖边上 20cm 左右的地方双击鼠标，分别增加两个节点。将裙身矩形上端的两个节点分别向内移动到 + 15cm 和 − 15cm 处。单击形状工具 ↖，将矩形底边的两个节点分别向内移动 2cm。单击手绘工具 ↖，绘制裙子前片重叠线（如图 4-37 所示）。

3. 调整相关曲线：单击形状工具 ↖，分别选

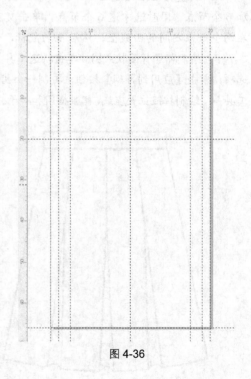

图 4-36

中裙身矩形的斜直线，单击交互式属性栏的转换直线为曲线图标 ↗，将其转换为曲线。单击形状工具 ↖，选中斜直线的一个节点，这时斜直线两端会出现控制柄，分别向内和向外拖动控制柄，使其弯曲为流畅圆润的曲线造型。单击形状工具 ↖，选中裙子前片重叠线，选中重叠线的所有节点，单击交互式属性栏的转换直线为曲线图标 ↗，将其转换为曲线。拖动重叠线下部两段斜直线，使其成为流畅圆润的曲线造型（如图 4-38 所示）。

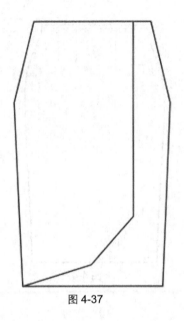
图 4-37

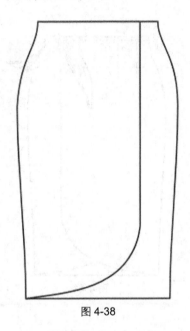
图 4-38

4. 绘制前片裙省：单击手绘工具 ↖，在裙省上部左侧绘制一条长度为 10cm 的竖向直线作为一个裙省。通过【变换】对话框的【大小】选项，再制两个裙省，并将其放置在适当位置（如图 4-39 所示）。

5. 绘制裙结：单击手绘工具 ↖ 和形状工具 ↖，在裙子前片重叠线的腰部位置绘制裙结。绘制裙结的步骤如图 4-40 所示。

绘制完成裙结后，单击挑选工具 ↖，选中裙结，单击交互式属性栏的群组图标，将其群组为一个整体，并将其移动到裙子前片重叠线的腰部位置。这样就完成了裙子正面款式图的绘制（如图 4-41 所示）。

6. 绘制裙子款式图背面：单击挑选工具 ↖，选中整个裙子的正面款式图。通过【变换】对话框的【大小】选项，单击【应用到再制】按钮，再制一个图形，并将其水平移动到图纸右侧适当位置。单击挑选工具 ↖，分别选中裙结，删除裙结。选中重叠线，删除重叠线。单击手绘工具 ↖，绘制第 4 条裙省线。同时绘制裙腰明线。这样即完成了裙子背面款式图的绘制（如图 4-42 所示）。

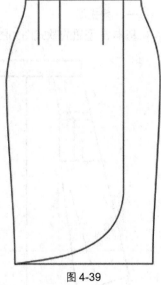
图 4-39

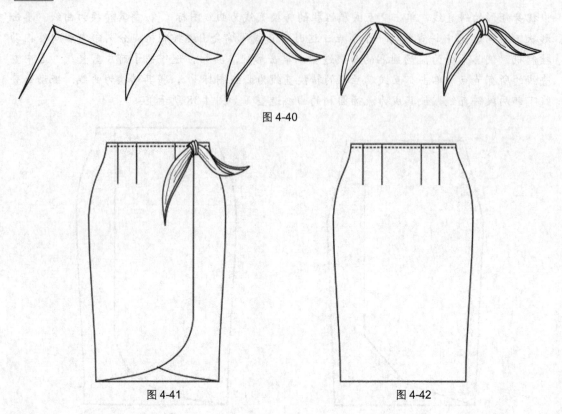

图 4-40

图 4-41   图 4-42

4.6 基本 A 型裙

一、款式图

基本 A 型裙的款式图如图 4-43 所示。

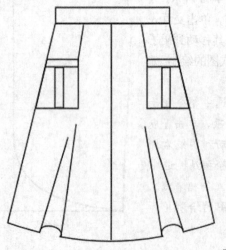

图 4-43

二、款式图绘制方法

1. 设置图纸、原点和辅助线，绘制裙腰和裙身矩形：设置图纸为 A4 图纸、横向摆放，绘图单位为 cm，绘图比例为 1:5。将原点设置在图纸左侧上部适当位置。参考图中数据，设置辅助线。单击矩形工具 □，绘制裙腰矩形、裙身矩形。同时选中这两个矩形，单击交互式属性栏的转换为曲线图标 ✿，分别将这两个矩形转换为曲线图形，方便以后对其进行编辑造型（如图 4-44 所示）。

2. 绘制裙腰和裙身的直线框图：单击形状工具 ⬚，将裙身矩形上端的两个节点分别向内移动，与裙腰矩形宽度点对齐。这样即完成了该款裙子的直线框图（如图 4-45 所示）。

3. 调整相关曲线并绘制裙摆皱褶线：单击形状工具 ⬚，选中整个裙身矩形，单击交互式属性栏的转换直线为曲线图标 ⬚，将各条直线转换为曲线。单击形状工具 ⬚，将鼠标指针按在下边上，然后向下拖动鼠标，使其弯曲为流畅圆润的曲线。

单击手绘工具 ⬚，绘制 4 条皱褶线和裙身中心线（如图 4-46 所示）。

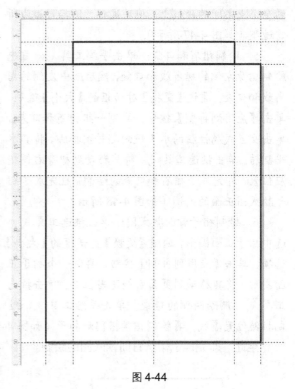

图 4-44

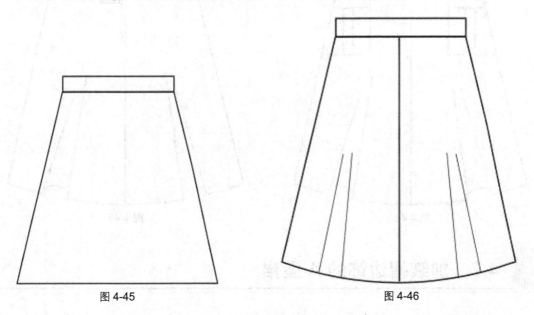

图 4-45　　　　　　　　　　　　　　　图 4-46

4. 调整裙摆皱褶造型：单击形状工具 ⬚，在裙身底边与皱褶线的交点处分别双击鼠标，增加 4 个节点。同时选中 4 个节点，单击交互式属性栏的使节点变为尖突图标 ⬚。将鼠标指针按在两个节点之间的曲线上，拖动鼠标，使其弯曲为所需造型（如图 4-47 所示）。

5. 绘制裙省和口袋：单击手绘工具，首先绘制裙身左侧的裙省线和口袋，然后选中左侧的裙省线和口袋，通过【变换】对话框的【大小】选项，单击【应用到再制】按钮，再制一组裙省和口袋。单击交互式属性栏的水平镜向翻转图标，将其水平翻转。单击挑选工具，将其移动到裙身右侧相应位置，即完成了裙省和口袋的绘制，也完成了裙子款式图正面的绘制（如图 4-48 所示）。

6. 绘制裙子背面款式图：单击挑选工具，选中裙子正面图形，通过【变换】对话框的【大小】选项，单击【应用到再制】按钮，再制一个裙子正面图形。将其移动到页面右侧适当位置。单击挑选工具，删除两侧的口袋。单击手绘工具，绘制拉链位置虚线，再绘制裙腰搭门和扣子（如图 4-49 所示）。

至此，即完成了裙子背面款式图的绘制。

图 4-47

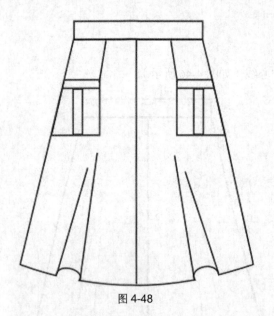

图 4-48

图 4-49

 ## 4.7　加皱褶边饰的 A 型裙

一、款式图

加皱褶边饰的 A 型裙的款式图如图 4-50 所示。

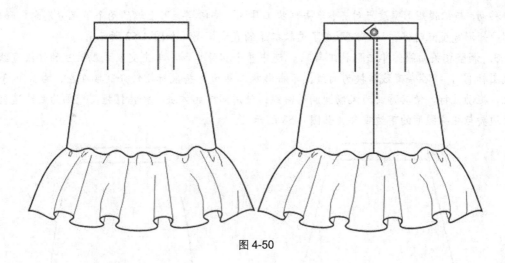

图 4-50

二、款式图绘制方法

1. 设置图纸、原点和辅助线，绘制裙腰、裙身和裙摆矩形：设置图纸为 A4 图纸、横向摆放，绘图单位为 cm，绘图比例为 1:5。将原点设置在图纸左侧上部适当位置。参考图中数据，设置辅助线。单击矩形工具 □，绘制裙腰矩形、裙身矩形和裙摆矩形。同时选中这 3 个矩形，单击交互式属性栏的转换为曲线图标 ✪，分别将这 3 个矩形转换为曲线图形，方便以后对其进行编辑造型（如图 4-51 所示）。

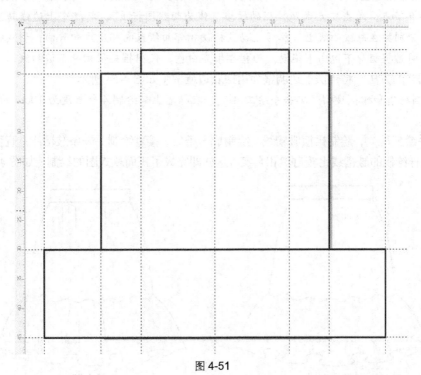

图 4-51

2. 绘制裙腰、裙身和裙摆的直线框图：单击形状工具 ↖，将裙身矩形上端的两个节点分别向内移动，与裙腰矩形宽度点对齐。单击形状工具 ，将裙摆矩形上端的两个节点分别向内移动，与裙身矩形宽度点对齐。这样即形成了该款裙子的直线框图（如图 4-52 所示）。

3. 调整相关曲线：单击形状工具 ，选中整个裙身矩形，单击交互式属性栏的转换直线为曲线图标 ，将各条直线转换为曲线。单击形状工具 ，将鼠标指针分别按在左、右、下 3 条边上，拖动鼠标，使其弯曲为流畅圆润的曲线。使用同样的方法，将裙摆框图修画为曲线造型，其上边要与裙身图形的下边重合（如图 4-53 所示）。

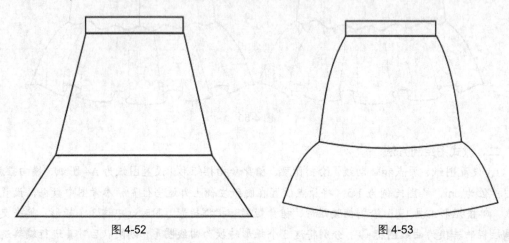

图 4-52   图 4-53

4. 修改裙摆造型：单击形状工具 ，在裙摆上边多次双击鼠标，增加若干节点。选中裙摆上边上的所有节点，单击交互式属性栏的转换直线为曲线图标 ，将整个上边线转换为曲线。将鼠标指针分别按在每段曲线上，然后拖动鼠标使相邻曲线段向相反方向弯曲，形成裙摆上边的曲线造型。同时将裙身下边向下拖动。为裙摆填充白色，使裙摆盖住裙身下边曲线。

使用同样的方法，将裙摆下边调整为裙摆底边造型（如图 4-54 所示）。

5. 绘制裙省和裙摆皱褶：单击手绘工具 ，在裙省上部绘制 4 条长度为 10cm 的竖向直线，作为裙省线。

单击手绘工具 ，绘制裙摆皱褶线。绘制成一条后，接着绘制另一条皱褶线，直至皱褶线绘制完成。这样绘制的皱褶线比较自然和真实。这样即完成了正面款式图的绘制（如图 4-55 所示）。

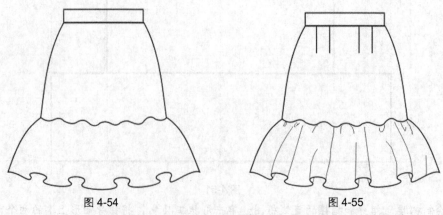

图 4-54   图 4-55

6. 绘制后中线、拉链和裙腰搭门：单击挑选工具 ，选中整个裙子正面款式图，通过【变换】对话框的【大小】选项，单击【应用到再制】按钮，再制一个图形，并将其移动到右侧。单击手绘工具 ，在裙省中心线上绘制一条竖向直线，作为裙省后中线。在后中线上部右侧绘制一条长度为 20cm 的竖向直线，并将其设置为虚线，作为拉链位置。在裙腰中心线左侧绘制搭门形状。单击椭圆工具 ，按住 Ctrl 键，绘制一个直径为 2cm 的圆，将其放置在裙腰中心线上，作为搭门的系合扣子（如图 4-56 所示）。

7. 另一种款式图：除了上述款式图外，还可以绘制成相对规整的款式图，其绘制方法比上述款式的绘制方法要简单许多。只需要将裙摆底边矩形进行弯曲，然后单击手绘工具 ，绘制左、右、中间 3 条直线，单击形状工具 ，将左、右两条直线转换为曲线，分别向外弯曲。单击工具箱的交互式调和工具 ，将鼠标指针按在左侧曲线上，然后向右移动鼠标到中间直线上，两条线之间会出现渐变的若干线条，调整交互式属性栏的步数偏移量 为 "4"。利用同样的方法，自右侧曲线向中间线调和。即完成了款式图裙摆造型的绘制（如图 4-57 所示）。

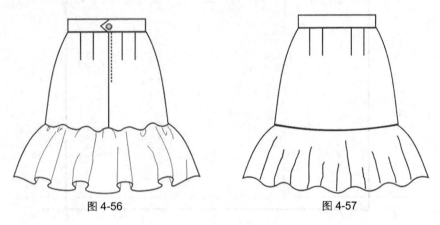

图 4-56 　　　　　　　　　　 图 4-57

4.8　用斜裁的方式设计的 A 型裙

一、款式图
此款式图如图 4-58 所示。

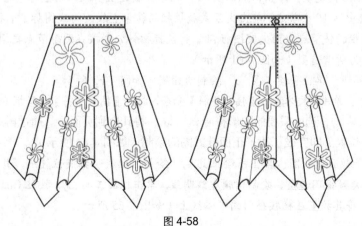

图 4-58

二、款式图绘制方法

1. 设置图纸、原点和辅助线，绘制裙腰和裙身矩形：设置图纸为 A4 图纸、横向摆放，绘图单位为 cm，绘图比例为 1:5。将原点设置在图纸左侧上部适当位置。参考图中数据，设置辅助线。单击矩形工具 □，绘制裙腰矩形、裙身矩形。同时选中这两个矩形，单击交互式属性栏的转换为曲线图标 ◎，分别将这两个矩形转换为曲线图形，方便以后对其进行编辑造型（如图 4-59 所示）。

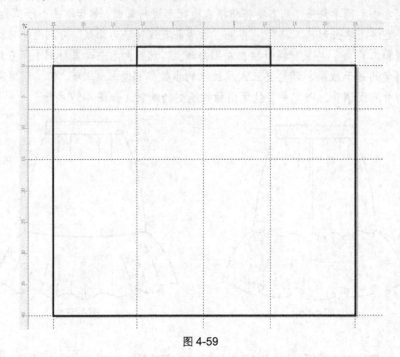

图 4-59

2. 绘制裙腰和裙身直线框图：单击形状工具 ◣，将裙身矩形上部两个节点向内移动，使其与裙腰矩形对齐。单击形状工具 ◣，在裙身矩形的底边上双击鼠标，分别增加 3 个节点。单击形状工具 ◣，将矩形底边内部的中间两侧节点向下移动到 50cm 处（如图 4-60 所示）。

3. 调整裙摆活褶造型：单击形状工具 ◣，在裙身底边上多次双击鼠标，增加 10 个节点（5个活褶）。同时选中这 10 个节点，单击交互式属性栏的转换直线为曲线图标 ♪，将其转换为曲线。单击交互式属性栏的使节点变为尖突图标 ♪。将鼠标指针分别按在两个节点之间的曲线上，拖动鼠标，使其弯曲为所需造型（如图 4-61 所示）。

4. 绘制活褶线：单击手绘工具 ♪，绘制活褶线（如图 4-62 所示）。

5. 绘制图案：单击【文本】→【插入字符】命令，打开【插入字符】对话框（如图 4-63 所示）。
单击挑选工具 ◣，选中需要的图形符号 ✿、❀，将其拖到页面中。通过再制、放大和缩小，将其放置在适当位置。即完成了裙子正面款式图的绘制（如图 4-64 所示）。

6. 绘制裙子背面款式图：单击手绘工具 ♪，绘制后中线和拉链位置线，并将拉链位置线设置为虚线。绘制裙腰搭门造型。绘制裙腰虚线明线。单击椭圆工具 ○，按住 Ctrl 键，绘制一个直径为 2cm 的圆，将其放置在裙腰搭门的中心线上（如图 4-65 所示）。

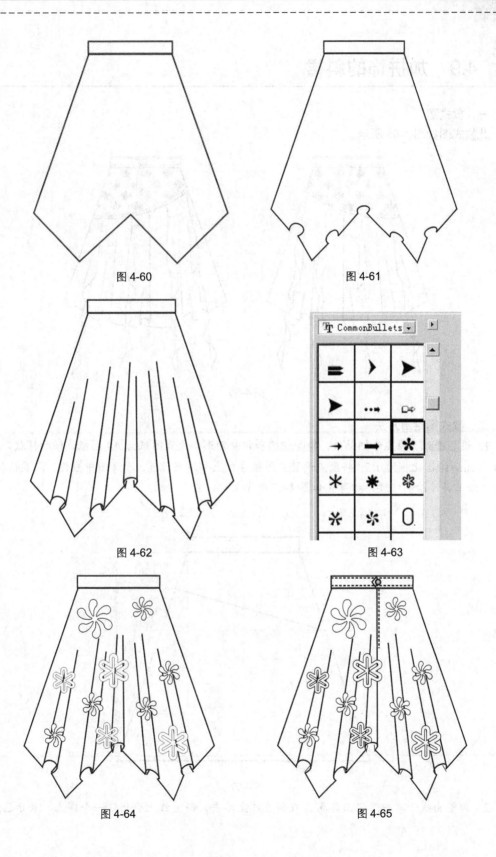

图 4-60

图 4-61

图 4-62

图 4-63

图 4-64

图 4-65

4.9　加拼饰的斜裙

一、款式图

此款式图如图 4-66 所示。

图 4-66

二、款式图绘制方法

1. 设置图纸、原点和辅助线，绘制裙腰和裙身矩形：设置图纸为 A4 图纸、横向摆放，绘图单位为 cm，绘图比例为 1:5。将原点设置在图纸左侧上部适当位置。参考图中数据，设置辅助线。单击手绘工具，绘制裙腰、裙身（如图 4-67 所示）。

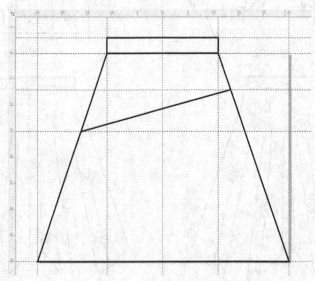

图 4-67

2. 调整曲线：单击形状工具，在斜直线上单击，斜直线上会出现一个圆点，表示已经选中。单击交互式属性栏的转换直线为曲线图标 ，将其转换为曲线。将鼠标指针按在直线上，拖动鼠标，使其弯曲为所需造型。

单击形状工具 ，选中裙身底边，单击交互式属性栏的转换直线为曲线图标 ，将其转换为曲线。将鼠标指针按在底边上，拖动鼠标，使其弯曲为所需造型（如图 4-68 所示）。

3. 绘制裙摆皱褶线：单击形状工具 ，在裙摆底边上分别多次双击鼠标，增加 6 个节点。同时选中 6 个节点，单击交互式属性栏的使节点变为尖突图标 ，将鼠标指针按在两个节点之间的曲线上，拖动鼠标，使其弯曲为所需造型。

单击手绘工具 ，绘制 6 条长短不一的皱褶线（如图 4-69 所示）。

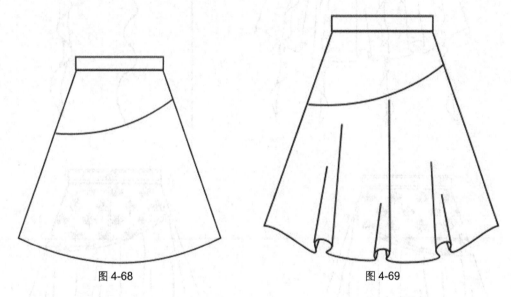

图 4-68   图 4-69

4. 绘制飘带：单击手绘工具 ，绘制一条竖向直线。单击形状工具 ，在直线上多次双击鼠标，增加 6 个节点。选中直线，单击交互式属性栏的转换直线为曲线图标 ，将其转换为曲线。将节点之间的直线段反向弯曲。单击手绘工具 ，绘制若干线段，将曲线上的弯曲凹口连接，形成完整的飘带，并将其整体选中进行群组。复制 4 个这样的飘带，通过放大、缩小、旋转方向，分别放置在相应位置（如图 4-70 所示）。

5. 绘制虚线明线：单击手绘工具 ，在裙腰上绘制两条横向直线，将其设置为虚线，作为腰头的明线。单击挑选工具 ，选中拼接曲线，通过【变换】对话框的【大小】选项，单击【应用到再制】按钮，再制一个拼接线，将其设置为虚线。向上移动虚线，形成拼接线的明线。单击手绘工具 ，沿着拼接图形的边沿再绘制一个拼接图形。通过对象属性对话框的填充选项下的图样填充，为拼接图形填充图案。单击【排列】→【顺序】→【到后部】命令，将其放置在整个图形的后部。这样即完成了正面款式图的绘制（如图 4-71 所示）。

6. 绘制背面款式图：单击挑选工具 ，选中正面款式图图形。通过【变换】对话框的【大小】选项，单击【应用到再制】按钮，再制一个正面图形。单击交互式属性栏的水平镜像翻转图标 ，将其移动到页面右侧适当位置。单击手绘工具 ，在拼接线以上绘制门襟线和拉链位置线，并将拉链位置线设置为虚线。绘制裙腰搭门造型。单击椭圆工具 ，按住 Ctrl 键，绘制一个直径为 2cm 的圆，将其放置在裙腰搭门处（如图 4-72 所示）。

图 4-70

图 4-71   图 4-72

 ## 4.10　其他半截裙款式图例

其他的半截裙款式图例如图 4-73 至图 4-76 所示，有兴趣的读者可以按照这些图例进行练习。

图 4-73

图 4-74

图 4-75

图 4-76

第 5 章

裤子款式设计

　　裤子的设计与半截裙一样，设计的重点在裤子的外形和腰头，不同外形的裤子有明显不同的风格。如短裤轻松、长裤凝重，大喇叭裤、裙裤比较活泼，小喇叭裤比较优雅，而直筒裤则显得比较端庄。不同的腰头对裤子的风格影响也很明显。因此，设计裤子时首先应该根据自己的设计意图将其外形和腰头确定下来。

　　除了变化外形和腰头，近几年裤子的设计重点还表现在对裤身的装饰，其中变化最多的是休闲裤和牛仔裤。休闲裤多用造型各异的口袋和袢带做装饰，口袋和袢带能给人平实、功能性的感觉，这与休闲裤的风格十分协调。而牛仔裤则多用分割线做装饰。近年来，受到"精致"、"回归自然"等审美思潮的影响，以往与牛仔裤无缘的刺绣也用到了牛仔裤的设计中。

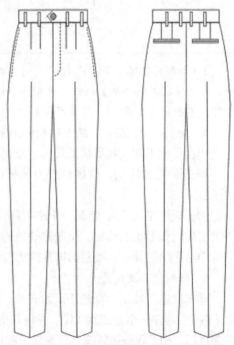

 ## 5.1　西裤

　　西裤是指能与西装上衣组合成套装的裤子，具有严谨、端庄的审美特征。西裤的款式变化很小，变化的要素主要表现在对面料的选择。

　　一、款式图
　　西裤的款式图如图 5-1 所示。
　　二、款式图绘制方法
　　1. 设置图纸、原点，绘制直线框图：设置图纸为 A4 图纸、竖向摆放，绘图单位为 cm，绘图比例为1:5。将原点设置在图纸左侧上部适当位置。单击手绘工具 ，参考图中数据，绘制款式图的直线框图（如图 5-2 所示）。

图 5-1

　　2. 调整臀部曲线和裤口：单击形状工具 ，选中臀部直线。单击交互式属性栏的转换直线为曲线图标 ，将其转换为曲线。将鼠标指针按在曲线上，拖动鼠标，使其弯曲为所需造型。单击形状工具 ，在裤口直线上双击鼠标，增加一个节点。将其向下拖动，使其成为所需造型。单击手绘工具 ，绘制裤筒的挺缝线（如图 5-3 所示）。

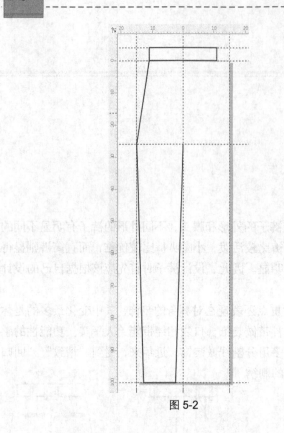

图 5-2

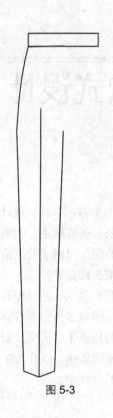

图 5-3

3. 图形完整化：单击挑选工具 ，选中左侧裤筒图形，通过【变换】对话框的【大小】选项，单击【应用到再制】按钮，再制一个裤筒。单击交互式属性栏的水平翻转图标 ，将其水平翻转。单击挑选工具 ，将其移动到右侧相应位置（如图 5-4 所示）。

4. 绘制门襟、搭门、腰带环和侧插袋。

单击手绘工具 和形状工具 ，绘制门襟线和门襟缝合明线，并将门襟明线设置为虚线。

单击手绘工具 ，绘制裤腰上的搭门形状。单击椭圆工具 ，绘制直径为 1cm 的搭门扣子。

单击矩形工具 ，绘制一个腰带环。通过再制、移动位置的方法，绘制其他腰带环。单击手绘工具 和形状工具 ，绘制侧插袋的袋口缝合线，并将其设置为虚线。

单击手绘工具 ，绘制前裤片的活褶线。这样即完成了正面款式图的绘制（如图 5-5 所示）。

5. 绘制背面款式图。

单击挑选工具 ，框选正面款式图。通过【变换】对话框的【大小】选项，单击【应用到再制】按钮，再制一个正面款式图，并将其拖动到图纸右侧空白处。分别选中并删除门襟缝合虚线、裤腰搭门、扣子和侧插袋缝合线等属于前片的部件图形。

单击手绘工具 ，绘制后片口袋，再调整腰带环的位置。这样即完成了背面款式图的绘制（如图 5-6 所示）。

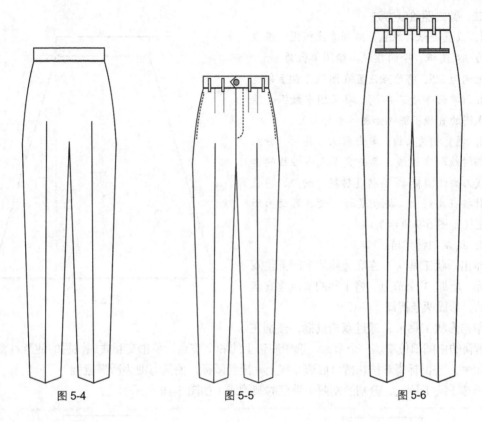

图 5-4   图 5-5   图 5-6

 ## 5.2　裙裤

　　裙子和裤子都是下装，将裙子和裤子的设计特点结合起来，就能设计出既有裙的飘逸感又有裤的方便性的裙裤来。

一、款式图

　　裙裤的款式图如图 5-7 所示。

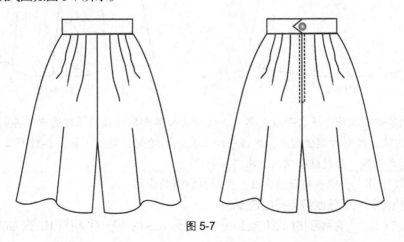

图 5-7

二、款式图绘制方法

1. 设置图纸、原点，绘制直线框图：设置图纸为 A4 图纸、竖向摆放，绘图单位为 cm，绘图比例为 1:5。将原点设置在图纸左侧上部适当位置。单击手绘工具，参考图中数据，绘制款式图的直线框图（如图 5-8 所示）。

2. 调整相关曲线：单击形状工具，分别选中侧缝线和底边线。单击交互式属性栏的转换直线为曲线图标，将其转换为曲线。将鼠标指针按在曲线上，拖动鼠标，使其弯曲为所需造型（如图 5-9 所示）。

3. 绘制裙裤裤筒。

单击形状工具，在底边线的中间部位双击鼠标，增加 3 个节点。将中间的节点垂直向上移动，形成两条裤筒。

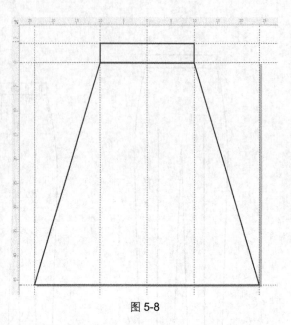

图 5-8

单击形状工具，通过双击鼠标，分别在两条裤筒的中间部位增加一个节点。选中底边上的 6 个节点，单击交互式属性栏的使节点变为尖突图标。将鼠标指针按在裤口底边曲线上，拖动鼠标，使其弯曲为所需造型。

单击手绘工具，分别绘制两条裤筒的皱褶线（如图 5-10 所示）。

图 5-9

图 5-10

4. 绘制腰部皱褶线：单击手绘工具，绘制左侧腰部皱褶线。通过选中、再制、水平翻转、移动位置的方法，绘制右侧皱褶线。单击手绘工具，绘制前裆线（如图 5-11 所示）。

5. 绘制前裆线、拉链缝合明线、搭门和扣子。

单击手绘工具，绘制拉链缝合线，并将其设置为虚线。

单击手绘工具，绘制裤腰搭门造型。

单击椭圆工具，在裤腰搭门部位绘制一个直径为 1cm 的圆形，作为搭门扣子（如图 5-12 所示）。

图 5-11

图 5-12

 ## 5.3　工装裤

工装裤即连衣裤。将上下装连在一起是工装
裤的特点，这一特点能使穿衣人在活动时最大限
度地减少服装与其他物件发生牵扯的可能，从而
避免意外的发生。因此，在一些复杂的环境中工
作的人往往会选这样的服装作为劳保服。然而，
除了功能性以外，工装裤还具有精干、利落的审
美特征，于是，生活中也会被人们选作生活装。
用工装裤作生活装要注意面料的选择，柔软并带
有适当花纹的面料很适合做工装裤。如果采用素
色的面料，则可以运用一些边饰工艺对其进行装
饰，使其显得活泼些。

一、款式图

工装裤的款式图如图 5-13 所示。

二、款式图绘制方法

1. 设置图纸、原点，绘制直线框图：设置
图纸为 A4 图纸、竖向摆放，绘图单位为 cm，
绘图比例为 1:5。将原点设置在图纸左侧上部适

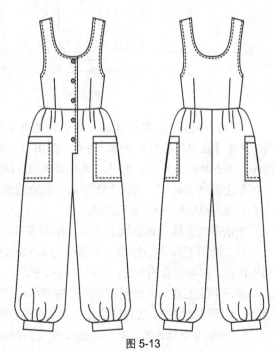

图 5-13

当位置。单击手绘工具，参考图中数据，绘制款式图的直线框图（如图 5-14 所示）。

2. 调整相关曲线：单击形状工具，分别选中领口、腰部、臀部、裤口等直线。单击交互
式属性栏的转换直线为曲线图标，将其转换为曲线。将鼠标指针按在曲线上，拖动鼠标，使
其弯曲为所需造型。

单击手绘工具 和形状工具 ，绘制裤子的口袋（如图 5-15 所示）。

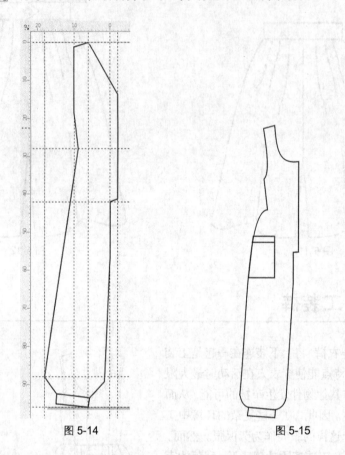

图 5-14   图 5-15

3. 图形完整化：单击挑选工具 ，选中左侧所有图形，通过【变换】对话框的【大小】选项，单击【应用到再制】按钮，再制一组图形。单击交互式属性栏的水平翻转图标 ，将其水平翻转。单击挑选工具 ，将其移动到右侧相应位置。

单击形状工具 ，对两个图形进行相应的调整（如图 5-16 所示）。

4. 绘制明线、扣子和皱褶线。

单击手绘工具 和形状工具 ，绘制领口、袖窿、门襟和口袋的明线，并将其设置为虚线。

单击椭圆工具 ，绘制一个直径为 1.5cm 的圆形，作为一个扣子，并将其放置在门襟上部。利用再制、移动位置的方法，绘制其他扣子。

单击手绘工具 ，绘制左侧裤口的皱褶线。利用选中、再制、水平翻转、移动位置的方法，绘制右侧裤口皱褶线。这样即完成了正面款式图的绘制（如图 5-17 所示）。

5. 绘制背面款式图：单击挑选工具 ，框选正面款式图。通过【变换】对话框的大小选项，单击【应用到再制】按钮，再制一个正面款式图，将其拖动到图纸右侧空白处。选中并删除门襟、扣子。

单击形状工具 ，调整口袋的宽度。

单击手绘工具 ，绘制后裆线。这样即完成了背面款式图的绘制（如图 5-18 所示）。

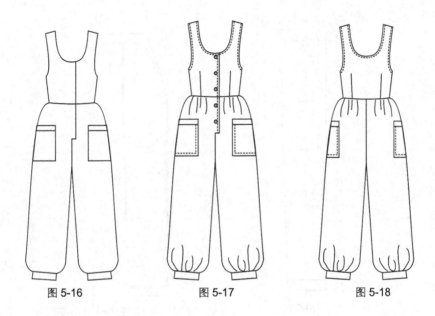

图 5-16   图 5-17   图 5-18

5.4　休闲裤

休闲裤是近几年我国较流行的裤子。它具有宽松、随意、功能性强等特点，很适合人们在休闲和旅游时穿用。缉明线，贴口袋是休闲裤常用的装饰手法，在同样的外形中，改变线迹的形态，或改变口袋的造型、位置，就能变化出新款的休闲裤。

一、款式图

休闲裤的款式图如图 5-19 所示。

二、款式图绘制方法

1. 设置图纸、原点，绘制直线框图：设置图纸为 A4 图纸、竖向摆放，绘图单位为 cm，绘图比例为 1:5。将原点设置在图纸左侧上部适当位置。单击手绘工具 ，参考图中数据，绘制款式图的直线框图（如图 5-20 所示）。

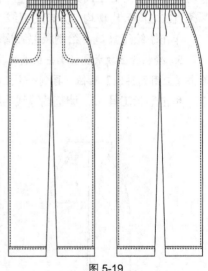

图 5-19

2. 调整相关曲线、绘制相关虚线明线：单击形状工具 ，选中臀部直线。单击交互式属性栏的转换直线为曲线图标 ，将其转换为曲线。将鼠标指针按在曲线上，拖动鼠标，使其弯曲为所需造型。

单击手绘工具 ，绘制侧缝线、口袋脚口的虚线明线（如图 5-21 所示）。

3. 图形完整化：单击挑选工具 ，选中左侧所有图形，通过【变换】对话框的【大小】选项，单击【应用到再制】按钮，再制一组图形。单击交互式属性栏的水平翻转图标 ，将其水平翻转。单击挑选工具 ，将其移动到右侧相应位置（如图 5-22 所示）。

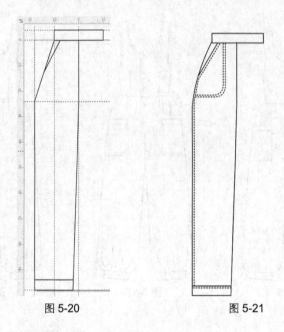

图 5-20   图 5-21

4. 绘制裤腰松紧带和腰部皱褶线。

单击手绘工具，在裤腰高度的中间部位绘制一条横向直线。在裤腰左右两侧分别绘制两条竖向直线。单击交互式调和工具，将鼠标指针按在左侧直线上，拖动鼠标到右侧直线上，这时两条直线之间会出现均匀分布的直线。适当调整步数的数值，使其美观。

单击手绘工具，绘制腰部皱褶线。这样即完成了正面款式图的绘制（如图 5-23 所示）。

5. 绘制背面款式图：单击挑选工具，框选正面款式图。通过【变换】对话框的【大小】选项，单击【应用到再制】按钮，再制一个正面款式图，并将其拖动到图纸右侧空白处。选中并删除口袋。

单击形状工具，调整侧缝线明线。这样即完成了背面款式图的绘制（如图 5-24 所示）。

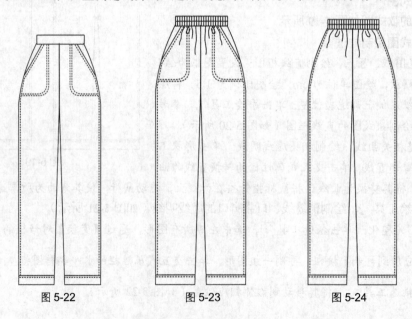

图 5-22   图 5-23   图 5-24

5.5 喇叭裤

裤脚是裤子的重要组成部分，裤脚的造型直接决定着裤子的外形。而裤子的外形常常是裤子款式流行的关键，且有循环反复的规律性。因此，设计者在对裤子进行设计时，一定要充分了解自己所面对的市场的流行特征，在顺应流行的基础上进行裤子的设计。这里介绍的是前几年在我国流行的喇叭裤，没准哪年它又会成为市场的新宠。

一、款式图

喇叭裤的款式图如图 5-25 所示。

二、款式图绘制方法

1. 设置图纸、原点，绘制直线框图：设置图纸为 A4 图纸、竖向摆放，绘图单位为 cm，绘图比例为 1:5。将原点设置在图纸左侧上部适当位置。单击手绘工具，参考图中数据，绘制款式图的直线框图（如图 5-26 所示）。

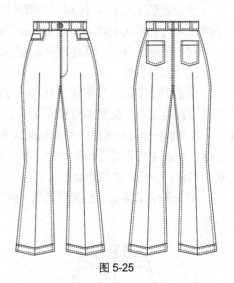

图 5-25

2. 调整臀部曲线和裤口：单击形状工具，选中臀部直线。单击交互式属性栏的转换直线为曲线图标，将其转换为曲线。将鼠标指针按在曲线上，拖动鼠标，使其弯曲为所需造型。单击形状工具，在裤口直线上双击鼠标，增加一个节点。将其向下拖动，使其成为所需造型。单击手绘工具，绘制裤筒的挺缝线（如图 5-27 所示）。

3. 图形完整化：单击挑选工具，选中左侧所有图形，通过【变换】对话框的【大小】选项，单击【应用到再制】按钮，再制一组图形。单击交互式属性栏的水平翻转图标，将其水平翻转。单击挑选工具，将其移动到右侧相应位置（如图 5-28 所示）。

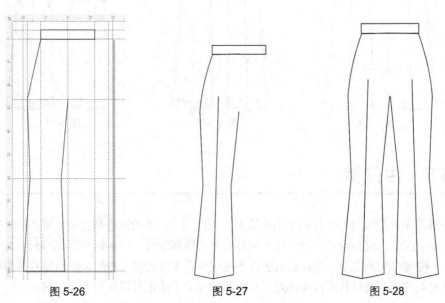

图 5-26   图 5-27   图 5-28

4. 绘制门襟、搭门、腰带环和侧插袋。

单击手绘工具 和形状工具 ，绘制门襟线和门襟缝合明线，并将门襟明线设置为虚线。

单击手绘工具 ，绘制裤腰上的搭门形状。单击椭圆工具 ，绘制直径为 1cm 的搭门扣子。

单击矩形工具 ，绘制一个腰带环。通过再制、移动位置的方法，绘制其他腰带环。单击手绘工具 和形状工具 ，绘制侧插袋的袋口缝合线，并将其设置为虚线。

单击手绘工具 ，绘制前裤片的活褶线。这样即完成了正面款式图的绘制（如图 5-29 所示）。

5. 绘制明线。

单击手绘工具 和形状工具 ，分别绘制裤腰、门襟、侧缝线、裤口线和下裆线的明线，并将其设置为虚线（如图 5-30 所示）。

6. 绘制背面款式图：单击挑选工具 ，框选正面款式图。通过【变换】对话框的【大小】选项，单击【应用到再制】按钮，再制一个正面款式图，并将其拖动到图纸右侧空白处。选中并删除门襟、扣子、搭门和口袋。

单击手绘工具 ，绘制后裆线，再绘制后口袋。这样即完成了背面款式图的绘制（如图 5-31 所示）。

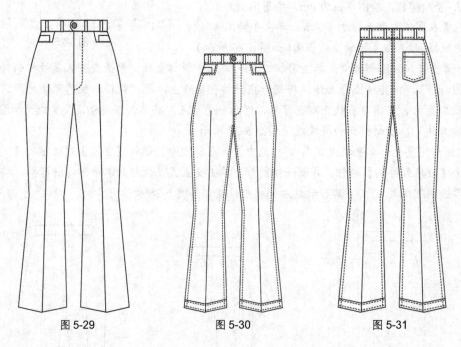

图 5-29　　　　　　　　图 5-30　　　　　　　　图 5-31

5.6　牛仔裤

牛仔裤原来是美国西部牛仔们穿用的服装，其朴实、粗犷的风格和方便、实用的功能受到许多人的喜爱，因此，现在成了一种流行于世界各地的经典服装。钉铆钉和缉明线是装饰牛仔裤的传统手法，随着时代的变迁，牛仔裤的装饰手法也变得丰富起来。当服装流行精致风格时，牛仔裤上会出现刺绣；而当服装流行质朴时，水洗和破损的手法也可以应用于牛仔裤。

一、款式图

牛仔裤的款式图如图 5-32 所示。

二、款式图绘制方法

1. 设置图纸、原点，绘制直线框图：设置图纸为 A4 图纸、竖向摆放，绘图单位为 cm，绘图比例为 1:5。将原点设置在图纸左侧上部适当位置。单击手绘工具 ，参考图中数据，绘制款式图的直线框图（如图 5-33 所示）。

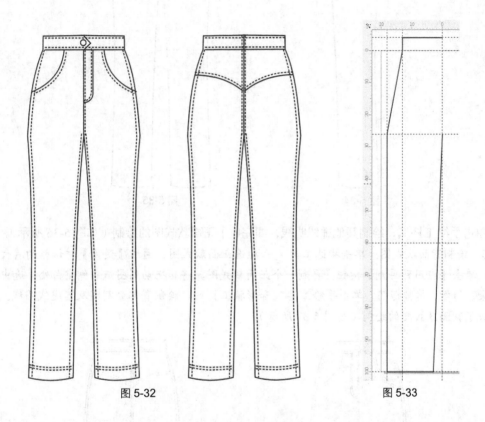

图 5-32   图 5-33

2. 调整臀部曲线和裤口：单击形状工具 ，选中臀部直线。单击交互式属性栏的转换直线为曲线图标 ，将其转换为曲线。将鼠标指针按在曲线上，然后拖动鼠标，使其弯曲为所需造型。利用同样的方法，将裤口直线和裤筒直线调整为曲线（如图 5-34 所示）。

3. 图形完整化：单击挑选工具 ，选中左侧所有图形，通过【变换】对话框的【大小】选项，单击【应用到再制】按钮，再制一组图形。单击交互式属性栏的水平翻转图标 ，将其水平翻转。单击挑选工具 ，将其移动到右侧相应位置（如图 5-35 所示）。

4. 绘制裤腰、前裆线、口袋和明线。

单击手绘工具 ，绘制裤腰线和虚线明线。

单击椭圆工具 ，绘制扣子。在中心线上绘制前裆线及其虚线明线，再绘制门襟及其虚线明线。

单击手绘工具 和形状工具 ，绘制口袋及其虚线明线。

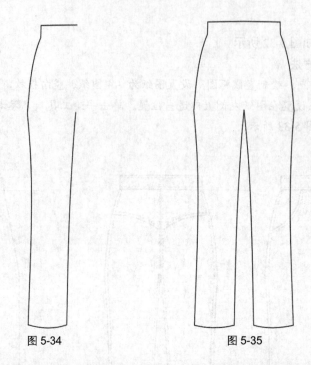

图 5-34   图 5-35

单击手绘工具 ，绘制其他虚线明线，即完成了正面款式图的绘制（如图 5-36 所示）。

5. 绘制背面款式图：单击挑选工具 ，框选正面款式图。通过【变换】对话框的【大小】选项，单击【应用到再制】按钮，再制一个正面款式图，将其拖动到图纸右侧空白处。选中并删除口袋、门襟、裤腰搭门。单击手绘工具 和形状工具 ，绘制臀部分割线及其虚线明线。这样即完成了背面款式图的绘制（如图 5-37 所示）。

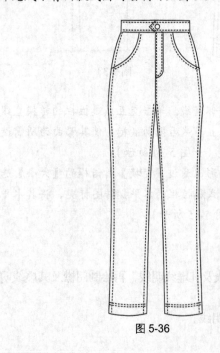 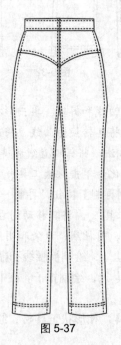

图 5-36   图 5-37

5.7　其他裤子款式图例

其他的裤子款式图例如图 5-38 至图 5-46 所示。有兴趣的读者可以按照这些图例进行练习。

图 5-38

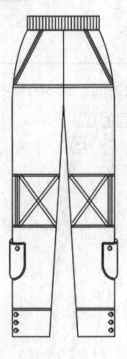
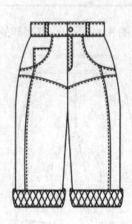
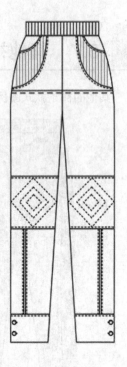
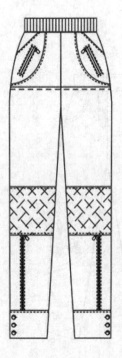
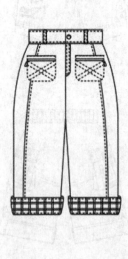
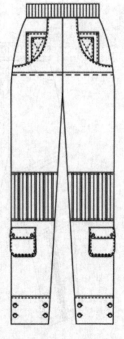

图 5-39

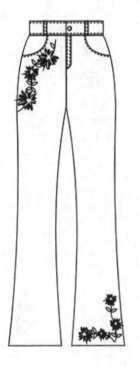
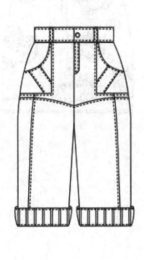
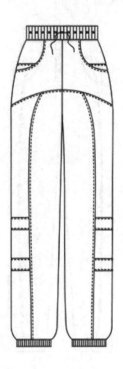

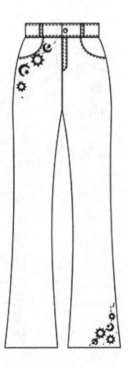
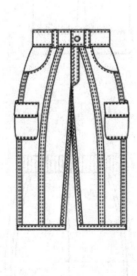

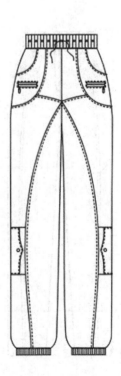

图 5-40

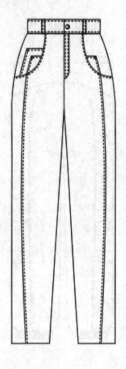
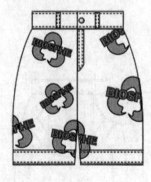
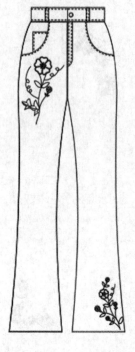
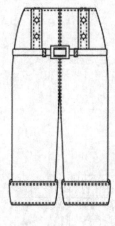
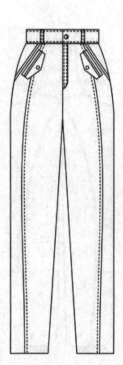

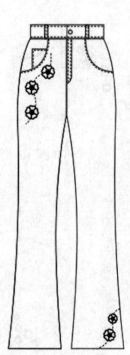

图 5-41

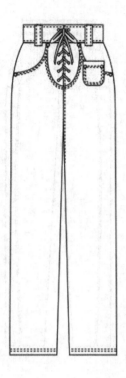
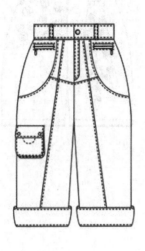
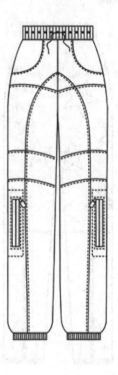
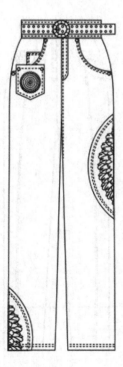
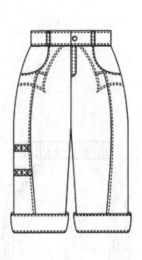

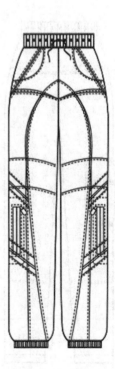

图 5-42

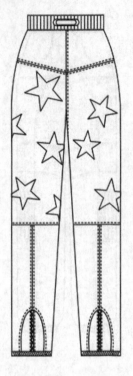

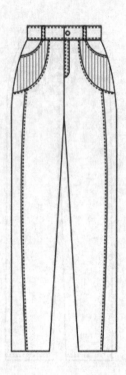

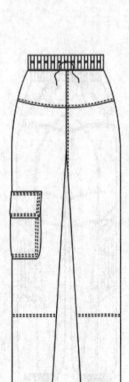

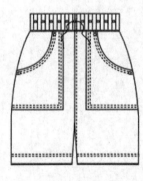

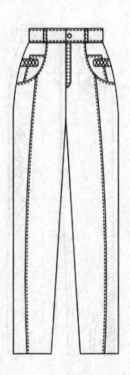

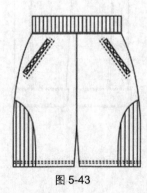

图 5-43

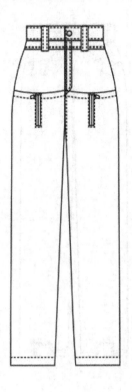
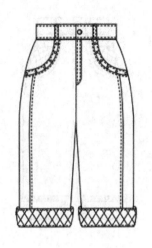
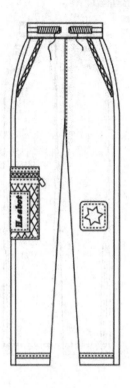
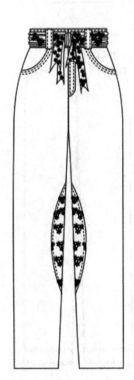
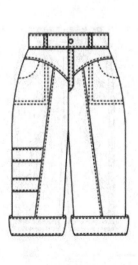

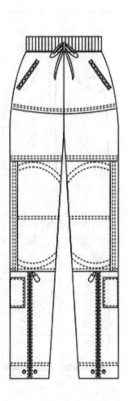

图 5-44

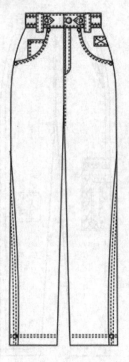

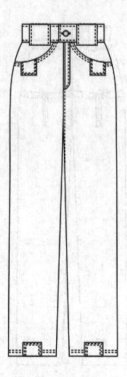
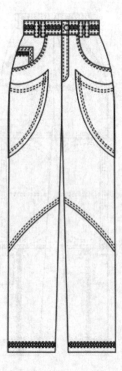
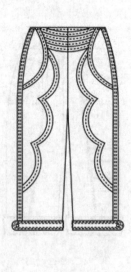
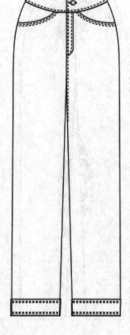

图 5-45

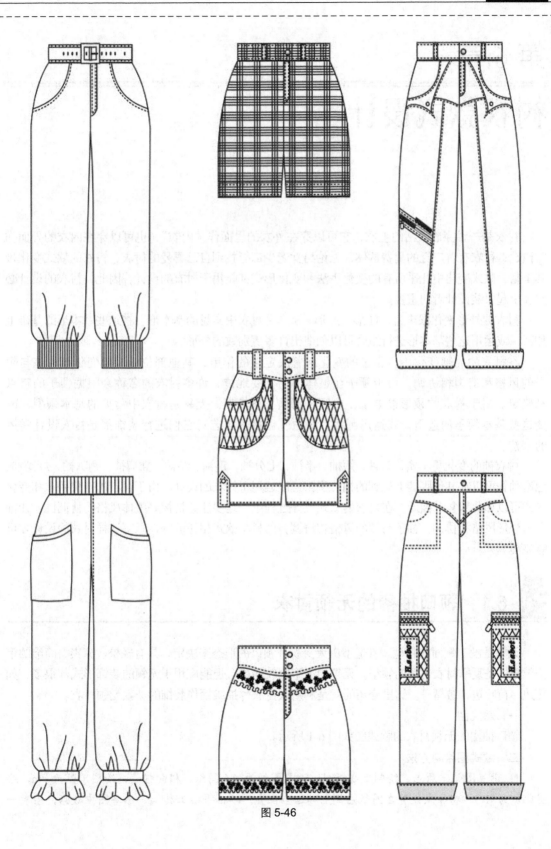

图 5-46

第 6 章

衬衣款式设计

衬衣是一种穿着灵活的上衣，它可以穿在外衣的里面作"内衣"，也可以穿在内衣的外面作"外衣"；衬衣有着广泛的消费群体，无论男女老少都能找到自己喜爱的衬衣；衬衣的款式变化极其丰富，款式变化中几乎所有的变化手法和变化形式都能用于衬衣的设计，因此，衬衣的设计必然会引起服装设计者的重视。

衬衣的外形变化很丰富，H 形、A 形、S 形是衬衣中常见的基本形，在这些基本形的基础上加减，或运用这些基本形进行组合可以创造出许多更别致的外形。

在衬衣的局部变化中，领子的变化起着决定性的作用，其他部位的局部变化都应该与领子的风格和造型相协调。由于领子在整体中的重要地位，许多衬衣的名称会根据领子的特点来确定。用于衬衣的领形很丰富，立领、翻领、系带领、无领是衬衣中常见的基本领型，改变这些基本领子的造型，或运用刺绣、滚边、镶拼等工艺对它们进行装饰都是衬衣设计常用的手法。

衬衣袖的变化更丰富，长袖、短袖、半袖、七分袖，连袖、装袖、插肩袖，喇叭袖、灯笼袖、泡泡袖等可以在其他服装上见到的袖几乎都可以运用于衬衣的设计。由于衬衣的变化手法和变化形式可以如此繁复，因此，在衬衣的款式设计过程中一定要注意把握好整体风格的协调性，让袖子与外形风格相协调，袖子与领的风格相协调，面料与款式相协调等，只有这样衬衣的设计才可能完美。

 ## 6.1 领口抽褶的无领衬衣

无领是没有领面的领型，其造型由大身衣片领口的形态来决定，具有轻松、凉爽、简洁的审美效果，是夏季衬衣常用的领型。无领的造型比较简单，但能应用于无领的装饰形式却很多，如花边、荷叶边、皱褶等。这里介绍的就是利用大身衣片抽皱褶作装饰的一款无领衬衣。

一、款式图

领口抽褶的无领衬衣的款式图如图 6-1 所示。

二、款式图绘制方法

1. 设置图纸、原点，绘制直线框图：设置图纸为 A4 图纸、横向摆放，绘图单位为 cm，绘图比例为 1:5。将原点设置在图纸左侧上部适当位置。单击手绘工具，参考图中数据，绘制一半款式图的框图（如图 6-2 所示）。

　　2．图形完整化、调整领口曲线：单击挑选工具，框选这一半图形。通过【变换】对话框的【大小】选项，单击【应用到再制】按钮，再制一个一半图形。单击交互式属性栏的水平翻转图标，将其水平翻转，并将其水平向右拖动，使其与左侧图形拼接对齐。

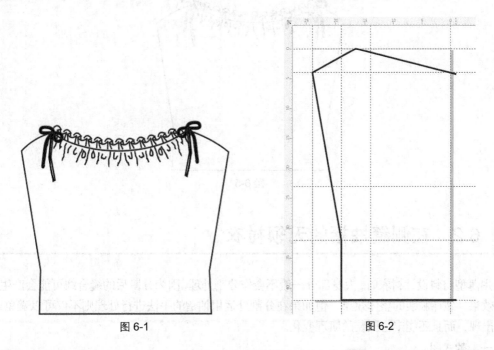

图 6-1　　　　　　　　　　　　　　　　　　　图 6-2

　　单击挑选工具，选中图形。单击交互式属性栏的结合图标，将其结合为一个图形。利用形状工具，选中领口处的两个未连接的重叠的节点，单击交互式属性栏的连接两个节点图标，同时删除该节点。单击交互式属性栏的转换直线为曲线图标，将其转换为曲线。将鼠标指针按在曲线上，然后拖动鼠标使其向下弯曲为所需造型（如图 6-3 所示）。

　　3．绘制领口花边和领口皱褶线：单击手绘工具和形状工具，绘制一组花边图案。通过再制、旋转、移动的方法，绘制整个领口花边。利用同样的方法，绘制领口皱褶线（如图 6-4 所示）。

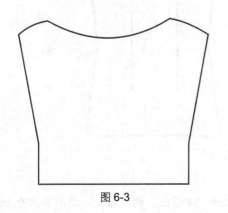

图 6-3

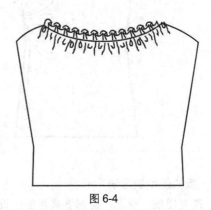

图 6-4

4. 绘制装饰系合带：单击艺术笔触 的预设工具，绘制左侧装饰系合带。通过选中、再制、水平翻转、移动的方法，绘制右侧系合带，这样即完成了正面款式图的绘制。其背面款式图与正面款式图相同，故略去（如图 6-5 所示）。

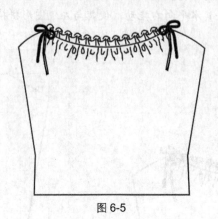

图 6-5

 ## 6.2　在侧缝抽褶的无领衬衣

用薄型材料设计衬衣时，大身部分一般不会作分割处理，因为分割后的缝合线可能会产生"疤痕"效果，破坏服装的整体效果。但如果在分割处运用抽褶的手法进行处理则不仅可以避免这种情况出现，而且还能丰富服装的肌理变化。

一、款式图

在侧缝抽褶的无领衬衣的款式图，如图 6-6 所示。

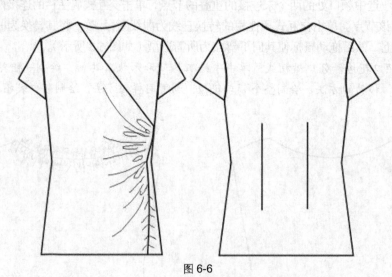

图 6-6

二、款式图绘制方法

1. 设置图纸、原点，绘制直线框图：设置图纸为 A4 图纸、横向摆放，绘图单位为 cm，绘图比例为 1:5。将原点设置在图纸左侧上部适当位置。单击手绘工具 ![手绘工具图标]，参考图中数据，绘制一半款式图的直线框图（如图 6-7 所示）。

2. 调整相关曲线：单击形状工具 ![形状工具图标]，选择袖窿直线，单击交互式属性栏的转换直线为曲线图标 ![转换图标]，将其转换为曲线。将鼠标按在此曲线上并进行拖动，使其弯曲为所需造型。利用同样的方法，将袖山直线转换为曲线，并弯曲为所需造型（如图 6-8 所示）。

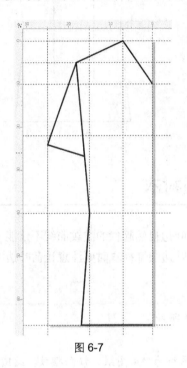

图 6-7

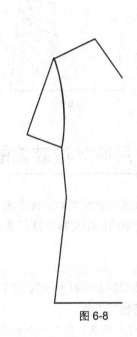

图 6-8

3. 图形完整化：单击挑选工具 ![挑选工具图标]，框选一半图形。通过【变换】对话框的【大小】选项，单击【应用到再制】按钮，再制一个一半图形。单击交互式属性栏的水平翻转图标 ![水平翻转图标]，将其水平翻转并将其水平向右拖动，使其与左侧图形拼接对齐。单击手绘工具 ![手绘工具图标]和形状工具 ![形状工具图标]，绘制后领口曲线（如图 6-9 所示）。

4. 绘制门襟和皱褶：单击形状工具 ![形状工具图标]，将左侧领口线的下部节点顺势拖动，延长到腋下。单击手绘工具 ![手绘工具图标]，绘制皱褶线。这样即完成了正面款式图的绘制（如图 6-10 所示）。

5. 绘制背面款式图：单击挑选工具 ![挑选工具图标]，框选正面款式图。通过【变换】对话框的【大小】选项，单击【应用到再制】按钮，再制一个正面款式图，将其拖动到图纸右侧空白处。分别选中并删除前领口线、门襟线、皱褶线。单击手绘工具 ![手绘工具图标]，绘制两条后片省位线。这样即完成了背面款式图的绘制（如图 6-11 所示）。

图 6-9

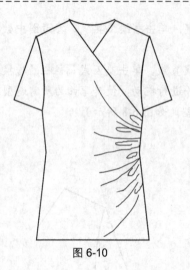

图 6-10

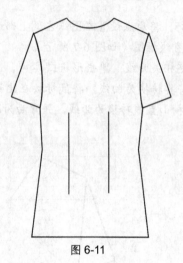

图 6-11

 ## 6.3 用荷叶边装饰的无领衬衣

　　荷叶边是女式衬衣常用的装饰手法之一。荷叶边自然起伏的波纹曲线不仅能丰富服装的肌理变化，还能使简单的造型变得丰富起来。运用荷叶边装饰衬衣时要注意让荷叶边的面积与所装饰的面积相协调。

　　一、款式图

　　用荷叶边装饰的无领衬衣的款式图如图 6-12 所示。

　　二、款式图绘制方法

　　1. 设置图纸、原点，绘制直线框图：设置图纸为 A4 图纸、横向摆放，绘图单位为 cm、绘图比例为 1:5。将原点设置在图纸左侧上部适当位置。单击手绘工具 ，参考图中数据，绘制一半款式图的直线框图（如图 6-13 所示）。

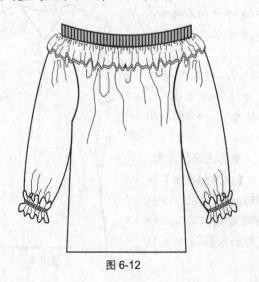

图 6-12

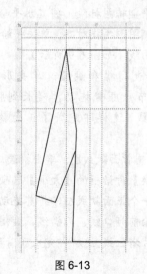

图 6-13

2. 调整相关曲线：单击形状工具 ，分别选中袖山线、袖窿线和袖筒线，并将其转换为曲线，然后拖动鼠标，使其弯曲为所需造型（如图 6-14 所示）。

3. 图形完整化：单击挑选工具 ，框选一半图形。通过【变换】对话框的【大小】选项，单击【应用到再制】按钮，再制一个一半图形。单击交互式属性栏的水平翻转图标 ，将其水平翻转并将其水平向右拖动，使其与左侧图形拼接对齐。

单击形状工具 ，选中领口直线，将其转换为曲线，然后拖动鼠标，使其弯曲为所需造型（如图 6-15 所示）。

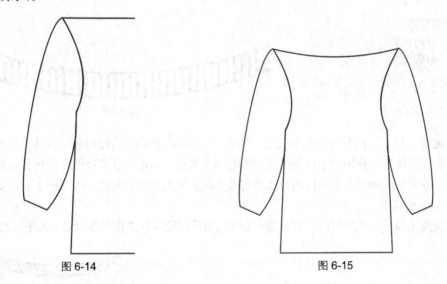

图 6-14   图 6-15

4. 绘制轮廓罗纹：单击手绘工具 ，绘制一条竖向直线。通过【变换】对话框的位置选项，设置水平数据为 1cm，连续单击【应用到再制】按钮若干次，使直线组的左右宽度比领口宽度略小。单击挑选工具 ，选中直线组，单击交互式属性栏的结合图标 ，使其结合为一个图形（如图 6-16 所示）。

单击手绘工具 和形状工具 ，绘制与领口曲线相同的两条平行曲线，其距离为 3cm 左右（如图 6-17 所示）。

图 6-16   图 6-17

单击【排列】→【造型】→【修剪】命令，打开【修剪】对话框，并进行如图设置（如图 6-18 所示）。

单击挑选工具 ，选中其中一条曲线，单击【修剪】对话框的【修剪】按钮，单击已经结合的直线组。再次选中另一条曲线，单击【修剪】对话框的【修剪】按钮，单击已经结合的直线组。这时已经将直线组按照两条曲线的形状进行了修剪。单击【排列】→【拆分曲线图层】命令，将整个图形分离。分别选中两条曲线上面和下面的直线并删除，只留下两条曲线之间的直线（如

图 6-19 所示）。

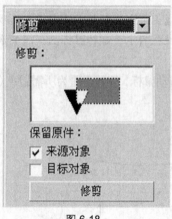

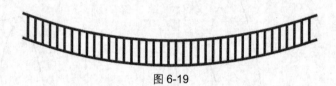

图 6-18

图 6-19

　　单击挑选工具 ，同时选中两条曲线。单击交互式属性栏的结合图标 ，将其结合为一个图形。单击形状工具 ，分别选中两条曲线左端的两个节点，单击交互式属性栏的延长曲线使之闭合图标 ，使左端封闭。利用同样的方法将右端封闭，并为其填充灰色，即完成了领口罗纹的绘制（如图 6-20 所示）。

　　单击挑选工具 ，选中罗纹并对其进行群组，将其移动到款式图的领口处（如图 6-21 所示）。

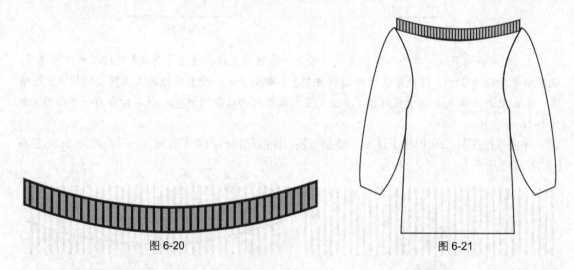

图 6-20

图 6-21

5. 绘制皱褶荷叶边。

单击手绘工具 ，按照领口罗纹的宽度绘制一个梯形，对其进行弯曲并填充白色（如图 6-22 所示）。

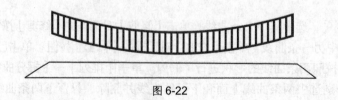

图 6-22

单击形状工具 ，选中整个梯形，单击交互式属性栏的转换直线为曲线图标 ，将其整体转换为曲线。将其上边按照领口罗纹的曲度进行弯曲。左、右、下边弯曲为所需造型（如图 6-23 所示）。

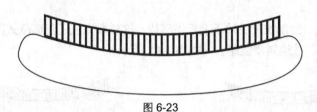

图 6-23

单击形状工具 ，在其下边上通过多次双击鼠标，增加若干节点。选中下边上的所有节点，单击交互式属性栏的使节点成为尖突图标 。将每两个节点之间的曲线段反向弯曲为所需造型（如图 6-24 所示）。

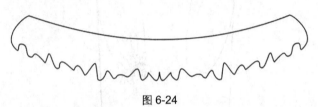

图 6-24

单击形状工具 ，分别选中图形下边上两端的节点，单击交互式属性栏的分割曲线图标 ，使节点断开。单击【排列】→【拆分曲线图层】命令，使图形下边与其他部分分离。删除其他部分，留下下边图形。通过【变换】对话框，再制一个下边图形，将其垂直向上移动 1cm。单击挑选工具 ，同时选中两个下边图形，单击交互式属性栏的结合图标 ，将其结合为一个图形。单击形状工具 ，分别选中左端两个节点和右端两个节点，单击交互式属性栏的连接两个节点图标 ，将其封闭，使其成为封闭图形，并为其填充灰色（如图 6-25 所示）。

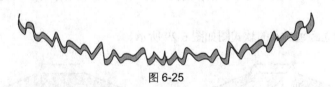

图 6-25

单击挑选工具 ，将其移动到皱褶荷叶边的下边上，并覆盖原来的下边。单击手绘工具 ，绘制荷叶边的上下皱褶线，造型美观与否主要依据运用鼠标的熟练程度（如图 6-26 所示）。

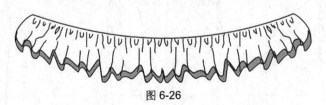

图 6-26

单击挑选工具 ，选中完整的荷叶边，将其群组为一个整体。将其移动到领口罗纹的下方，覆盖衣片上部的图形线（如图 6-27 所示）。

6. 绘制袖口荷叶边和衣片、袖子上部皱褶线。

按照绘制领口荷叶边的方法，绘制一个袖口荷叶边。通过再制、翻转、移动的方法，绘制另一个袖口荷叶边。

单击手绘工具 ，绘制衣片、袖子上部皱褶线，这样即完成了正面款式图的绘制。背面款式图与正面款式图一样，故绘制步骤略去（如图 6-28 所示）。

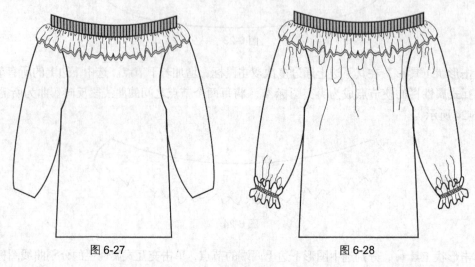

图 6-27　　　　　　　　　　　　　　　　　图 6-28

6.4　夸张了皱褶的立翻领衬衣

立翻领是传统的男式衬衣领，在服装趋向"中性"的潮流中，男式衬衣领也受到女士的喜爱。在有男式衬衣领的女装中夸张地运用皱褶，能为"阳刚"的服装增添许多"妩媚"。

一、款式图

夸张了皱褶的立翻领衬衣的款式图如图 6-29 所示。

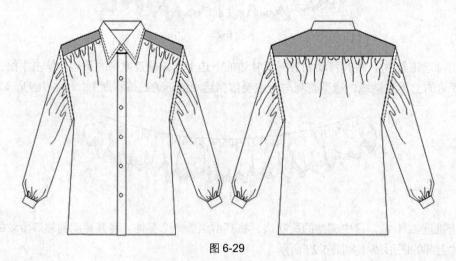

图 6-29

二、款式图绘制方法

1. 设置图纸、原点，绘制直线框图：设置图纸为 A4 图纸、横向摆放，绘图单位为 cm，绘图比例为 1:5。将原点设置在图纸左侧上部适当位置。单击手绘工具 ⟦⟧，参考图中数据，绘制一半款式图的直线框图（如图 6-30 所示）。

2. 绘制领子、领座、肩部拼接、袖口皱褶和袖窿明线。

单击手绘工具 ⟦⟧，绘制一个封闭的领子造型，并为其填充白色。单击手绘工具 ⟦⟧，绘制一个封闭的领座造型，并为其填充白色。单击手绘工具 ⟦⟧，绘制一个封闭的肩部拼接造型，并为其填充灰色。单击手绘工具 ⟦⟧，沿着袖窿线绘制一条平行直线，将其设置为虚线。利用同样的方法绘制领座明线。单击手绘工具 ⟦⟧，绘制袖口皱褶线（如图 6-31 所示）。

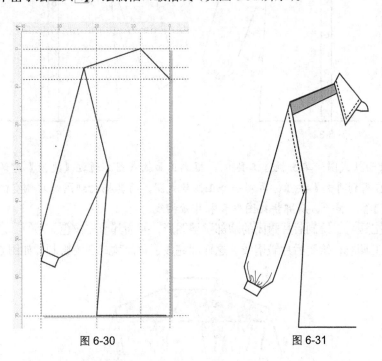

图 6-30   图 6-31

3. 图形完整化、绘制门襟和扣子。

单击挑选工具 ⟦⟧，框选这一半图形。通过【变换】对话框的【大小】选项，单击【应用到再制】按钮，再制一个一半图形。单击交互式属性栏的水平翻转图标 ⟦⟧，将其水平翻转并将其水平向右拖动，使其与左侧图形拼接对齐。

单击矩形工具 □，绘制一个宽度为 3cm，高度直达衣片底边的矩形，作为门襟图形。

单击椭圆工具 ○，按住 Ctrl 键，绘制一个直径为 1.5cm 的圆形；单击挑选工具 ⟦⟧，将其放置在门襟上部。通过【变换】对话框的【位置】选项，设置垂直数值为 −11cm，连续单击【应用到再制】按钮 5 次，再制 5 个扣子，并将它们均匀排列在门襟上（如图 6-32 所示）。

4. 绘制衣片皱褶线和袖片皱褶线：单击手绘工具 ⟦⟧，绘制左侧衣片皱褶线和左侧袖片皱褶线。单击挑选工具 ⟦⟧，选中左侧衣片皱褶线和左侧袖片皱褶线，对其进行群组。通过【变换】对话框的【大小】选项，单击【应用到再制】按钮，再制一组皱褶线。通过交互式属性栏的镜像工具，将其水平翻转并将其水平移动到右侧相应位置。这样即完成了正面款式图的绘制（如图 6-33

所示）。

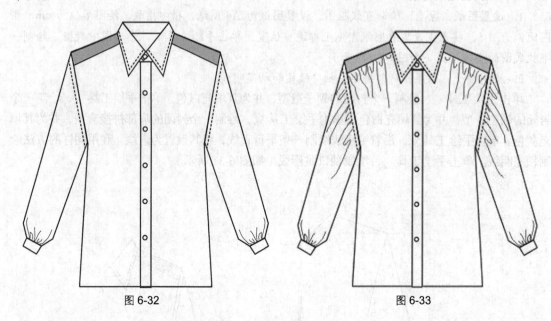

图 6-32   图 6-33

5. 绘制背面款式图：单击挑选工具 ↳ ，框选正面款式图。通过【变换】对话框的【大小】
选项，单击【应用到再制】按钮，再制一个正面款式图，将其拖动到图纸右侧空白处。分别选中
并删除领子、门襟、扣子、肩部拼接图形和衣片皱褶线。

单击手绘工具 ⁀ ，绘制后片封闭的肩部拼接图形，并为其填充灰色。

单击手绘工具 ⁀ ，绘制后片皱褶线。这样即完成了背面款式图的绘制（如图 6-34 所示）。

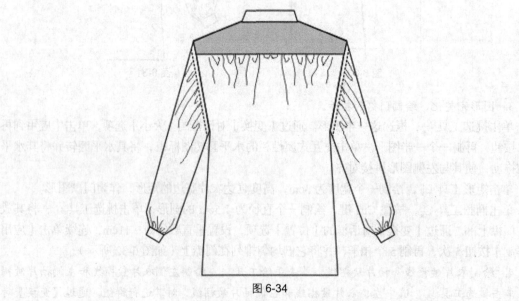

图 6-34

6.5 小立领衬衣

将立翻领的领面去掉，就可以将领变成更加轻松、休闲的小立领。

一、款式图

小立领衬衣的款式图，如图 6-35 所示。

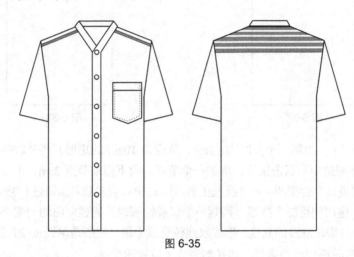

图 6-35

二、款式图绘制方法

1. 设置图纸、原点，绘制直线框图：设置图纸为 A4 图纸、横向摆放，绘图单位为 cm，绘图比例为 1:5。将原点设置在图纸左侧上部适当位置。单击手绘工具，参考图中数据，绘制一半款式图的直线框图（如图 6-36 所示）。

2. 图形完整化：单击挑选工具，框选一半图形。通过【变换】对话框的【大小】选项，单击【应用到再制】按钮，再制一个一半图形。单击交互式属性栏的水平翻转图标，将其水平翻转，并将其水平向右拖动，使其与左侧图形拼接对齐（如图 6-37 所示）。

3. 绘制领子：单击手绘工具，分别绘制左侧前领、右侧前领和后片领子（如图 6-38 所示）。

4. 绘制门襟、扣子、口袋和肩部拼接图形。

单击手绘工具，接着右侧领子绘制两条竖向平行线，作为门襟。

单击椭圆工具，按住 Ctrl 键，绘制一个直径为 1.5cm 的圆形，单击挑选工具，将其放置在门襟上部。通过【变换】对话框的【位置】选项，设置垂直数值为 −11cm，连续单击【应用到再制】按钮 5 次，再制 5 个扣子，并将它们均匀排列在门襟上。

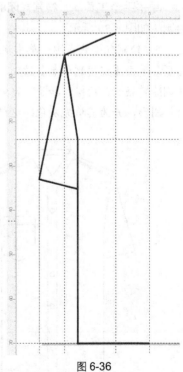

图 6-36

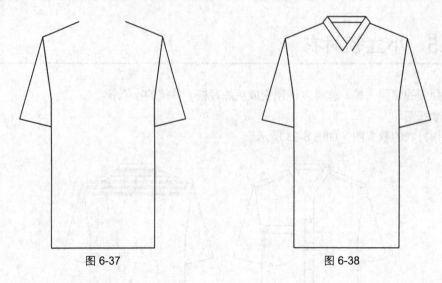

图 6-37   图 6-38

　　单击矩形工具 □，绘制一个高度为 12cm、宽度为 10cm 的矩形，将其转换为曲线图形。单击形状工具 ，在底边中间双击鼠标，增加一个节点。向下拖动节点 2cm，形成尖角造型。单击手绘工具 ，绘制袋口贴边横线。单击挑选工具 ，选中口袋轮廓线。通过【变换】对话框的【大小】选项，单击【应用到再制】按钮，再制一个口袋轮廓线。通过向内均匀缩小口袋轮廓线两侧的宽度、向上缩小口袋轮廓线的高度，形成双线轮廓线（袋口线还是单线）。通过交互式属性栏的【轮廓】选项，设置轮廓样式为虚线。这样即完成了口袋的绘制。

　　单击手绘工具 ，绘制封闭的肩部拼接图形，并为其填充灰色。这样即完成了正面款式图的绘制（如图 6-39 所示）。

　　5. 绘制背面款式图：单击挑选工具 ，框选正面款式图。通过【变换】对话框的【大小】选项，单击【应用到再制】按钮，再制一个正面款式图，将其拖动到图纸右侧空白处。分别选中并删除前领子、门襟、扣子、口袋和肩部拼接图形。单击手绘工具 ，绘制后片 5 个封闭的肩部拼接图形，并为其填充灰色。这样即完成了背面款式图的绘制（如图 6-40 所示）。

图 6-39

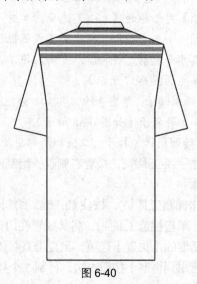

图 6-40

6.6 围领衬衣

围领即包围在颈项周围的领。围领的造型比较简洁，其变化的形式主要表现在领面的高低和领口的宽窄。由于围领具有简洁的审美特征，因此，服装中与之相匹配的其他局部部分的变化也会比较简洁。

一、款式图

围领衬衣的款式图如图 6-41 所示。

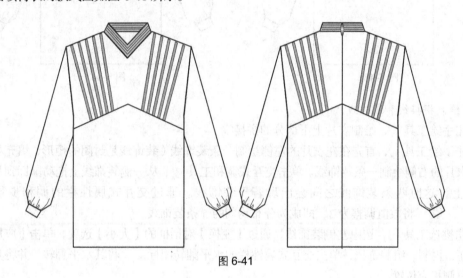

图 6-41

二、款式图绘制方法

1. 设置图纸、原点，绘制直线框图：设置图纸为 A4 图纸、横向摆放，绘图单位为 cm，绘图比例为 1:5。将原点设置在图纸左侧上部适当位置。单击手绘工具，参考图中数据，绘制一半款式图的直线框图（如图 6-42 所示）。

2. 单击挑选工具，框选一半图形。通过【变换】对话框的【大小】选项，单击【应用到再制】按钮，再制一个一半图形。单击交互式属性栏的水平翻转图标，将其水平翻转，并将其水平向右拖动，使其与左侧图形拼接对齐（如图 6-43 所示）。

3. 绘制领子和袖口皱褶线。

单击手绘工具，绘制前领轮廓线，并使其成为封闭图形，再为其填充灰色。在领子内部绘制 3 条直线折线。绘制后领轮廓线，并使其成为封闭图形，再为其填充灰色。在领子内部绘制 3 条直线。

单击手绘工具，绘制左侧袖口皱褶线。通过选中、再制、翻转、移动的方法，绘制另一个袖口皱褶线（如图 6-44 所示）。

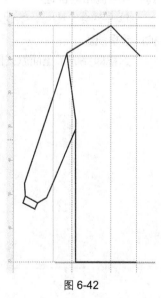

图 6-42

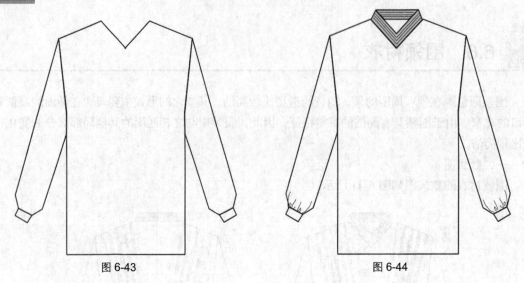

图 6-43   图 6-44

4. 绘制拼接线和装饰线。

单击手绘工具 ，绘制衣片上下部分的拼接线。

单击手绘工具 ，首先在左衣片的左侧绘制一条装饰线（装饰线是封闭的矩形，填充灰色），再在左衣片的右侧绘制一条装饰线。单击交互式调和工具 ，从一侧装饰线上拖动鼠标到另一侧装饰线上，这时两条装饰线之间会出现若干装饰线。通过交互式属性栏的调和步数工具 20 ，将数值调整为 3，即成为分布均匀的 5 条装饰线。

单击挑选工具 ，选中左侧装饰线，通过【变换】对话框的【大小】选项，单击【应用到再制】按钮，再制一组装饰线，单击交互式属性栏的水平翻转图标 ，将其水平翻转，并将其移动到衣片一侧相应位置。

单击手绘工具 ，绘制左侧袖口皱褶线。通过选中、再制、翻转、移动的方法，绘制另一个袖口皱褶线。

这样即完成了正面款式图的绘制（如图 6-45 所示）。

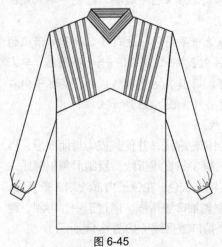

图 6-45

5. 绘制背面款式图：单击挑选工具 ，框选正面款式图。通过【变换】对话框的【大小】选项，单击【应用到再制】按钮，再制一个正面款式图，将其拖动到图纸右侧空白处。选中并删除前领。单击形状工具 ，调整后领造型。单击手绘工具 ，绘制后片中心线。单击椭圆工具 ，绘制一个竖向小椭圆，为其填充径向渐变填充，作为拉链的拉手。这样即完成了背面款式图的绘制（如图 6-46 所示）。

图 6-46

 # 6.7 蝴蝶结领衬衣

蝴蝶结也是衬衣常用的装饰手法之一。将领面延伸成带状、在颈部系结就可以产生蝴蝶结。运用这种手法时应结合当时当地服装流行的趋势对结的大小、长短、宽窄作适当调整，同时，还可以改变系结的位置，或在前胸居中、或在后背居中、或在前胸偏左、或在前胸偏右，使系出的蝴蝶结更加富于变化。

一、款式图
蝴蝶结领衬衣的款式图如图 6-47 所示。

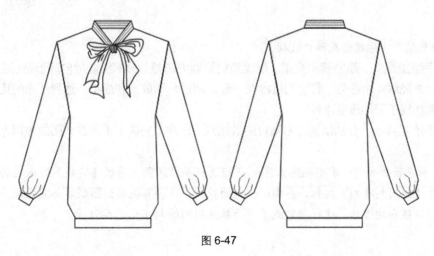

图 6-47

二、款式图绘制方法

1. 设置图纸、原点，绘制直线框图：设置图纸为 A4 图纸、横向摆放，绘图单位为 cm，绘图比例为 1:5。将原点设置在图纸左侧上部适当位置。单击手绘工具 ，参考图中数据，绘制一半款式图的直线框图（如图 6-48 所示）。

2. 图形完整化：单击挑选工具 ，框选一半图形。通过【变换】对话框的【大小】选项，单击【应用到再制】按钮，再制一个一半图形。单击交互式属性栏的水平翻转图标 ，将其水平翻转，并将其水平向右拖动，使其与左侧图形拼接对齐（如图 6-49 所示）。

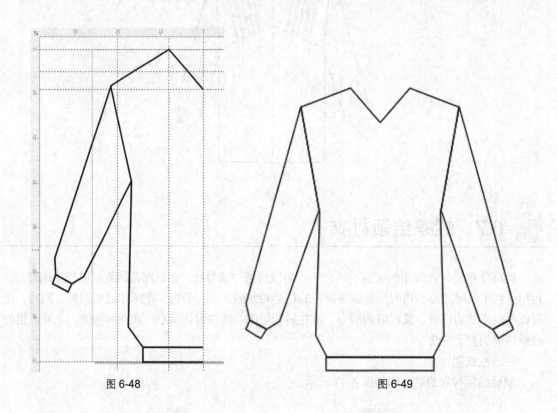

图 6-48   图 6-49

3. 绘制领子、蝴蝶结及袖口皱褶。

单击手绘工具 ，绘制领子造型。蝴蝶结的绘制方法是，分别绘制横向环形结、左侧飘带、右侧飘带、缠绕结 4 个部分，将它们拼凑在一起。通过分别放大和缩小，达到理想的造型。将其群组并放置在领子下部适当位置。

单击手绘工具 ，分别绘制左右袖口的皱褶线。这样即完成了正面款式图的绘制（如图 6-50 所示）。

4. 绘制背面款式图：单击挑选工具 ，框选正面款式图。通过【变换】对话框的【大小】选项，单击【应用到再制】按钮，再制一个正面款式图，将其拖动到图纸右侧空白处。分别选中并删除前领口线和蝴蝶结。这样即完成了背面款式图的绘制（如图 6-51 所示）。

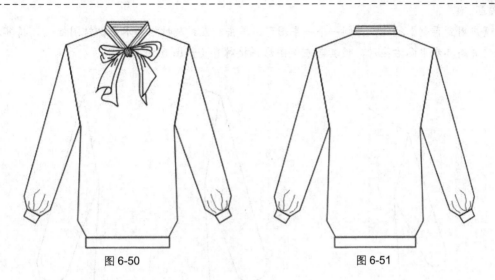

图 6-50   图 6-51

 ## 6.8　交叉领衬衣

　　用柔软的面料设计在前胸左右叠置的领型能产生端庄而潇洒的审美效果，裁剪时最好用立体的形式去处理，以方便对织物褶纹的把握。

一、款式图

交叉领衬衣的款式图如图 6-52 所示。

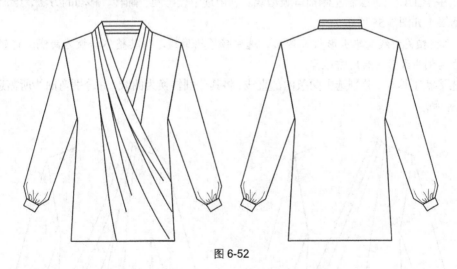

图 6-52

二、款式图绘制方法

　　1. 设置图纸、原点，绘制直线框图：设置图纸为 A4 图纸、横向摆放，绘图单位为 cm，绘图比例为 1:5。将原点设置在图纸左侧上部适当位置。单击手绘工具　，参考图中数据，绘制一半款式图的直线框图（如图 6-53 所示）。

　　2. 图形完整化：单击挑选工具　，框选一半图形。通过【变换】对话框的【大小】选项，

241

单击【应用到再制】按钮，再制一个一半图形。单击交互式属性栏的水平翻转图标 ，将其水平翻转，并将其水平向右拖动，使其与左侧图形拼接对齐（如图 6-54 所示）。

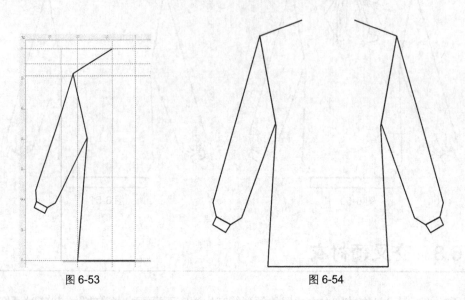

图 6-53　　　　　　　　　　　　　　　　图 6-54

3. 绘制左侧前领直线框图和袖口皱褶线。

单击手绘工具 ，绘制领子轮廓直线框图，并使其封闭。在领子轮廓线内部绘制两条斜直线，作为领子皱褶线。

单击手绘工具 ，绘制左侧袖口皱褶线。利用选中、再制、翻转、移动的方法，绘制另一个袖口皱褶线（如图 6-55 所示）。

4. 调整相关曲线：单击形状工具 ，选中领子轮廓线，将其整体转换为曲线。将领子轮廓线的左右两侧曲线弯曲为所需造型。

单击形状工具 ，分别选中两条内部直线，将其分别转换为曲线，并分别弯曲为所需造型（如图 6-56 所示）。

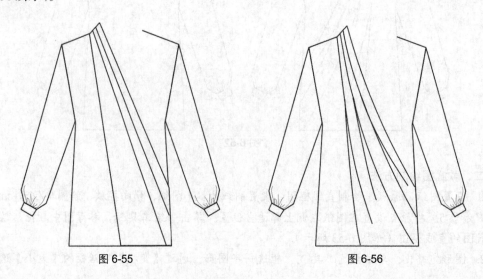

图 6-55　　　　　　　　　　　　　　　　图 6-56

5. 绘制右侧领子：单击挑选工具 ，选中领子及其内部皱褶线，通过【变换】对话框的【大小】选项，单击【应用到再制】按钮，再制一个领子。单击交互式属性栏的水平翻转图标 ，将其水平翻转，并将其移动到右侧领子相应位置（即衣片中心辅助线与领子轮廓线的交点处）。单击形状工具 ，选中右侧领子轮廓线。在两侧领子轮廓线交点处分别双击鼠标，增加节点。选中这两个节点，单击交互式属性栏的使节点成为尖突图标 。选中右侧领子轮廓线右下方的两个节点，将其删除，这时该段线条变为弧线。选中弧线，单击转换曲线为直线图标 ，即去掉了右侧领子轮廓线与左领的重叠部分。同理，单击形状工具 ，分别选中右侧领子内部曲线。在与左侧领子轮廓线交点处双击鼠标，增加节点。分别删除内部曲线的右下方节点。即完全删除了左右领子的重叠部分（如图 6-57 所示）。

图 6-57

6. 绘制后领：单击手绘工具 ，绘制后领封闭图形，并在内部绘制两条横向直线，作为后领折叠线。单击挑选工具 ，分别选中后领、前领和袖头。这样即完成了正面款式图的绘制（如图 6-58 所示）。

7. 绘制背面款式图：单击挑选工具 ，框选正面款式图。通过【变换】对话框的【大小】选项，单击【应用到再制】按钮，再制一个正面款式图，将其拖动到图纸右侧空白处。选中并删除前领。单击形状工具 ，调整后领造型。这样即完成了背面款式图的绘制（如图 6-59 所示）。

图 6-58

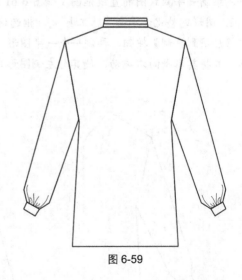

图 6-59

6.9 拼花布衬衣

衬衣设计中除了可以对衬衣的外形，以及领、袖等局部形态进行变化以外，还可以运用不同花色的衣片进行拼接使同样的衬衣款式产生不同的审美效果。在运用不同花色的衣片进行拼接时，要注意使不同衣片在色彩和花纹的对比中相互协调。

一、款式图

拼花布衬衣的款式图如图 6-60 所示。

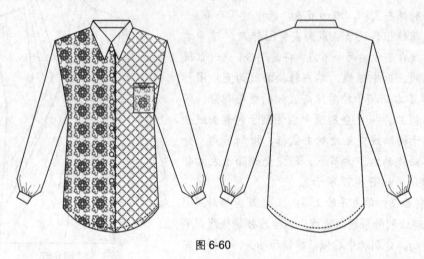

图 6-60

二、款式图绘制方法

1. 设置图纸、原点，绘制直线框图：设置图纸为 A4 图纸、横向摆放，绘图单位为 cm，绘图比例为 1:5。将原点设置在图纸左侧上部适当位置。单击手绘工具 和形状工具 ，参考图中数据，绘制一半款式图的直线框图（如图 6-61 所示）。

2. 图形完整化：单击挑选工具 ，框选这一半图形。通过【变换】对话框的【大小】选项，单击【应用到再制】按钮，再制一个一半图形。单击交互式属性栏的水平翻转图标 ，将其水平翻转，并将其水平向右拖动，使其与左侧图形拼接对齐（如图 6-62 所示）。

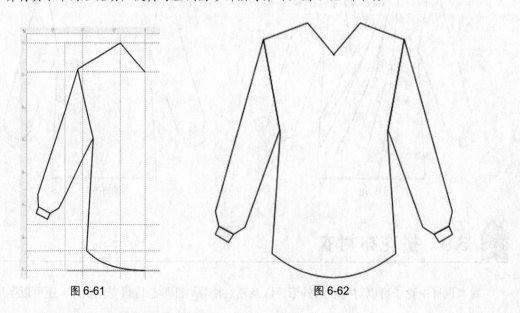

图 6-61   图 6-62

3. 绘制门襟、分别封闭左右衣片图形：单击挑选工具 ，选中左侧衣片图形。单击手绘工具 ，接着左侧衣片图形的领口节点连续绘制门襟线，并与左侧衣片下摆节点连接，使其成为封闭图形，并为其暂时填充白色。单击手绘工具 ，接着右侧衣片图形的领口节点绘制中心线，与左侧衣片下摆节点连接，使其成为封闭图形，并为其暂时填充白色（如图 6-63 所示）。

4. 绘制领子、扣子、口袋和下摆明线：单击手绘工具 ，绘制前后领子，并为其填充白色。单击手绘工具 和形状工具 ，绘制下摆明线，将其设置为虚线。单击椭圆工具 ，绘制一个直径为 1.5cm 的圆形，为其填充白色，并将其放置在门襟的上部。通过【变换】对话框的【位置】选项，设置垂直数值为 10.5cm，连续单击【应用到再制】按钮 5 次，再制 5 个扣子，并将它们均匀分布在门襟上。单击矩形工具 ，绘制一个高度为 12cm、宽度为 10cm 的矩形，在矩形上部再绘制一个高度为 2cm、宽度为 10cm 的矩形作为袋口贴边。单击挑选工具 ，选中整个口袋，将其放置在衣片右侧胸部位置（如图 6-64 所示）。

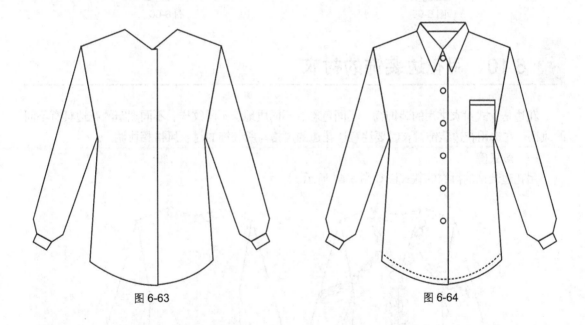

图 6-63   图 6-64

5. 绘制袖口皱褶线、填充图案：单击手绘工具 ，绘制一个袖口皱褶线，通过再制、翻转、移动的方法，绘制另一个袖口皱褶线。通过对象属性对话框的填充选项下的图案填充选项，为左右衣片填充不同的适当的图案。为口袋填充与左侧衣片相同的图案。这样即完成了正面款式图的绘制（如图 6-65 所示）。

6. 绘制背面款式图：单击挑选工具 ，框选正面款式图。通过【变换】对话框的【大小】选项，单击【应用到再制】按钮，再制一个正面款式图，将其拖动到图纸右侧空白处。选中并删除前领、口袋、扣子。单击形状工具 ，通过增加节点、断开节点、删除节点的方法，将左右衣片的门襟线和中心线删除，同时删除图案填充。单击形状工具 ，调整后领造型。这样即完成了背面款式图的绘制（如图 6-66 所示）。

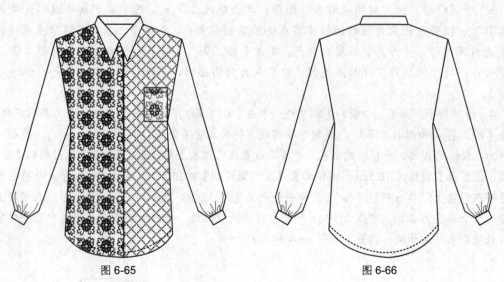

图 6-65　　　　　　　　　　　　　　　图 6-66

 ## 6.10　用花边装饰的衬衣

花边是女式衬衣常用的装饰物，不同色彩、不同质地、不同纹样、不同宽窄的花边具有不同的风格。在选用花边装饰衬衣时要注意让花边的风格与所装饰的衬衣风格相协调。

一、款式图

用花边装饰的衬衣的款式图如图 6-67 所示。

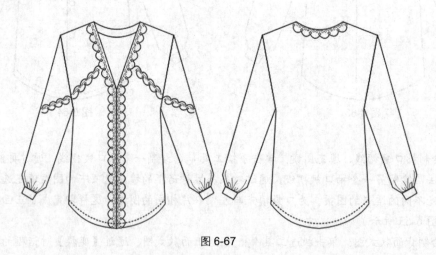

图 6-67

二、款式图绘制方法

1. 设置图纸、原点，绘制直线框图：设置图纸为 A4 图纸、横向摆放，绘图单位为 cm，绘图比例为 1:5。将原点设置在图纸左侧上部适当位置。单击手绘工具，参考图中数据，绘制一半款式图的直线框图（如图 6-68 所示）。

2. 图形完整化：单击挑选工具 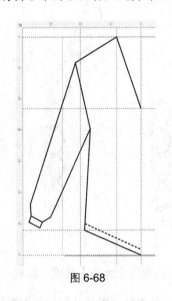，框选一半图形。通过【变换】对话框的【大小】选项，单击【应用到再制】按钮，再制一个一半图形。单击交互式属性栏的水平翻转图标 ，将其水平翻转，并将其水平向右拖动，使其与左侧图形拼接对齐（如图 6-69 所示）。

图 6-68

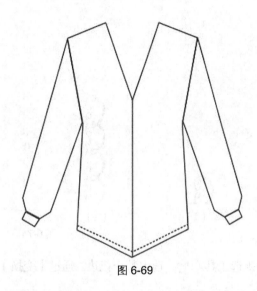

图 6-69

3. 调整相关曲线、绘制袖口皱褶线：单击形状工具 ，将底边斜直线修画为所需曲线造型。单击手绘工具 ，绘制一组袖口皱褶线。利用再制、翻转、移动的方法，绘制另一组袖口皱褶线（如图 6-70 所示）。

4. 绘制门襟花边：在门襟上部的左侧，单击手绘工具 和形状工具 ，先在左侧绘制一条短弧线，再在右侧绘制两个竖向相对的图案线。单击椭圆工具 ，绘制一个小圆形，将其放置在短弧线的上端点处。通过调整各个图形的大小，使其比例适当，即形成一组花边图案（如图 6-71（1）所示）。

单击挑选工具 ，选中除圆形以外的图形。通过【变换】对话框的【大小】选项，读取其竖向数值。单击挑选工具，选中整个一组花边图案。转到【变换】对话框的【位置】选项，在垂直数值框内输入刚才读取的数据的负值（即使其向下移动再制）。

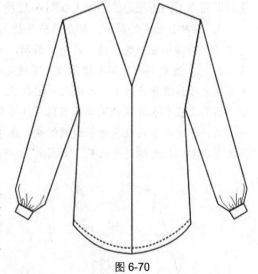

图 6-70

单击【应用到再制】按钮若干次，使花边图案排满整个门襟左侧（如图 6-71（2）所示）。

单击挑选工具 ，选中一个圆形，通过【变换】对话框的【大小】选项，再制一个圆形。将其垂直移动到短弧线的下端点处（如图 6-71（3）所示）。

单击挑选工具 ，选中与领口斜线等长的花边图案，作为领口花边。再制一组领口花边，然后单击一次领口花边，使其处于旋转状态。拖动鼠标使其旋转，其方向与领口斜线方向平行。

将其放置在领口处，其下部的圆形与门襟花边上部的圆形重叠。这样即完成了一侧花边的绘制（如图 6-71（4）所示）。

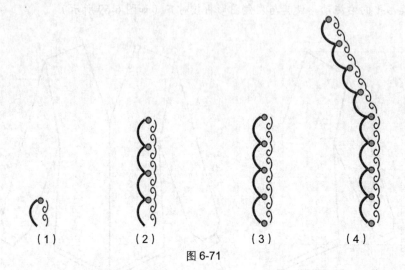

（1）　　　　　（2）　　　　　（3）　　　　　（4）

图 6-71

单击挑选工具。 ，选中整个花边。通过【变换】对话框的【大小】选项，再制一组整个花边。单击交互式属性栏的水平翻转图标 ，使其水平翻转，并将其水平移动到门襟右侧相对位置。这样即完成了门襟花边的绘制（如图 6-72 所示）。

5. 绘制其他装饰花边：绘制其他花边与绘制门襟花边的方法基本相同。单击挑选工具 ，选中 4 个门襟花边图案。通过再制、移动，将其放置在空白处，并将其旋转为水平方向。单击挑选工具 ，选中其中的所有短弧线，通过再制、垂直翻转、移动，将其放置在原来花边的上部，并与原来短弧线错开位置，形成又一组花边。单击挑选工具 ，选中这一组花边。通过旋转、移动，将其放置在衣片左侧胸部适当位置。再制一组，再次旋转方向，将其放置在袖子上部适当位置。这样即完成了左侧其他花边的绘制。选中这组花边，通过再制、水平翻转、移动的方法，将其放置在右侧相对的适当位置（如图 6-73 所示）。

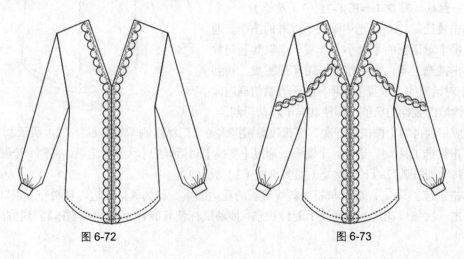

图 6-72　　　　　　　　　　　　　　　图 6-73

6. 绘制后领口：单击手绘工具 🖊️，绘制后领口。这样即完成了正面款式图的绘制（如图 6-74 所示）。

7. 绘制背面款式图：单击挑选工具 ▶️，框选正面款式图。通过【变换】对话框的【大小】选项，单击【应用到再制】按钮，再制一个正面款式图，将其拖动到图纸右侧空白处。选中并删除前领口、门襟和花边。利用再制、调整、移动的方法，绘制后领口花边。这样即完成了背面款式图的绘制（如图 6-75 所示）。

图 6-74

图 6-75

6.11 用特定图案装饰的衬衣

图案装饰也是衬衣设计的常用手法。运用于衬衣的图案纹样很多，如花卉纹样、人物纹样、几何纹样等。同时，将图案运用于衬衣还须通过必要的工艺形式，如刺绣、印染、手绘等。不同的纹样以及纹样的工艺形式会有不同的风格，而将图案运用于衬衣一定要注意让图案纹样的风格与衬衣的风格相协调。

一、款式图

用特定图案装饰的衬衣的款式图如图 6-76 所示。

二、款式图绘制方法

1. 设置图纸、原点，绘制直线框图：设置图纸为 A4 图纸、横向摆放，绘图单位为 cm，绘图比例为 1:5。将原点设置在图纸左侧上部适当位置。单击手绘工具 🖊️，参考图中数据，绘制一半款式图的直线框图（如图 6-77 所示）。

2. 图形完整化：单击挑选工具 ▶️，框选一半图形。通过【变换】对话框的【大小】选项，单击【应用到再制】按钮，再制一个一半图形。单击交互式属性栏的水平翻转图标 🔁，将其水平翻转，并将其水平向右拖动，使其与左侧图形拼接对齐（如图 6-78 所示）。

3. 绘制领子：单击手绘工具 🖊️ 和形状工具 ✏️，绘制领子，前后领子分别绘制为封闭图形（如图 6-79 所示）。

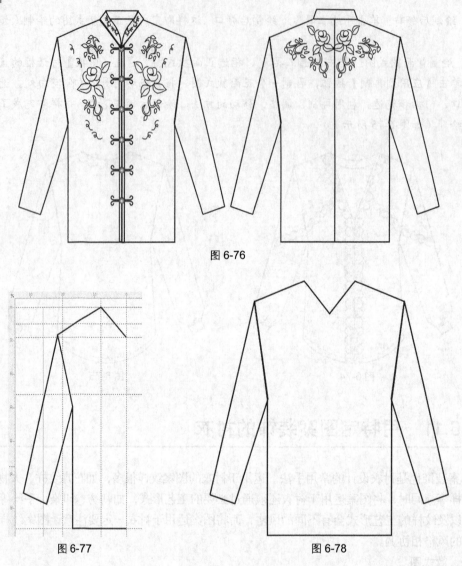

图 6-76

图 6-77　　　　　　　　　　　　　　图 6-78

4. 绘制门襟、扣子：单击手绘工具，在衣片中心线处绘制 3 条垂直线，作为衣片门襟线。

单击椭圆工具○，绘制一个直径为 1cm 的圆形，作为扣子。单击手绘工具和形状工具，绘制扣子的扣袢，形成一组扣子。单击挑选工具，选中一组扣子，通过【变换】对话框的【位置】选项，将垂直数值设置为 –11cm 左右，连续单击【应用到再制】按钮 5 次（如图 6-80 所示）。

5. 绘制绣花图案：单击手绘工具和形状工具，绘制左侧领子和衣片的绣花图案。通过选中、再制、水平翻转、移动的方法，绘制右侧绣花图案。这样即完成了正面款式图的绘制（如图 6-81 所示）。

6. 绘制背面款式图：单击挑选工具，框选正面款式图。通过【变换】对话框的【大小】选项，单击【应用到再制】按钮，再制一个正面款式图，将其拖动到图纸右侧空白处。选中并删

除前领口、门襟和花边。利用再制、调整、移动的方法，绘制后片绣花图案。单击形状工具 ，
调整后领造型。这样即完成了背面款式图的绘制（如图 6-82 所示）。

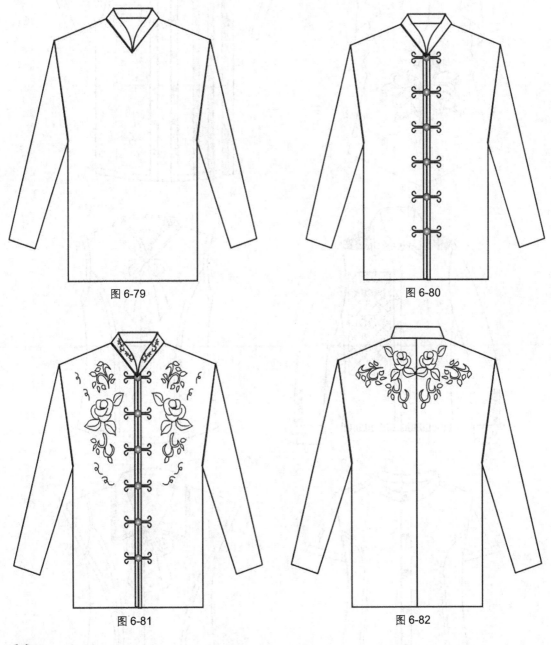

图 6-79

图 6-80

图 6-81

图 6-82

6.12　其他衬衫款式图例

其他的衬衫款式图例如图 6-83 至图 6-90 所示。有兴趣的读者可以按照这些图例进行练习。

图 6-83

图 6-84

图 6-85

图 6-86

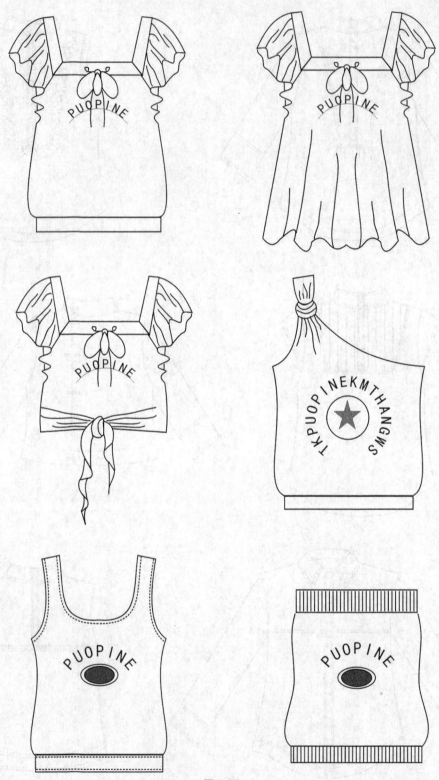

图 6-87

图 6-88

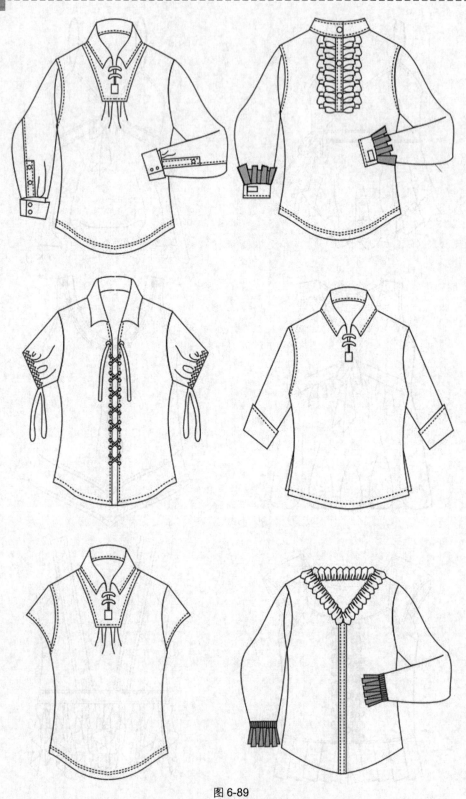

图 6-89

图 6-88

图 6-89

图 6-90

第 7 章

夹克款式设计

夹克是英文"Jacket"的译音,即"短小"的意思。而实际上夹克衫虽比一般外衣短但并不小,具有宽松、舒适、粗犷的特征。在男装中占有极其重要的位置。

由于制作夹克衫的面料大多是中、厚型面料,中、厚型面料的拼接缝纫比较好处理,这为用不同面料镶拼的手法丰富夹克衫的变化提供了方便。在实践中,用于夹克衫的这种镶拼手法主要分两类,一类是同色面料的镶拼;另一类是异色面料的镶拼。如果运用同色面料镶拼设计夹克衫,要注意使不同面料之间的风格相协调而肌理对比较强。如果运用异色面料镶拼设计夹克衫,则还要注意使不同面料之间的色彩相互协调。

除了镶拼手法以外,夹克衫的款式变化也比较多。夹克衫的基本外形为方形,衣底边向内收紧。在夹克衫的设计中一般对其正身的造型改变不多,主要运用不同的分割手法和口袋造型使其产生结构变化,而将设计的重点放在领和袖的造型变化中。翻领、驳翻领、立领和连帽领都是夹克衫常用的领型。夹克衫的袖一般都是平装袖,由一片袖片组成,具有平整、宽松的特征,而这些特点也正适合夹克衫的整体风格。夹克衫的袖口常常采用与正身相呼应的手法向内收紧,而袖身的变化则主要表现在对袖窿线的改变和对袖身的装饰。

 ## 7.1　翻领夹克

翻领、插肩袖和拉链是夹克中最普通、最常见的元素,正是这些元素构成了夹克最基本的风格特征,那就是轻松、方便与休闲。

一、款式图

翻领夹克的款式图如图 7-1 所示。

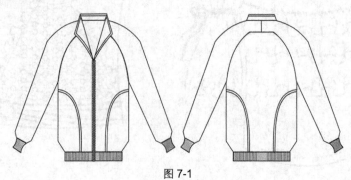

图 7-1

二、款式图绘制方法

1. 设置图纸、原点、绘制直线框图：设置图纸为 A4 图纸、横向摆放，绘图单位为 cm，绘图比例为 1∶5。将原点设置在图纸左侧上部适当位置。单击手绘工具 ✎，参考图中数据，绘制一半款式图的直线框图（如图 7-2 所示）。

2. 调整相关曲线：单击形状工具 ⚫，分别选中袖口图形侧边线、袖子插肩线和衣片插肩线，单击交互式属性栏的转换直线为曲线图标 ⌒，将其分别转换为曲线。将鼠标指针按在曲线上，然后拖动鼠标，使其分别弯曲为所需造型（如图 7-3 所示）。

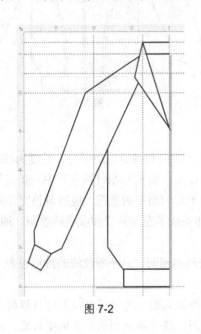
图 7-2

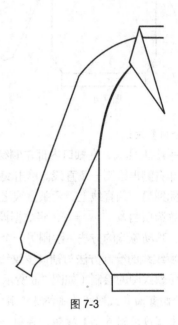
图 7-3

3. 图形完整化：单击挑选工具 ▨，框选一半图形。通过【变换】对话框的【大小】选项，单击【应用到再制】按钮，再制一个一半图形。单击交互式属性栏的水平翻转图标 ⬓，将其水平翻转，并将其水平向右拖动，使其与左侧图形拼接对齐。

单击挑选工具 ▨，选中左右下摆。单击交互式属性栏的结合图标 ⬚，将其结合为一个图形。单击形状工具 ⚫，分别选中下摆中线处未连接的两处节点，单击交互式属性栏的连接两个节点图标 ⇥⇤，使其成为封闭图形。

参考上述方法，单击挑选工具 ▨ 和形状工具 ⚫，将领子也修改为封闭图形（如图 7-4 所示）。

4. 绘制拉链、拼接线和双线。

单击矩形工具 ▢，在衣片中心线处绘制内外两个竖向矩形，其高度为门襟高度。宽度分别为 2cm 和 1cm，作为门襟和拉链缝合线，并将缝合线设置为虚线。

单击矩形工具 ▢，在门襟上部绘制一个宽度为 1cm、高度为 0.3cm 的矩形。再绘制一个宽度为 0.5cm、高度为 0.3cm 的矩形，将其放置在第一个矩形的中间下方，形成一组拉链组合 ⬒。单击挑选工具 ▨，选中拉链组，将其群组。通过【变换】对话框的【位置】选项，设置垂直数值为 −0.6cm。连续单击【应用到再制】按钮若干次，使拉链组排满整个门襟。

单击手绘工具 ✎ 和形状工具 ⚫，绘制领子双线和衣片拼接线及其双线（如图 7-5 所示）。

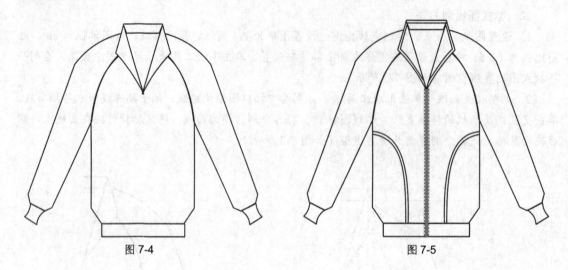

图 7-4　　　　　　　　　　　　　　　　图 7-5

5．绘制罗纹线。

单击手绘工具 ，在袖口内部左侧绘制一条直线，方向与袖口边线平行，长度为袖口宽度。在袖口内部右侧再绘制一条直线。单击交互式调和工具 ，将鼠标指针按在其中一条直线上，然后拖动鼠标到另一条直线上，两条直线之间会出现若干均匀渐变的直线，通过调整交互式属性栏的调和步数选项 20 ，将数据设置为 10，即完成了左侧袖口罗纹线的绘制。通过再制、水平翻转、移动位置的方法，绘制另一个袖口罗纹。

下摆罗纹线的绘制方法与袖口罗纹线的绘制方法基本相同，只是罗纹线的数量较多。这样即完成了正面款式图的绘制（如图 7-6 所示）。

6．绘制背面款式图：单击挑选工具 ，框选正面款式图。通过【变换】对话框的【大小】选项，单击【应用到再制】按钮，再制一个正面款式图，将其拖动到图纸右侧空白处。分别选中并删除前领、门襟、扣子、口袋、拼接线等属于前片的部件图形。

单击形状工具 ，调整后领口造型。单击手绘工具 ，绘制后片插肩线及其双线明线。这样即完成了背面款式图的绘制（如图 7-7 所示）。

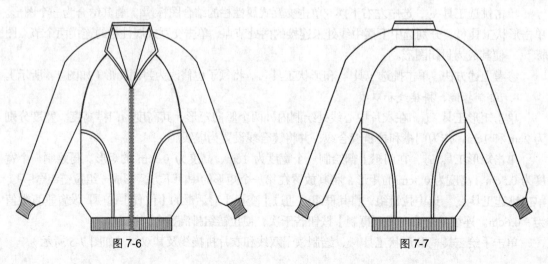

图 7-6　　　　　　　　　　　　　　　　图 7-7

7.2　翻领拼色夹克

平装袖也是夹克中常见的袖型。在普通的夹克中利用与大身不同肌理或不同色彩的材料作局部拼接，能使平淡的款式产生生动活泼的变化。

一、款式图

翻领拼色夹克的款式图如图 7-8 所示。

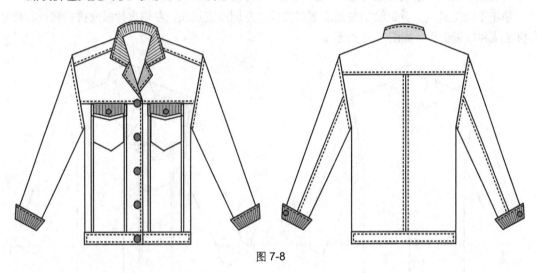

图 7-8

二、款式图绘制方法

1. 设置图纸、原点、绘制直线框图：设置图纸为 A4 图纸、横向摆放，绘图单位为 cm，绘图比例为 1∶5。将原点设置在图纸左侧上部适当位置。单击手绘工具，参考图中数据，绘制一半款式图的直线框图（如图 7-9 所示）。

2. 图形完整化：单击挑选工具，框选这一半图形。通过【变换】对话框的【大小】选项，单击【应用到再制】按钮，再制一个一半图形。单击交互式属性栏的水平翻转图标，将其水平翻转，并将其水平向右拖动，使其与左侧图形拼接对齐。单击手绘工具，接着左侧领子右下角绘制垂直门襟线。

单击挑选工具，选中左右领子。单击交互式属性栏的结合图标，将其结合为一个图形。单击形状工具，分别选中后领线上的上下两处未连接的节点。单击交互式属性栏的连接两个节点图标，使其成为封闭图形，同时删除结合处的两个节点。

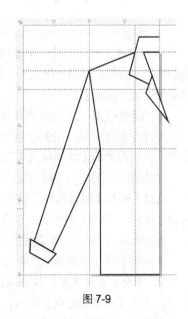

图 7-9

单击形状工具，分别选中后领口线，将其转换为曲线，并弯曲为所需造型（如图 7-10

所示）。

3. 绘制左侧罗纹、拼接线、口袋。

单击手绘工具 ，在袖口内部左侧绘制一条直线，方向与袖口边线平行，长度为袖口宽度，再在袖口内部右侧绘制一条直线，然后单击交互式调和工具，将鼠标指针按在其中一条直线上，拖动鼠标到另一条直线上，两条直线之间会出现若干均匀渐变的直线，通过调整交互式属性栏的调和步数选项 20 ，将数据设置为 10，即完成了左侧袖口罗纹线的绘制。

领子罗纹线的绘制方法与袖口罗纹线的绘制方法相同，只是后领和前领是分别绘制。

口袋盖罗纹线的绘制方法与袖口罗纹线的绘制方法相同。

单击手绘工具 ，分别绘制左侧肩部拼接线、左侧袖窿双线、左侧衣片横向拼接线、衣片竖向拼接线和口袋造型（如图 7-11 所示）。

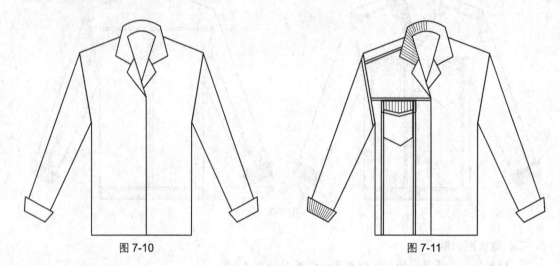

图 7-10   图 7-11

4. 绘制右侧罗纹、拼接线、口袋、明线、门襟、扣子及衣片下摆。

单击挑选工具 ，选中刚才绘制的所有图形。通过【变换】对话框的【大小】选项，单击【应用到再制】按钮，再制一组图形。单击交互式属性栏的水平翻转图标，将其水平翻转，并将其移动到右侧相应位置。

单击手绘工具 ，绘制衣片下摆造型，并为其填充白色。

单击手绘工具 ，分别绘制拼接线、领子外口线、袖口线、门襟线及下摆线的缝合明线。通过交互式属性栏的【轮廓样式】选项，将所有明线设置为虚线。

单击椭圆工具 ，在门襟上部绘制一个直径为 2cm 的门襟扣子。单击挑选工具 ，选中扣子。通过【变换】对话框的【位置】选项，设置垂直数值为 –10cm 左右。连续单击 4 次【应用到再制】按钮，再制 4 个扣子，并将它们均匀分布在门襟上。

单击椭圆工具 ，在袋盖上绘制直径为 1cm 的扣子，通过再制、移动绘制另一个袋盖扣子。这样即完成了正面款式图的绘制（如图 7-12 所示）。

5. 绘制背面款式图：单击挑选工具 ，框选正面款式图。通过【变换】对话框的【大小】选项，单击【应用到再制】按钮，再制一个正面款式图，将其拖动到图纸右侧空白处。分别选中并删除前领、门襟、肩部拼接线、口袋等属于前片的部件图形。单击手绘工具 ，绘制后片拼接线和袖子拼接线。

单击椭圆工具 ◯，在袖口上绘制直径为 1cm 的扣子。通过再制、移动绘制另一个袖口扣子。

单击手绘工具 ✎ 和形状工具 ⬍，重新绘制后领造型。这样即完成了背面款式图的绘制（如图7-13 所示）。

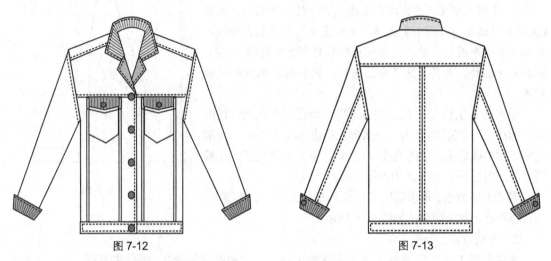

图 7-12   图 7-13

7.3 立翻领夹克

立翻领是一种既可以立起又可以翻摊的领型，这种领型不仅增强了领子的功能，还丰富了领子的变化。

一、款式图

立翻领夹克的款式图如图 7-14 所示。

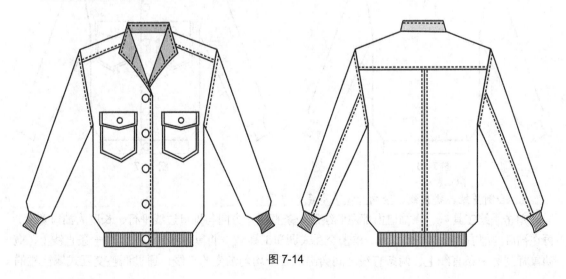

图 7-14

二、款式图绘制方法

1. 设置图纸、原点、绘制直线框图：设置图纸为 A4 图纸、横向摆放，绘图单位为 cm，绘图比例为 1∶5。将原点设置在图纸左侧上部适当位置。单击手绘工具，参考图中数据，绘制一半款式图的直线框图（如图 7-15 所示）。

2. 图形完整化：单击挑选工具，框选一半图形。通过【变换】对话框的【大小】选项，单击【应用到再制】按钮，再制一个一半图形。单击交互式属性栏的水平翻转图标，将其水平翻转，并将其水平向右拖动，使其与左侧图形拼接对齐。

单击挑选工具，选中左右下摆。单击交互式属性栏的结合图标，将其结合为一个图形。单击形状工具，分别选中下摆中线处未连接的两处节点，单击交互式属性栏的连接两个节点图标，使其成为封闭图形。

参考上述方法，单击挑选工具和形状工具，将领子、袖口也修改为封闭图形（如图 7-16 所示）。

3. 绘制门襟、扣子、口袋。

单击矩形工具、形状工具和手绘工具，绘制口袋和袋盖，并绘制双线。

单击手绘工具，接着左侧领子下端点绘制一条竖向直线作为门襟线。

单击椭圆工具，绘制直径为 2cm 的门襟扣子，再制 4 个，将其均匀分布在门襟线左侧的衣片中心线上。绘制左右两个直径为 1cm 的袋盖扣子（如图 7-17 所示）。

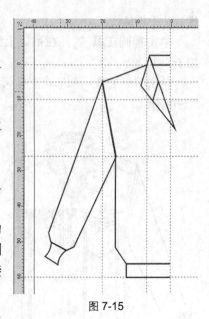

图 7-15

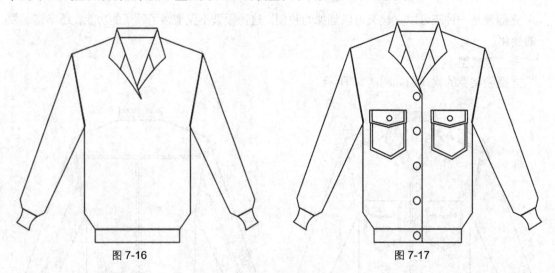

图 7-16　　　　　　　　　　　　　图 7-17

4. 绘制罗纹、拼接线、竖向、填充颜色。

单击手绘工具，在袖口内部左侧绘制一条直线，方向与袖口边线平行，长度为袖口宽度，再在袖口内部右侧绘制一条直线，单击交互式调和工具，将鼠标指针按在其中一条直线上，拖动鼠标到另一条直线上，两条直线之间会出现若干均匀渐变的直线，通过调整交互式属性栏的

调和步数选项 ![20] ，将数据设置为 10，即完成了左侧袖口罗纹线的绘制。通过再制、水平翻转、移动位置的方法，绘制另一个袖口罗纹。

　　下摆罗纹线的绘制方法与袖口罗纹线的绘制方法基本相同，只是罗纹线的数量较多。

　　单击手绘工具 ![手绘]，绘制肩部拼接线及其明线、领子外口明线、袖窿明线和门襟明线，并将这些缝合线设置为虚线。

　　单击挑选工具 ![挑选]，分别选中领子、袖口和下摆，为它们填充灰色（如图 7-18 所示）。

　　5．绘制背面款式图：单击挑选工具 ![挑选]，框选正面款式图。通过【变换】对话框的【大小】选项，单击【应用到再制】按钮，再制一个正面款式图，并将其拖动到图纸右侧空白处。分别选中并删除前领、门襟、扣子、口袋、拼接线等属于前片的部件图形。

　　单击形状工具 ![形状]，调整后领口造型。单击手绘工具 ![手绘]，绘制后片拼接线及其虚线明线。这样即完成了背面款式图的绘制（如图 7-19 所示）。

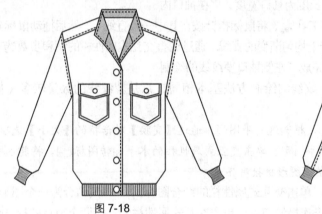

图 7-18

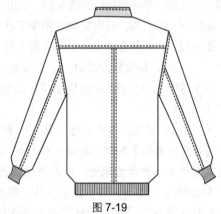

图 7-19

7.4　中式立领夹克

　　中式立领具有端庄典雅的审美效果。将中式立领应用于夹克中能给原本十分阳刚的夹克带来几分妩媚。如果能采用风格适当的花布则效果更好。

　　一、款式图

　　中式立领夹克的款式图如图 7-20 所示。

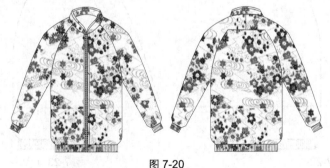

图 7-20

二、款式图绘制方法

1. 设置图纸、原点、绘制直线框图：设置图纸为 A4 图纸、横向摆放，绘图单位为 cm，绘图比例为 1：5。将原点设置在图纸左侧上部适当位置。单击手绘工具 ✎，参考图中数据，绘制一半款式图的直线框图（如图 7-21 所示）。

2. 调整相关曲线、绘制罗纹线。

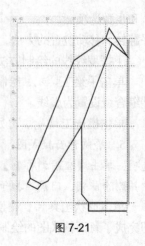

图 7-21

利用形状工具 ✎，选中领子图形。单击交互式属性栏的转换直线为曲线图标 ✐，将其整体转换为曲线。将鼠标指针按在领口线上，拖动鼠标使其弯曲为所需造型。利用同样的方法，将袖子、衣片转换为曲线，并弯曲为所需造型。

袖口罗纹线的绘制方法是，单击手绘工具 ✎，在袖口内部左侧绘制一条直线，方向与袖口边线平行，长度为袖口宽度，再在袖口内部右侧绘制一条直线，利用交互式调和工具 ✎，将鼠标指针按在其中一条直线上，然后拖动鼠标到另一条直线上，两条直线之间会出现若干均匀渐变的直线。通过调整交互式属性栏的调和步数选项 ⬚20 ▼，将数据设置为 10，即完成了左侧袖口罗纹线的绘制。

下摆罗纹线的绘制方法与袖口罗纹线的绘制方法基本相同，只是罗纹线的数量较多（如图 7-22 所示）。

3. 图形完整化：单击挑选工具 ✎，框选这一半图形。通过【变换】对话框的【大小】选项，单击【应用到再制】按钮，再制一个一半图形。单击交互式属性栏的水平翻转图标 ⬚，将其水平翻转，并将其水平向右拖动，使其与左侧图形拼接对齐。

单击挑选工具 ✎，选中左右衣片。单击交互式属性栏的结合图标 ⬚，将其结合为一个图形。单击形状工具 ✎，分别选中前领点处未连接的节点。单击交互式属性栏的连接两个节点图标 ✎，使其成为封闭图形。

单击挑选工具 ✎，选中左右下摆。单击交互式属性栏的结合图标 ⬚，将其结合为一个图形。单击形状工具 ✎，分别选中下摆中线处未连接的两处节点。单击交互式属性栏的连接两个节点图标 ✎，使其成为封闭图形。

单击手绘工具 ✎ 和形状工具 ✎，绘制封闭的后领子，并绘制前后领子的双线造型（如图 7-23 所示）。

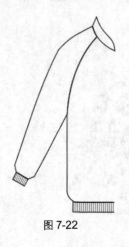

图 7-22

图 7-23

4. 绘制门襟和拉链：单击矩形工具 ▭ ，在衣片中心线处绘制内外两个竖向矩形，其高度为门襟高度，宽度分别为 2cm 和 1cm，作为门襟缝和拉链合线。

单击矩形工具 ▭ ，在门襟上部绘制一个宽度为 1cm、高度为 0.3cm 的矩形。再绘制一个宽度为 0.5cm、高度为 0.3cm 的矩形。将其放置在第一个矩形的中间下方，形成一组拉链组合 ⊟ 。单击挑选工具 ▯ ，选中拉链组，将其群组。通过【变换】对话框的【位置】选项，设置垂直数值为 −0.6cm。连续单击【应用到再制】按钮若干次，使拉链组排满整个门襟。这样即完成了正面款式图的绘制（如图 7-24 所示）。

5. 填充图案：单击挑选工具 ▯ ，选中整个图形。打开【对象属性】对话框，单击填充选项下的【向量图样填充】选项（如图 7-25 所示）。

图 7-24

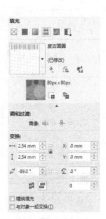

图 7-25

单击 · 按钮，打开【向量图样填充】对话框（如图 7-26 所示）。

单击【个人】按钮，再单击【浏览】按钮，通过打开的文件选择对话框，选择已经保存的适当的位图文件，单击【确定】按钮，这个位图文件就会装入编辑器中。通过调整大小等，单击【确定】按钮，再单击【应用】按钮。一个适当的位图就充满了服装图形。如果大小、方向不合适，可以重新调整，直至满意为止（如图 7-27 所示）。

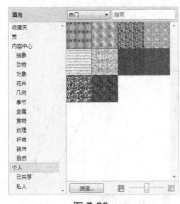

图 7-26

图 7-27

6. 绘制背面款式图：单击挑选工具，框选正面款式图。通过【变换】对话框的【大小】选项，单击【应用到再制】按钮，再制一个正面款式图，将其拖动到图纸右侧空白处。分别选中并删除前领、门襟、拉链等属于前片的部件图形。

单击手绘工具和形状工具，调整后领造型和插肩袖造型，并绘制两片插肩袖缝合线等。这样即完成了背面款式图的绘制（如图 7-28 所示）。

7. 背面款式图填充图案：背面款式图的填充方法与正面款式图的填充方法相同，这里不再赘述（如图 7-29 所示）。

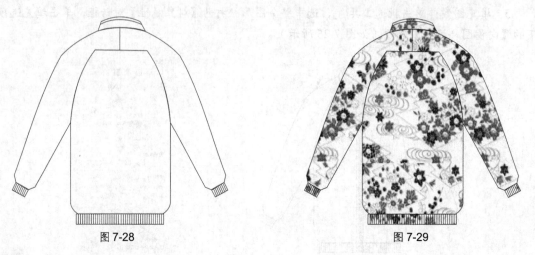

图 7-28　　　　　　　　　　　　　　　　　图 7-29

 ## 7.5　罗纹立领夹克

用针织罗纹材料做成的领子也能产生与中式立领类似的审美效果。由于罗纹与大身的面料会产生较大的肌理对比，因此运用这种方法时最好能在袖口和衣边处安排与衣领相同的罗纹材料，使袖口、衣边和领子之间相互呼应，以增强服装的整体感。

一、款式图

螺纹立领克的款式图如图 7-30 所示。

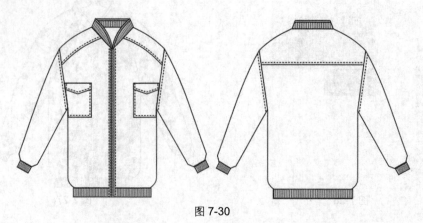

图 7-30

二、款式图绘制方法

1. 设置图纸、原点、绘制直线框图：设置图纸为 A4 图纸、横向摆放，绘图单位为 cm，绘图比例为 1：5。将原点设置在图纸左侧上部适当位置。单击手绘工具，参考图中数据，绘制一半款式图的直线框图（如图 7-31 所示）。

2. 调整相关曲线：单击挑选工具，选中领子图形，再单击形状工具，选中领子图形（有时直接用形状工具很难一次选中，所以要先用挑选工具选中一次，再用形状工具进行选择）。单击交互式属性栏的转换直线为曲线图标，将其整体转换为曲线。将鼠标指针按在领口线上，拖动鼠标使其弯曲为所需造型。利用同样的方法，将袖子、衣片转换为曲线，并弯曲为所需造型（如图 7-32 所示）。

3. 图形完整化：单击挑选工具，框选一半图形。通过【变换】对话框的【大小】选项，单击【应用到再制】按钮，再制一个一半图形。单击交互式属性栏的水平翻转图标，将其水平翻转，并将其水平向右拖动，使其与左侧图形拼接对齐。

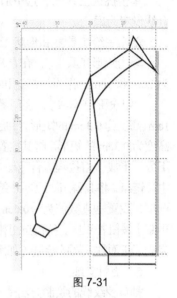

图 7-31

单击挑选工具，选中左右衣片。单击交互式属性栏的结合图标，将其结合为一个图形。单击形状工具，分别选中前领点处未连接的节点。单击交互式属性栏的连接两个节点图标，使其成为封闭图形。

单击挑选工具，选中左右下摆。单击交互式属性栏的结合图标，将其结合为一个图形。单击形状工具，分别选中下摆中线处未连接的两处节点。单击交互式属性栏的连接两个节点图标，使其成为封闭图形。

单击手绘工具和形状工具，绘制封闭的后领子（如图 7-33 所示）。

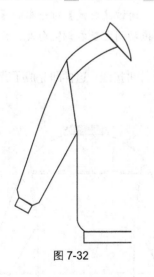

图 7-32

图 7-33

4. 绘制口袋、拉链和缝合明线。

单击矩形工具和手绘工具，绘制口袋和袋盖，并将缝合明线设置为虚线。

单击手绘工具，绘制袖窿缝合线、拉链缝合线，并将缝合线设置为虚线。

单击挑选工具 ↖，选中肩部拼接线，通过再制、移动的方法，绘制拼接线的缝合线，并将缝合线设置为虚线。

单击手绘工具 ↖ 和形状工具 ↖，绘制领子双线。

单击矩形工具 □，在衣片中心线处绘制内外两个竖向矩形，其高度为门襟高度，宽度分别为 2cm 和 1cm，作为门襟缝和拉链缝合线，并将缝合线设置为虚线。

单击矩形工具 □，在门襟上部绘制一个宽度为
1cm、高度为 0.3cm 的矩形，再绘制一个宽度为 0.5cm、高度为 0.3cm 的矩形。将其放置在第一个矩形的中间下方，形成一组拉链组合 ⊏⊐。单击挑选工具 ↖，选中拉链组，将其群组。通过【变换】对话框的【位置】选项，设置垂直数值为 - 0.6cm。连续单击【应用到再制】按钮若干次。使拉链组排满整个门襟。这样即完成了正面款式图的绘制（如图 7-34 所示）。

5. 绘制罗纹。

袖口罗纹线的绘制方法是，单击手绘工具 ↖，在袖口内部左侧绘制一条直线，方向与袖口边线平行，长度为袖口宽度，再在袖口内部右侧绘制一条直线。

图 7-34

单击交互式调和工具 ⬚，将鼠标指针按在其中一条直线上，拖动鼠标到另一条直线上，两条直线之间会出现若干均匀渐变的直线。通过调整交互式属性栏的调和步数选项 ⬚ 20 ⬚，将数据设置为 10，即完成了左侧袖口罗纹线的绘制。再制一个袖口罗纹，将其水平翻转，放置在右侧袖口处。

下摆罗纹线和领子罗纹线的绘制方法与袖口罗纹线的绘制方法基本相同，只是罗纹线的数量较多。这样即完成了正面款式图的绘制（如图 7-35 所示）。

6. 绘制背面款式图：单击挑选工具 ↖，框选正面款式图。通过【变换】对话框的【大小】选项，单击【应用到再制】按钮，再制一个正面款式图，将其拖动到图纸右侧空白处。分别选中并删除前领、门襟、口袋、拉链等属于前片的部件图形。

单击手绘工具 ↖ 和形状工具 ↖，调整后领造型，并绘制后片拼接线。这样即完成了背面款式图的绘制（如图 7-36 所示）。

图 7-35

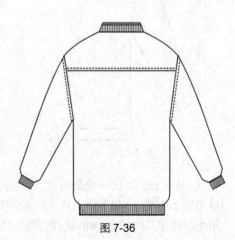

图 7-36

7.6 连帽夹克

将帽子与衣服连在一起不仅有较强的功能性，还具有潇洒、活泼的审美效果，常常用于年轻人的外衣领型设计。夹克的袖子与下摆在结构和工艺处理时要注意相互呼应，当袖口用了松紧带时下摆最好也用同样的松紧带。

一、款式图

连帽夹克的款式图如图 7-37 所示。

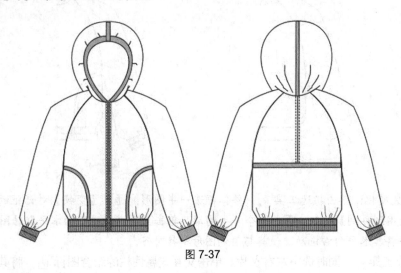

图 7-37

二、款式图绘制方法

1. 设置图纸、原点、绘制直线框图：设置图纸为 A4 图纸、横向摆放，绘图单位为 cm，绘图比例为 1 : 5。将原点设置在图纸左侧上部适当位置。单击手绘工具 ，参考图中数据，绘制一半款式图的直线框图（如图 7-38 所示）。

2. 调整相关曲线。

单击形状工具 ，分别选中帽子图形的各个图形线，单击交互式属性栏的转换直线为曲线图标 ，将其分别转换为曲线。将鼠标指针按在曲线上，拖动鼠标使其分别弯曲为所需造型。利用同样的方法，将袖子和衣片的相关图形线转换为曲线，并弯曲为所需造型（如图 7-39 所示）。

3. 绘制罗纹和衣片下部拼接线。

袖口罗纹线的绘制方法是，单击手绘工具 ，在袖口内部左侧绘制一条直线，方向与袖口边线平行，长度为袖口宽度，再在袖口内部右侧绘制一条直线。单击交互式调和工具 ，将鼠标指针按在其中一条直线上，然后拖动鼠标到另一条直线上，两条直线之间会出现若干均匀渐变的直线。通过调整交互式属性栏的调和步

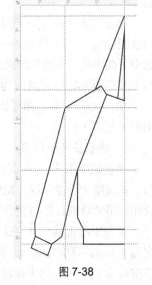

图 7-38

273

数选项 ⬚ 20 ▾▴，将数据设置为 10。即完成了左侧袖口罗纹线的绘制。

下摆罗纹线的绘制方法与袖口罗纹线的绘制方法基本相同，只是罗纹线的数量较多。

单击手绘工具 ✎ 和形状工具 ↖，绘制左侧衣片的拼接线，使其成为封闭图形。

单击手绘工具 ✎，绘制袖口皱褶线、下摆皱褶线和帽子皱褶线（如图 7-40 所示）。

图 7-39 图 7-40

4. 图形完整化：单击挑选工具 ▸，整体框选一半图形。通过【变换】对话框的【大小】选项，单击【应用到再制】按钮，再制一个一半图形。单击交互式属性栏的水平翻转图标 ◰，将其水平翻转，并将其水平向右拖动，使其与左侧图形拼接对齐。

单击挑选工具 ▸，同时选中左右衣片。单击交互式属性栏的结合图标 ⬚，将其结合为一个图形。单击形状工具 ↖，分别选中前领点处未连接的节点。单击交互式属性栏的连接两个节点图标 ⊬，使其成为封闭图形。

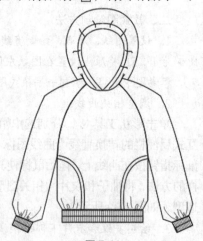

单击挑选工具 ▸，选中左右下摆。单击交互式属性栏的结合图标 ⬚，将其结合为一个图形。单击形状工具 ↖，分别选中下摆中线处未连接的两处节点。单击交互式属性栏的连接两个节点图标 ⊬，使其成为封闭图形。

单击挑选工具 ▸ 和形状工具 ↖，将帽子贴边修改为封闭图形（如图 7-41 所示）。

5. 绘制拉链和门襟。

单击矩形工具 ▢，在衣片中心线处绘制内外两个竖向矩形，其高度为门襟高度，宽度分别为 2cm 和 1cm，作为门襟缝和拉链缝合线，并将缝合线设置为虚线。

图 7-41

单击矩形工具 ▢，在门襟上部绘制一个宽度为 1cm、高度为 0.3cm 的矩形。再绘制一个宽度为 0.5cm、高度为 0.3cm 的矩形，将其放置在第一个矩形的中间下方，形成一组拉链组合 ⬚。单击挑选工具 ▸，选中拉链组，将其群组。通过【变换】对话框的【位置】选项，设置垂直数值

为 - 0.6cm。连续单击【应用到再制】按钮若干次，使拉链组排满整个门襟。

单击矩形工具 □，在帽子顶部中间绘制一个矩形，作为帽子顶部拼接图形。

分别为帽子顶部拼接、帽子贴边、袖口和下摆填充灰色。这样即完成了正面款式图的绘制（如图 7-42 所示）。

6. 绘制背面款式图：单击挑选工具 ，框选正面款式图。通过【变换】对话框的【大小】选项，单击【应用到再制】按钮，再制一个正面款式图，将其拖动到图纸右侧空白处，分别选中并删除前领、门襟、拉链等属于前片的部件图形。

单击手绘工具 和形状工具 ，调整后领口造型，并绘制后片拼接线、帽子皱褶线。这样即完成了背面款式图的绘制（如图 7-43 所示）。

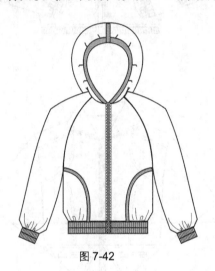
图 7-42

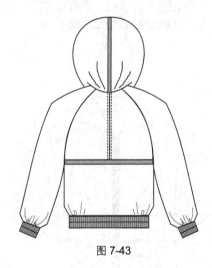
图 7-43

7.7　其他夹克款式图例

其他的夹克款式图例如图 7-44 至图 7-52 所示。有兴趣的读者可以按照这些图例进行练习。

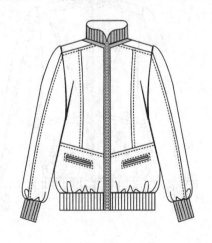
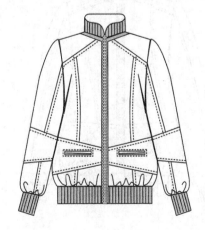
图 7-44

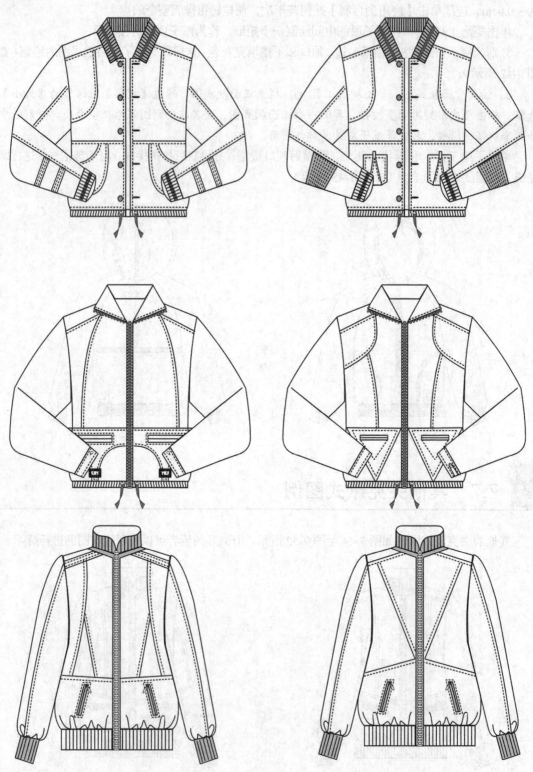

图 7-45

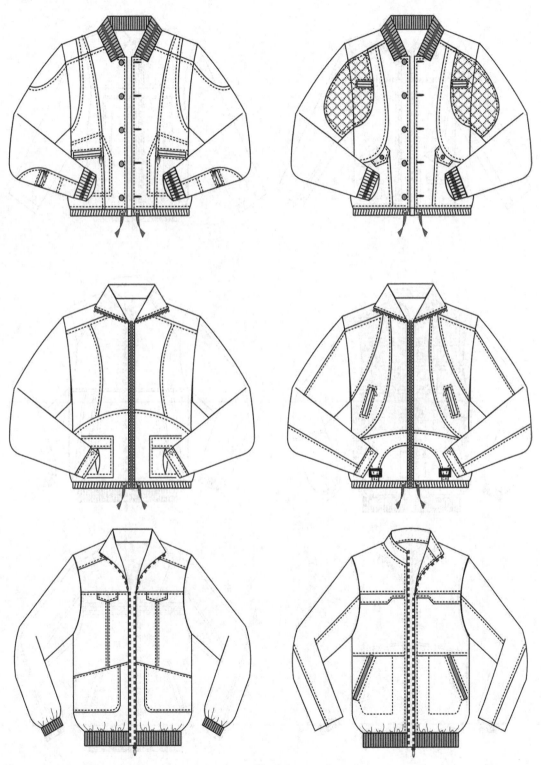

图 7-46

图 7-47

图 7-48

图 7-49

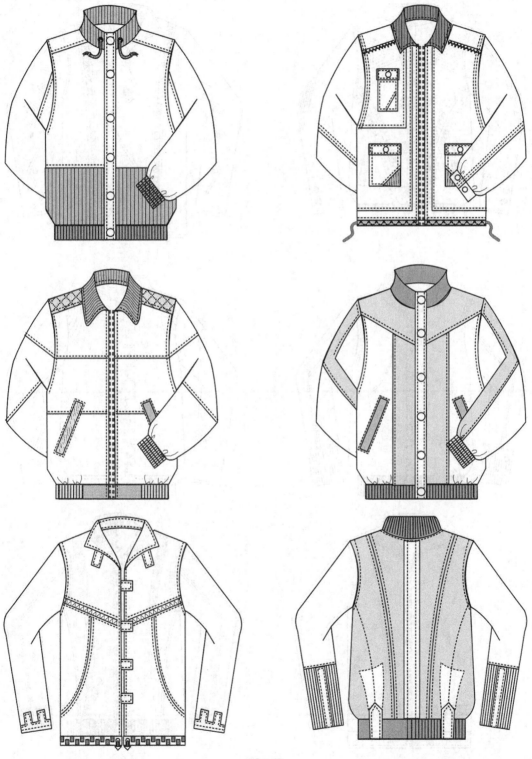

图 7-50

图 7-51

图 7-52

第8章

西装款式设计

西装有广义和狭义两种含义。狭义的西装是指源于欧洲，在社交正式场所中男士们穿用的服装，而广义的西装则是指所有具有西方审美特征的套装。由于狭义的西装款式变化不大，而广义的西装中半截裙和裤的变化已在前面介绍过，因此，这里仅介绍广义中西装上衣的设计。

东西方传统服装最大的不同是对人体表现的不同。人体在东方人的服装中是被隐藏的，而在西方人的服装中，人体是被强调的。因此，具有西方审美特征的西装必然具有与人体十分协调的外形，且这种外形在设计中一般变化不大。西装设计的重点是领、门襟和袖的变化。

其中领的变化最丰富，驳翻领是传统西装的经典领型，驳头的长短、宽窄是驳翻领变化的主要手法。而现在无领、连身立领以及用各种花边、皱褶装饰而成的领都可以用于西装设计。西装的门襟都会从领口直开到衣服的底边，这种门襟叫通开襟。通开襟可以通过搭门的形态、宽窄以及门襟上扣子数目的改变发生变化。由于西装领的一部分常常与门襟连在一起，因此，西装的门襟变化一定要结合领型的变化一起考虑。用于传统西装的袖一般都是圆装袖，由两片袖片组成，具有适体、圆润、饱满的特点，而这些特点也正适合传统西装的整体风格，因此在西装袖的设计中应注意在保持这些特点的基础上对圆装袖的袖山、袖身和袖头进行适当的改变，不要让过分的夸张和装饰破坏西装袖与西装整体风格的协调。除此以外，一切与西装风格相适应的服装装饰工艺，如刺绣、滚边、镶边等也都可以用来妆点西装的变化，使西装在端庄中显得更加妩媚。

 ## 8.1 翻驳领单排扣西装

翻驳领是将驳头与领面一起向外翻摊的领型，这是传统西装，也是狭义西装最典型的领型，因此，也叫西装领。翻驳领单排扣西装是传统西装的基本款式，具有端庄、大方的审美效果，至今仍是男士们社交场所最正统的礼服。

一、款式图

翻驳领单排扣西装的款式图如图 8-1 所示。

二、款式图绘制方法

1. 设置图纸、原点，绘制直线框图：设置图纸为 A4 图纸、横向摆放，绘图单位为 cm，绘图比例为 1∶5。将原点设置在图纸左侧上部适当位置。单击手绘工具，参考图中数据，绘制款式图的直线框图（如图 8-2 所示）。

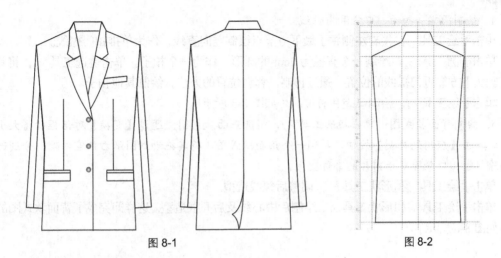

图 8-1　　　　　　　　　　　　　　　　　　　　图 8-2

　　2. 绘制袖子：单击手绘工具 ，绘制左侧袖子和两片袖拼接线。单击挑选工具 ，选中整个袖子图形，通过【变换】对话框的【大小】选项，单击【应用到再制】按钮，再制一个袖子。单击交互式属性栏的水平翻转图标 ，将其水平翻转。单击挑选工具 ，将其移动到右侧相应位置（如图 8-3 所示）。

　　3. 绘制领子：单击手绘工具 ，自左侧肩颈点（领座最高点）开始，按照 1→2→3→4→5→6→7→1 的顺序，绘制连续直线领子框图，并将图形绘制为封闭图形。

　　单击形状工具 ，将驳头外口线和领子外口线调整为所需曲线造型，即完成了左侧领子的绘制。

　　单击挑选工具 ，选中领子图形。通过【变换】对话框的【大小】选项，单击【应用到再制】按钮，再制一个领子。单击交互式属性栏的水平翻转图标 ，将其水平翻转，并将其水平移动到右侧相应位置。

　　单击形状工具 ，在左右领子重叠交点处的右侧领子图形线上分别双击鼠标，增加两个节点。选中这两个节点，单击交互式属性栏的使节点成为尖突图标 。选中右侧领子的最下方节点，删除该节点。选中该段曲线，单击交互式属性栏的转换曲线为直线图标 ，将该段曲线转换为直线。这样就删除了左右领子的重叠部分，即完成了整个领子的绘制（如图 8-4 所示）。

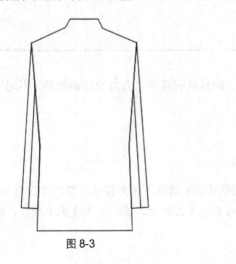

图 8-3

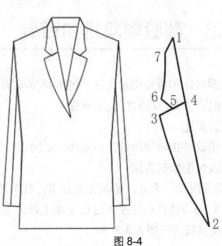

图 8-4

4. 绘制门襟、扣子、口袋和省位线。

单击手绘工具 ，接着左侧领子最下方节点绘制竖向直线，作为单排扣门襟线。

单击椭圆工具 ，绘制一个直径为 2cm 的圆形，作为一个扣子。单击挑选工具 ，将其放置在驳头下方靠近门襟线的位置。通过再制、移动位置的方法，绘制其他扣子。

单击手绘工具 ，绘制口袋和省位线（如图 8-5 所示）。

5. 绘制背面款式图：单击挑选工具 ，框选正面款式图。通过【变换】对话框的【大小】选项，单击【应用到再制】按钮，再制一个正面款式图，将其拖动到图纸右侧空白处。分别选中并删除领子、口袋等属于前片的部件图形。

单击手绘工具 和形状工具 ，调整后领线造型。

单击手绘工具 和形状工具 ，绘制后中心线及后开衩造型。这样即完成了背面款式图的绘制（如图 8-6 所示）。

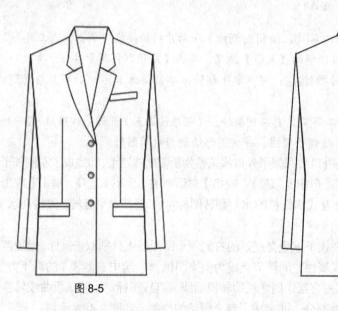

图 8-5

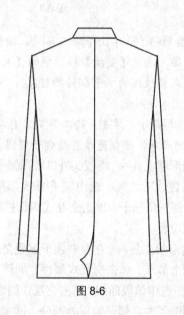

图 8-6

8.2 翻驳领双排扣西装

翻驳领双排扣西装也是传统西装的基本款式，同样具有端庄、大方的审美效果，不同的是前胸部位的扣子呈中心轴对称状态放置。

一、款式图

翻驳领双排扣西装的款式图如图 8-7 所示。

二、款式图绘制方法

1. 设置图纸、原点，绘制直线框图：设置图纸为 A4 图纸、横向摆放，绘图单位为 cm，绘图比例为 1:5。将原点设置在图纸左侧上部适当位置。单击手绘工具 ，参考图中数据，绘制款式图的直线框图（如图 8-8 所示）。

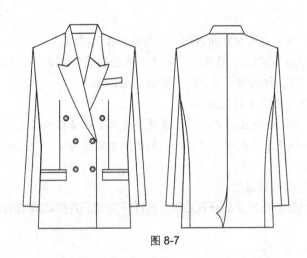

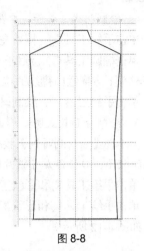

图 8-7

图 8-8

2. 绘制袖子：单击手绘工具，绘制左侧袖子和两片袖拼接线。单击挑选工具，选中整个袖子图形，通过【变换】对话框的【大小】选项，单击【应用到再制】按钮，再制一个袖子。单击交互式属性栏的水平翻转图标，将其水平翻转。单击挑选工具，将其移动到右侧相应位置（如图 8-9 所示）。

3. 绘制领子：单击手绘工具，自左侧肩颈点（领座最高点）开始，按照 1→2→3→4→5→6→7→8→1 的顺序，绘制连续直线领子框图，并将图形绘制为封闭图形。

单击形状工具，将驳头外口线和领子外口线调整为所需造型，即完成了左侧领子的绘制。

单击挑选工具，选中领子图形。通过【变换】对话框的【大小】选项，单击【应用到再制】按钮，再制一个领子。单击交互式属性栏的水平翻转图标，将其水平翻转，并将其水平移动到右侧相应位置。

单击形状工具，在左右领子重叠交点处的右侧领子图形线上分别双击鼠标，增加两个节点。选中这两个节点，单击交互式属性栏的使节点成为尖突图标。选中右侧领子的最下方节点，删除该节点。选中该段曲线，单击交互式属性栏的转换曲线为直线图标，将该段曲线转换为直线。这样就删除了左右领子的重叠部分，即完成了整个领子的绘制（如图 8-10 所示）。

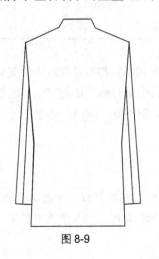

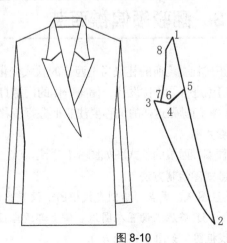

图 8-9

图 8-10

4. 绘制门襟、扣子、口袋和省位线。

单击手绘工具 ，接着左侧领子最下方节点绘制竖向直线，作为双排扣门襟线。

单击椭圆工具 ，绘制一个直径为 2cm 的圆形，作为一个扣子。单击挑选工具 ，将其放置在驳头下方靠近门襟线的位置。通过再制、移动位置的方法，绘制其他扣子。

单击手绘工具 ，绘制口袋和省位线（如图 8-11 所示）。

5. 绘制背面款式图：单击挑选工具 ，框选正面款式图。通过【变换】对话框的【大小】选项，单击【应用到再制】按钮，再制一个正面款式图，将其拖动到图纸右侧空白处。分别选中并删除领子、口袋等属于前片的部件图形。

单击手绘工具 和形状工具 ，调整后领线造型。

单击手绘工具 和形状工具 ，绘制后中心线及后开衩造型。这样即完成了背面款式图的绘制（如图 8-12 所示）。

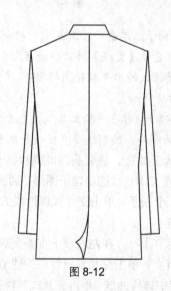

图 8-11　　　　　　　　　　　　　　　图 8-12

8.3　翻驳领偏襟西装

作为正式社交场所的礼服男士西装的款式变化很小，但女式西装却可以有较大的变化。这一款西装的门襟进行了移位设计，偏向一侧的门襟打破了服装的绝对对称，从而产生了比较活泼的审美效果。将门襟做这样的偏移要注意把握好偏移的分寸，太偏不好，偏得不够也不好。

一、款式图

翻驳领偏襟西装的款式图如图 8-13 所示。

二、款式图绘制方法

1. 设置图纸、原点，绘制直线框图：设置图纸为 A4 图纸、横向摆放，绘图单位为 cm，绘图比例为 1：5。将原点设置在图纸左侧上部适当位置。单击手绘工具 ，参考图中数据，绘制款式图的直线框图（如图 8-14 所示）。

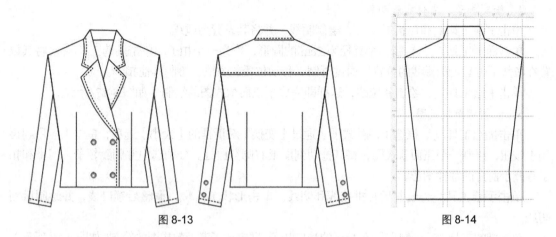

图 8-13 图 8-14

2. 绘制袖子：单击手绘工具，绘制左侧袖子和两片袖拼接线。单击挑选工具，选中整个袖子图形，通过【变换】对话框的【大小】选项，单击【应用到再制】按钮，再制一个袖子。单击交互式属性栏的水平翻转图标，将其水平翻转。单击挑选工具，将其移动到右侧相应位置（如图 8-15 所示）。

3. 绘制领子：单击手绘工具，自左侧肩颈点（领座最高点）开始，按照 1→2→3→4→5→6→7→1 的顺序，绘制连续直线领子框图，并将图形绘制为封闭图形。

单击形状工具，将驳头外口线和领子外口线、调整为所需造型，即完成了左侧领子的绘制。

单击挑选工具，选中领子图形。通过【变换】对话框的【大小】选项，单击【应用到再制】按钮，再制一个领子。单击交互式属性栏的水平翻转图标，将其水平翻转，并将其水平移动到右侧相应位置。

单击形状工具，在左右领子重叠交点处的右侧领子图形线上分别双击鼠标，增加两个节点。选中这两个节点，单击交互式属性栏的使节点成为尖突图标。选中右侧领子的最下方节点，删除该节点。选中该段曲线，单击交互式属性栏的转换曲线为直线图标，将该段曲线转换为直线。这样就删除了左右领子的重叠部分，即完成了整个领子的绘制。

单击手绘工具，绘制后领口线和门襟线（如图 8-16 所示）。

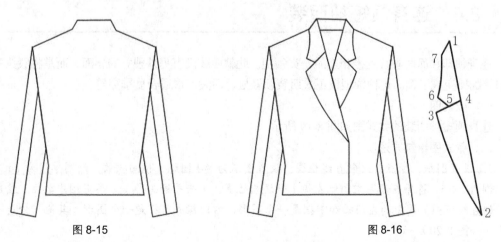

图 8-15 图 8-16

4. 绘制扣子、省位线和明线。

单击手绘工具 和形状工具 ，绘制明线，并将其设置为虚线。

单击椭圆工具 ，绘制一个直径为 2cm 的圆形，作为一个扣子。单击挑选工具 ，将其放置在驳头下方靠近门襟线的位置。通过再制、移动位置的方法，绘制其他扣子。

单击手绘工具 ，绘制省位线，这样即完成了正面款式图的绘制（如图 8-17 所示）。

5. 绘制背面款式图。

单击挑选工具 ，框选正面款式图。通过【变换】对话框的【大小】选项，单击【应用到再制】按钮，再制一个正面款式图，将其拖动到图纸右侧空白处。分别选中并删除领子、门襟和扣子等属于前片的部件图形。

单击手绘工具 ，绘制后片拼接线和明线。单击形状工具 ，调整后领口线，并绘制后领明线。

单击椭圆工具 ，绘制直径为 1cm 的袖口扣子，即完成了背面款式图的绘制（如图 8-18 所示）。

图 8-17

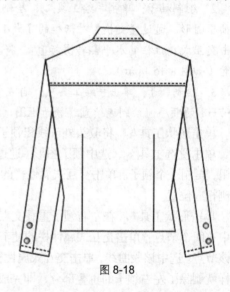

图 8-18

8.4　连身领短袖西装

连身领即领面与衣片直接相连的一类领型。此款西装没有另外独立的领面，而是将驳头夸张后向外翻摊变成了领。这种领型较正式西装领轻松、活泼，很适合夏季穿着。

一、款式图

连身领短袖西装的款式图如图 8-19 所示。

二、款式图绘制方法

1. 设置图纸、原点，绘制直线框图：设置图纸为 A4 图纸、横向摆放，绘图单位为 cm，绘图比例为 1∶5。将原点设置在图纸左侧上部适当位置。单击手绘工具 ，参考图中数据，绘制款式图的直线框图。图中的左门襟和下摆是一个图形，右门襟和下摆是一个图形，其他部分是一个图形（如图 8-20 所示）。

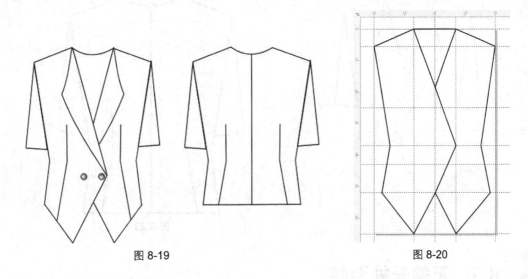

图 8-19　　　　　　　　　　　　　　　　　　图 8-20

2. 绘制袖子、调整领口。

单击手绘工具 ，绘制左侧袖子。单击挑选工具 ，选中左侧袖子图形，通过【变换】对话框的【大小】选项，单击【应用到再制】按钮，再制一个袖子。单击交互式属性栏的水平翻转图标 ，将其水平翻转。单击挑选工具 ，将其移动到右侧相应位置。

单击形状工具 ，选中领口直线，将其转换为曲线，将鼠标指针按在曲线上，然后拖动鼠标使其弯曲为所需造型（如图 8-21 所示）。

3. 绘制领子、扣子及省位线：单击手绘工具 和形状工具 ，绘制左侧领子。单击挑选工具 ，选中左侧领子。通过【变换】对话框的【大小】选项，单击【应用到再制】按钮，再制一个领子。单击水平翻转图标 ，将其水平翻转，并将其移动到右侧相应位置。单击椭圆工具 ，绘制一个直径为 2cm 的圆形，作为一个扣子。通过再制、移动位置的方法，绘制另一个扣子。

单击手绘工具 ，绘制左侧省位线。单击挑选工具 ，选中左侧省位线。通过【变换】对话框的【大小】选项，单击【应用到再制】按钮，再制一个领子。单击水平翻转图标 ，将其水平翻转，并将其移动到右侧相应位置。这样即完成了正面款式图的绘制（如图 8-22 所示）。

4. 绘制背面款式图。

图 8-21

单击挑选工具 ，框选正面款式图。通过【变换】对话框的【大小】选项，单击【应用到再制】按钮，再制一个正面款式图，将其拖动到图纸右侧空白处。分别选中并删除门襟、领子、下摆和扣子等属于前片的部件图形。

单击手绘工具 ，绘制后片中心线。这样即完成了背面款式图的绘制（如图 8-23 所示）。

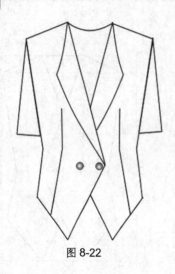

图 8-22

图 8-23

 8.5　无领长袖西装

无领西装具有简洁、优雅和休闲的审美特征。受现代服装流行趋势的影响，近几年无领西装受到许多女士们的喜爱。

一、款式图

无领长袖西装的款式图如图 8-24 所示。

二、款式图绘制方法

1. 设置图纸、原点，绘制直线框图：设置图纸为 A4 图纸、横向摆放，绘图单位为 cm，绘图比例为 1 : 5。将原点设置在图纸左侧上部适当位置。单击手绘工具 ，参考图中数据，绘制款式图的直线框图（如图 8-25 所示）。

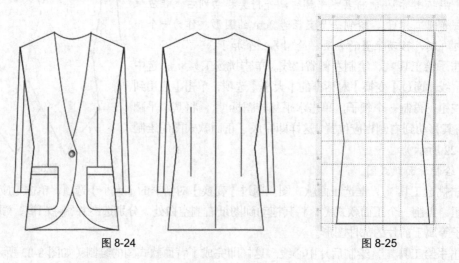

图 8-24

图 8-25

2. 绘制袖子、调整领口。

单击手绘工具 ，绘制左侧袖子和两片袖拼接线。单击挑选工具 ，选中整个袖子图形，通过【变换】对话框的【大小】选项，单击【应用到再制】按钮，再制一个袖子。单击交互式属性栏的水平翻转图标，将其水平翻转。单击挑选工具，将其移动到右侧相应位置。

单击形状工具，选中领口直线，将其转换为曲线，将鼠标指针按在曲线上，拖动鼠标使其弯曲为所需造型（如图 8-26 所示）。

3. 绘制门襟和扣子：单击手绘工具和形状工具，绘制门襟。单击椭圆工具，绘制一个直径为 2cm 的圆形作为扣子，将其放置在相应位置（如图 8-27 所示）。

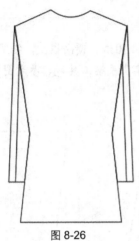
图 8-26

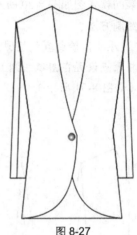
图 8-27

4. 绘制口袋和省位线：单击手绘工具和形状工具，绘制口袋、袋盖和省位线。这样即完成了正面款式图的绘制（如图 8-28 所示）。

5. 绘制背面款式图。

单击挑选工具，框选正面款式图。通过【变换】对话框的【大小】选项，单击【应用到再制】按钮，再制一个正面款式图，将其拖动到图纸右侧空白处。分别选中并删除门襟、下摆、扣子和省位线等属于前片的部件图形。

单击手绘工具，绘制后片中心线和后片省位线。这样即完成了背面款式图的绘制（如图 8-29 所示）。

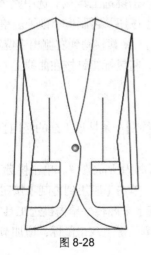
图 8-28

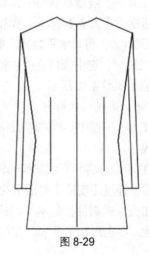
图 8-29

8.6 无领短袖西装

这是一款夏季常见的西装，无领短袖但仍然具有西装的外形和端庄、大方的审美效果。

一、款式图

无领短袖西装的款式图如图 8-30 所示。

二、款式图绘制方法

1. 设置图纸、原点，绘制直线框图：设置图纸为 A4 图纸、横向摆放，绘图单位为 cm，绘图比例为 1 : 5。将原点设置在图纸左侧上部适当位置。单击手绘工具 ，参考图中数据，绘制款式图的直线框图（如图 8-31 所示）。

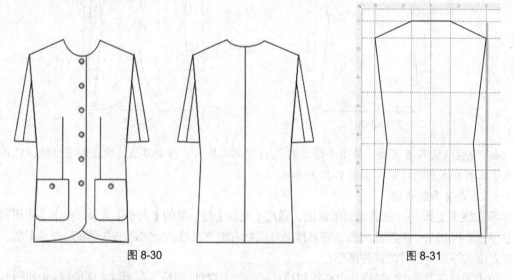

图 8-30　　　　　　　　　　　　　　　　　　　图 8-31

2. 绘制袖子、调整领口。

单击手绘工具 ，绘制左侧袖子和两片袖拼接线。单击挑选工具 ，选中整个袖子图形，通过【变换】对话框的【大小】选项，单击【应用到再制】按钮，再制一个袖子。单击交互式属性栏的水平翻转图标 ，将其水平翻转。单击挑选工具 ，将其移动到右侧相应位置。

单击形状工具 ，选中领口直线，将其转换为曲线，将鼠标指针按在曲线上，拖动鼠标使其弯曲为所需造型（如图 8-32 所示）。

3. 绘制门襟、曲线下摆和扣子。

单击手绘工具 ，在中心线右侧 2cm 位置的领口处绘制一条接近下摆的竖向直线，接着向左下角绘制斜直线。

单击形状工具 ，将斜直线转换为曲线，并将其弯曲为所需造型。单击挑选工具 ，选中门襟和下摆图形，通过【变换】对话框的【大小】选项，单击【应用到再制】按钮，再制一个门襟和下摆。单击交互式属性栏的水平翻转图标 ，将其水平翻转。单击挑选工具 ，将其移动到右侧相应位置。单击形状工具 ，在门襟交叉点的右侧门襟上双击鼠标，增加节点。选中交叉点上部的两个节点，将其删除，只留下曲线下摆。

　　单击椭圆工具 ○，在中心线上领口处绘制一个直径为 2cm 的圆形，作为一个扣子。通过再制、移动位置的方法，绘制其他扣子（如图 8-33 所示）。

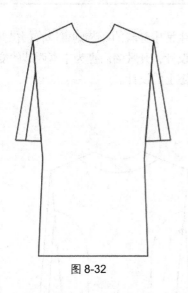

图 8-32

图 8-33

　　4. 绘制口袋和省位线：单击手绘工具 ✎ 和形状工具 ✎，绘制口袋、口袋扣子和省位线。这样即完成了正面款式图的绘制（如图 8-34 所示）。

　　5. 绘制背面款式图：单击挑选工具 ✎，框选正面款式图。通过【变换】对话框的【大小】选项，单击【应用到再制】按钮，再制一个正面款式图，将其拖动到图纸右侧空白处。分别选中并删除口袋、扣子和门襟等属于前片的部件图形。

　　单击形状工具 ✎，调整后领线造型。

　　单击手绘工具 ✎，绘制后片中心线。这样即完成了背面款式图的绘制（如图 8-35 所示）。

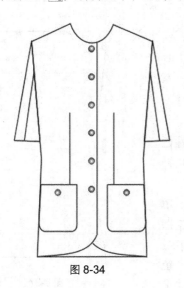

图 8-34

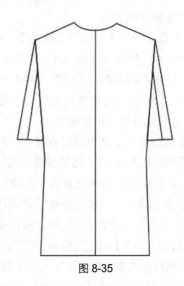

图 8-35

8.7　香蕉领开襟西装

作为礼服的西装门襟一般不能开敞，但作为日常生活中穿着的西装则可以将门襟开敞。利用这一着装特征，在设计日常西装时可以将门襟作开敞设计，开敞的门襟为丰富西装的变化提供了方便。这是一款将香蕉形领面安置在开敞了的西装门襟上的设计。

一、款式图

香蕉领开襟西装的款式图如图 8-36 所示。

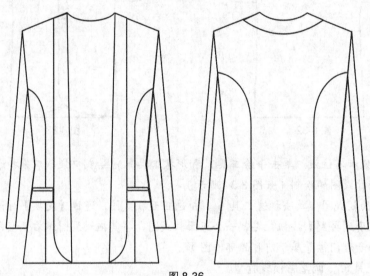

图 8-36

二、款式图绘制方法

1. 设置图纸、原点，绘制直线框图：设置图纸为 A4 图纸、横向摆放，绘图单位为 cm，绘图比例为 1：5。将原点设置在图纸左侧上部适当位置。单击手绘工具 ，参考图中数据，绘制款式图的直线框图（如图 8-37 所示）。

2. 调整领口曲线、绘制袖子。

单击形状工具 ，选中领口直线，单击交互式属性栏的转换直线为曲线图标 ，将其转换为曲线。将鼠标指针按在曲线上，拖动鼠标使其弯曲为所需造型。

单击手绘工具 ，绘制左侧袖子和两片袖拼接线。单击挑选工具 ，选中整个袖子图形，通过【变换】对话框的【大小】选项，单击【应用到再制】按钮，再制一个袖子。单击交互式属性栏的水平翻转图标 ，将其水平翻转。单击挑选工具 ，将其移动到右侧相应位置（如图 8-38 所示）。

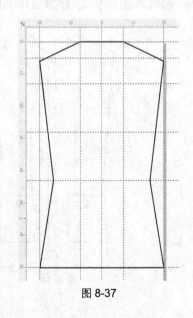

图 8-37

3. 绘制领子：单击手绘工具 和形状工具 ，绘制左侧领子，并将领子图形绘制为封闭图形。通过【变换】对话框的【大小】选项，单击【应用到再制】按钮，再制一个领子。单击交互式属性栏的水平翻转图标 ，将其水平翻转，并将其移动到右侧相应位置（如图 8-39 所示）。

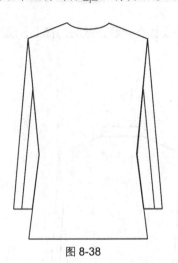
图 8-38

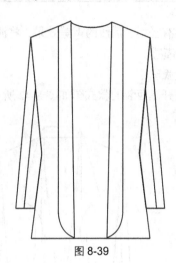
图 8-39

4. 绘制分割线和口袋。

单击手绘工具 和形状工具 ，绘制左侧衣片分割线。单击手绘工具 ，绘制口袋图形。单击挑选工具 ，选中分割线和口袋图形。通过【变换】对话框的【大小】选项，单击【应用到再制】按钮，再制一个分割线和口袋。单击交互式属性栏的水平翻转图标 ，将其水平翻转，并将其移动到右侧相应位置。这样即完成了正面款式图的绘制（如图 8-40 所示）。

5. 绘制背面款式图：单击挑选工具 ，框选正面款式图。通过【变换】对话框的【大小】选项，单击【应用到再制】按钮，再制一个正面款式图，将其拖动到图纸右侧空白处。分别选中并删除领子、口袋等属于前片的部件图形。

单击手绘工具 和形状工具 ，绘制后片分割线。

单击手绘工具 和形状工具 ，绘制后领造型。这样即完成了背面款式图的绘制（如图 8-41 所示）。

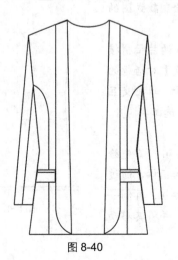
图 8-40

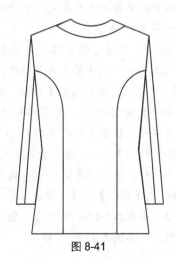
图 8-41

8.8 波浪领开襟西装

波浪具有轻柔、活泼的审美效果，将波浪形的领面安置在西装开敞的门襟上，能缓和西装的严肃感和拘谨感。

一、款式图

波浪领开襟西装的款式图如图 8-42 所示。

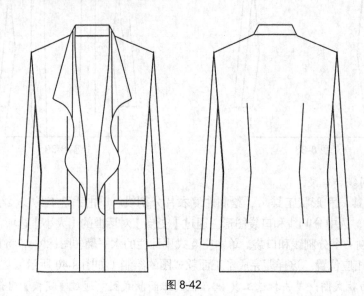

图 8-42

二、款式图绘制方法

1. 设置图纸、原点，绘制直线框图：设置图纸为 A4 图纸、横向摆放，绘图单位为 cm，绘图比例为 1：5。将原点设置在图纸左侧上部适当位置。单击手绘工具 ⚘，参考图中数据，绘制款式图的直线框图（如图 8-43 所示）。

2. 绘制袖子：单击手绘工具 ⚘，绘制左侧袖子和两片袖拼接线。单击挑选工具 ▨，选中整个袖子图形，通过【变换】对话框的【大小】选项，单击【应用到再制】按钮，再制一个袖子。单击交互式属性栏的水平翻转图标 ▫，将其水平翻转。单击挑选工具 ▨，将其移动到右侧相应位置（如图 8-44 所示）。

3. 绘制领子和门襟：单击手绘工具 ⚘ 和形状工具 ▸，首先绘制左侧领子和门襟。单击挑选工具 ▨，选中左侧领子和门襟，通过【变换】对话框的【大小】选项，单击【应用到再制】按钮，再制一个领子和门襟。单击水平翻转图标 ▫，将其水平翻转，并将其移动到右侧相应位置（如图 8-45 所示）。

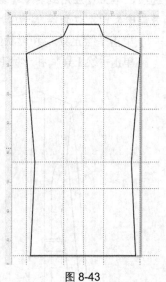

图 8-43

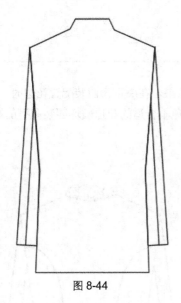

图 8-44

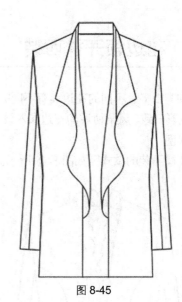

图 8-45

4. 绘制口袋和省位线：单击矩形工具 □，绘制左侧口袋图形。单击手绘工具 ✎，绘制左侧口袋双线和省位线。单击挑选工具 ➤，同时选中左侧口袋和省位线，再制一个口袋和省位线。将其水平翻转，并将其移动到右侧相应位置。这样即完成了正面款式图的绘制（如图 8-46 所示）。

5. 绘制背面款式图：单击挑选工具 ➤，框选正面款式图。通过【变换】对话框的【大小】选项，单击【应用到再制】按钮，再制一个正面款式图，将其拖动到图纸右侧空白处。分别选中并删除领子、口袋和门襟等属于前片的部件图形。

单击手绘工具 ✎ 和形状工具 ✎，调整后领线造型。

单击手绘工具 ✎ 和形状工具 ✎，绘制后片省位线。这样即完成了背面款式图的绘制（如图 8-47 所示）。

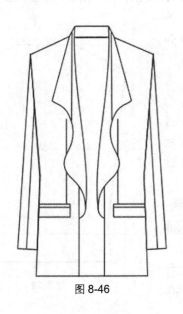

图 8-46

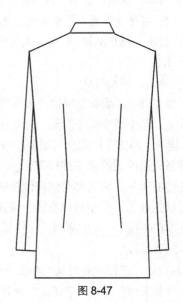

图 8-47

8.9 花边领开襟西装

花边的种类很多，不同的花边具有不同的审美效果。在决定为西装配置花边时，要注意选择与西装大身色彩一致、风格协调的花边参入设计，以免不合适的花边破坏西装应有的端庄与大方。

一、款式图

花边领开襟西装的款式图如图 8-48 所示。

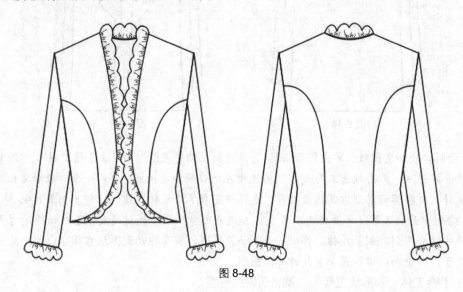

图 8-48

二、款式图绘制方法

1. 设置图纸、原点，绘制直线框图：设置图纸为 A4 图纸、横向摆放，绘图单位为 cm、绘图比例为 1：5。将原点设置在图纸左侧上部适当位置。单击手绘工具，参考图中数据，绘制款式图的直线框图（如图 8-49 所示）。

2. 绘制袖子、调整领口。

单击手绘工具，绘制左侧袖子和两片袖拼接线。单击挑选工具，选中整个袖子图形，通过【变换】对话框的【大小】选项，单击【应用到再制】按钮，再制一个袖子。单击交互式属性栏的水平翻转图标，将其水平翻转。单击挑选工具，将其移动到右侧相应位置。

单击形状工具，选中领口直线，将其转换为曲线，将鼠标指针按在曲线上，然后拖动鼠标使其弯曲为所需造型（如图 8-50 所示）。

3. 绘制门襟、下摆和分割线：单击手绘工具和形状工具，绘制左侧门襟线、下摆线和分割线。单击挑选

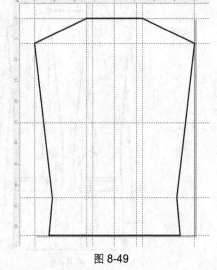

图 8-49

工具 ，选中左侧门襟线、下摆线和分割线图形，通过【变换】对话框的【大小】选项，单击【应用到再制】按钮，再制一组图形。单击交互式属性栏的水平翻转图标 ，将其水平翻转。单击挑选工具 ，将其移动到右侧相应位置（如图 8-51 所示）。

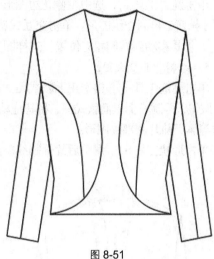

图 8-50　　　　　　　　　　　　　　　图 8-51

4. 绘制门襟、领口和袖口花边。

单击手绘工具 和形状工具 ，绘制与左侧门襟线相吻合的曲线，再绘制与后领口凹凸方向相反的曲线，然后绘制袖口曲线，作为门襟、领口和袖口花边的基础线（如图 8-52 所示）。

单击形状工具 ，在花边基础线上通过双击鼠标，增加若干节点。选中基础线上的所有节点，单击交互式属性栏的使节点成为尖突图标 。分别拖动每一段曲线，使其弯曲为花边形状。

单击挑选工具 ，选中左侧花边图形，通过【变换】对话框的【大小】选项，单击【应用到再制】按钮，再制一组图形。单击交互式属性栏的水平翻转图标 ，将其水平翻转。单击挑选工具 ，将其移动到右侧相应位置（如图 8-53 所示）。

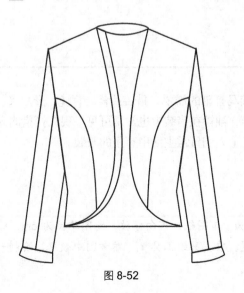

图 8-52　　　　　　　　　　　　　　　图 8-53

单击手绘工具，在一个花边弯曲弧线的部位绘制一组皱褶线，并将其群组。单击挑选工具，选中一组皱褶线，通过再制、缩放大小、旋转方向、移动位置的方法，绘制左侧花边的皱褶线，即完成了左侧花边的绘制。

　　单击挑选工具，选中左侧花边图形，通过【变换】对话框的【大小】选项，单击【应用到再制】按钮，再制一组图形。单击交互式属性栏的水平翻转图标，将其水平翻转。单击挑选工具，将其移动到右侧相应位置。这样即完成了正面款式图的绘制（如图 8-54 所示）。

　　5．绘制背面款式图。

　　单击挑选工具，框选正面款式图。通过【变换】对话框的【大小】选项，单击【应用到再制】按钮，再制一个正面款式图，将其拖动到图纸右侧空白处。分别选中并删除前衣片上的门襟、花边等属于前片的部件图形。

　　单击形状工具，调整后片分割线。这样即完成了背面款式图的绘制（如图 8-55 所示）。

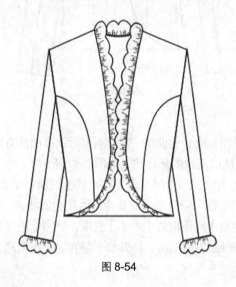
图 8-54

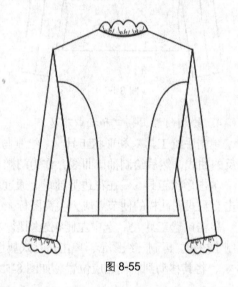
图 8-55

 # 8.10　西式猎装

　　最初的猎装是指人们打猎时穿用的服装。由于骑马打猎的需要，猎装后背设背缝、开后叉。同时，猎装还具有口袋多，腰间系腰带的特征。肩袢、袖袢在猎装中也常常可见。现在打猎的人很少了，但猎装独特的款式受到人们喜爱，猎装也成了人们日常生活中穿用的服装。

　　一、款式图

　　西式猎装的款式图如图 8-56 所示。

　　二、款式图绘制方法

　　1．设置图纸、原点，绘制直线框图：设置图纸为 A4 图纸、横向摆放，绘图单位为 cm，绘图比例为 1∶5。将原点设置在图纸左侧上部适当位置。单击手绘工具，参考图中数据，绘制一半款式图的直线框图（如图 8-57 所示）。

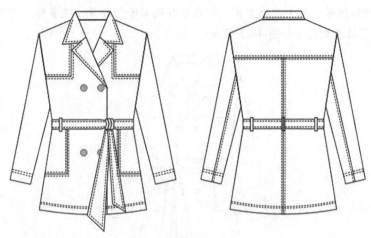

图 8-56

2. 图形完整化：单击挑选工具 ，选中左侧图形，通过【变换】对话框的【大小】选项，单击【应用到再制】按钮，再制一个左侧图形。单击交互式属性栏的水平翻转图标 ，将其水平翻转。单击挑选工具 ，将其移动到右侧相应位置。

单击形状工具 ，在左右领子重叠交点处的右侧领子图形线上分别双击鼠标，增加两个节点。选中这两个节点，单击交互式属性栏的使节点成为尖突图标 。选中右侧领子的最下方节点，删除该节点。选中该段曲线，单击交互式属性栏的转换曲线为直线图标 ，将该段曲线转换为直线。这样就删除了左右领子的重叠部分（如图 8-58 所示）。

3. 绘制门襟、扣子、口袋和肩部拼接图形。

单击手绘工具 ，绘制肩部拼接图形和口袋图形。

单击椭圆工具 ，绘制一个直径为 2cm 的圆形，作为一个扣子。通过再制、移动位置的方法，绘制其他扣子（如图 8-59 所示）。

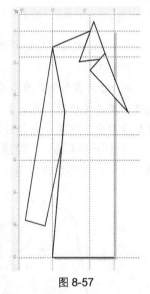

图 8-57

图 8-58

图 8-59

303

4. 绘制腰带和飘带：单击手绘工具 ，在衣片腰部绘制腰带、腰带环。在腰带右侧绘制飘带和带结，并为其填充白色（如图 8-60 所示）。

图 8-60

5. 绘制虚线明线：单击手绘工具 ，绘制各个部位的明线，并将其设置为虚线样式（如图 8-61 所示）。

6. 绘制背面款式图：单击挑选工具 ，框选正面款式图。通过【变换】对话框的【大小】选项，单击【应用到再制】按钮，再制一个正面款式图，将其拖动到图纸右侧空白处。分别选中并删除领子、口袋、肩部拼接、飘带、带结、门襟和扣子等属于前片的部件图形。

单击手绘工具 ，绘制后过肩、中心线、后腰带和袖子拼接线。同时绘制虚线明线。单击形状工具 ，调整后领线造型。这样即完成了背面款式图的绘制（如图 8-62 所示）。

图 8-61

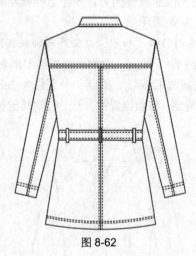

图 8-62

8.11　其他西装款式图例

其他的西装款式图例如图 8-63 至图 8-70 所示。有兴趣的读者可按照这些图例进行练习。

图 8-63

图 8-64

图 8-65

图 8-66

图 8-67

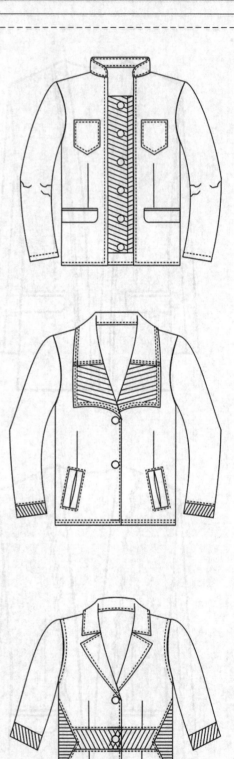

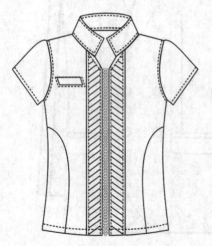

图 8-68

图 8-69

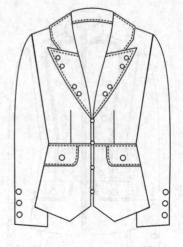

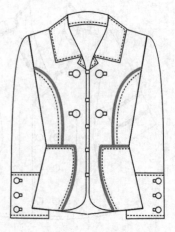

图 8-70

第9章

连衣裙、礼服裙款式设计

连衣裙、礼服裙是上衣与裙直接相连的一类服装。这类服装的品种十分丰富，分类也比较复杂，如按连衣裙的外形特征分，可以分为 H 型连衣裙、A 型连衣裙、X 型连衣裙和 V 型连衣裙。如果按连衣裙腰节线的特征分，礼服裙、连衣裙可以分为有腰节线、无腰节线和高腰、中腰、低腰等。从礼服、连衣裙的分类中就可以看出其设计手法是很多的。

连衣裙、礼服裙的外形对其整体风格影响较大，因此设计应首先从外形入手，然后再考虑礼服、连衣裙的内部分割，最后考虑各局部细节。如果是针对具体穿衣人进行设计，在设计连衣裙的外形时，应该结合穿衣人的体形、气质来考虑，而如果是针对消费市场进行设计，在设计外形时，则应该结合当时、当地的流行趋势来考虑。在设计礼服裙、连衣裙的内部分割时，要注意各局部与局部、局部与整体之间的比例关系。在设计连衣裙的细节时，则要注意使细节的形态、色彩，以及所采用的工艺手法与连衣裙的整体风格协调，见本章末尾款式插图。

 ## 9.1　连衣裙一

一、款式图

连衣裙一的款式图如图 9-1 所示。

图 9-1

二、款式图绘制方法

1. 设置图纸、原点和辅助线：设置图纸为 A4 图纸、竖向摆放，绘图单位为 cm，绘图比例为 1：5。单击挑选工具 ，将鼠标指针移至横向标尺和竖向标尺的交叉点上，按住并拖动鼠标，将原点设置在图纸左侧上部适当位置。参考图中数据，设置辅助线（如图 9-2 所示）。

2. 绘制直线框图：单击手绘工具 ，按照辅助线的标示范围，绘制连衣裙直线框图（如图 9-3 所示）。

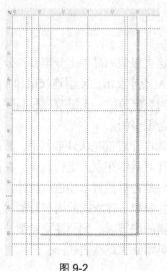

图 9-2

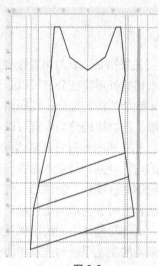

图 9-3

3. 调整相关曲线：单击形状工具 ，分别选中连衣裙的各个直线框图，单击交互式属性栏的转换直线为曲线图标 ，将其转换为曲线。单击形状工具 ，拖动鼠标，使其相关直线弯曲为流畅圆润的曲线（如图 9-4 所示）。

4. 绘制底边荷叶造型：单击形状工具 ，在下摆底边上多次双击鼠标，增加若干节点。同时选中底边上的所有节点，单击交互式属性栏的使节点变为尖突图标 ，将底边上的每一个线段调整为不规则内外突曲线（如图 9-5 所示）。

图 9-4

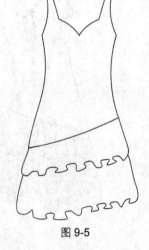

图 9-5

5. 绘制下摆皱褶线：单击手绘工具 ，逐个绘制下摆皱褶线（如图9-6所示）。

6. 绘制裙身分割线和胸口圆形造型：单击手绘工具 和形状工具 ，分别绘制裙身分割线和胸口圆形造型（如图9-7所示）。

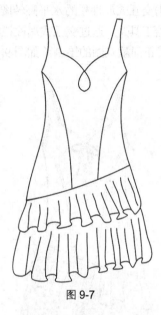

图 9-6   图 9-7

7. 绘制虚线明线：单击手绘工具 和形状工具 ，通过交互式属性栏的【线型】选项，绘制所需的虚线明线（如图9-8所示）。

8. 绘制胸部蝴蝶结：单击手绘工具 ，绘制蝴蝶结造型，并将蝴蝶结线条的宽度进行加粗（如图9-9所示）。

图 9-8   图 9-9

9. 填充颜色：单击挑选工具 ，分别选中两个裙摆，通过程序界面的调色盘，分别为其填充灰色和深灰色。这样即完成了正面款式图的绘制（如图 9-10 所示）。

10. 绘制背面款式图：单击挑选工具 ，选中正面款式图，通过【变换】对话框的【大小】选项，单击【应用到再制】按钮，再制一个正面款式图，将其移动到另外一张图纸上。

通过单击交互式属性栏的水平翻转图标 ，将其水平翻转。选中并删除蝴蝶结。

单击手绘工具 ，通过交互式属性栏的线型选项，绘制后中线及其虚线明线，表示拉链位置。这样即完成了正面款式图的绘制（如图 9-11 所示）。

图 9-10

图 9-11

9.2 连衣裙二

一、款式图

连衣裙二的款式图如图 9-12 所示。

二、连衣裙二款式图绘制方法

1. 设置图纸、原点和辅助线：设置图纸为 A4 图纸、竖向摆放，绘图单位为 cm，绘图比例为 1:5。单击挑选工具 ，将鼠标指针按在横向标尺和竖向标尺的交叉点上，然后拖动鼠标，将原点设置在图纸左侧上部适当位置。参考图中数据，设置辅助线（如图 9-13 所示）。

2. 绘制直线框图：单击手绘工具 ，按照辅助线的标示范围，绘制连衣裙的直线框图（如图 9-14 所示）。

图 9-12

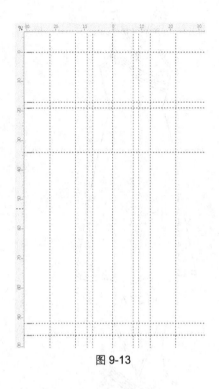

图 9-13

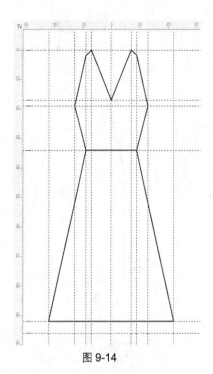

图 9-14

3. 调整相关曲线：单击形状工具，分别选中连衣裙的各个直线框图，单击交互式属性栏的转换直线为曲线图标，将其转换为曲线。单击形状工具，拖动鼠标，使其相关直线弯曲为流畅圆润的曲线（如图 9-15 所示）。

4. 绘制领口滚边、裙摆荷叶边，再绘制袖口和底边的虚线明线及底边的侧开衩。

单击手绘工具，绘制领口双线滚边。

单击形状工具，在下摆底边上多次双击鼠标，增加若干节点。同时选中底边上的所有节点，单击交互式属性栏的使节点变为尖突图标，将底边上的每一条线段调整为内外突曲线。

单击手绘工具和形状工具，通过交互式属性栏的【线型】选项，绘制袖口和荷叶边的虚线明线。

单击手绘工具，绘制裙摆的侧开衩（如图 9-16 所示）。

5. 绘制胸部斜线明线装饰：单击手绘工具和形状工具，通过交互式属性栏的【线型】选项，绘制胸部斜线明线装饰，并使其形成封闭图形（如图 9-17 所示）。

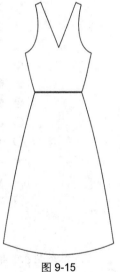

图 9-15

6. 绘制腰部装饰带结：单击手绘工具和形状工具，绘制腰部装饰带结。

单击【文本】→【插入字符】命令，打开【插入字符】对话框（如图 9-18 所示）。

选择【Wingdings】字体其中的黑色花字符图形，将其拖曳到图纸的相应位置，单击调色盘中的白色，为其填充白色（如图 9-19 所示）。

317

图 9-16

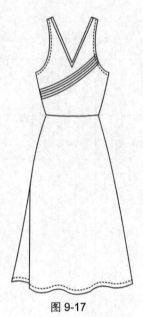

图 9-17

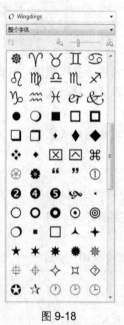

图 9-18

图 9-19

7. 填充颜色：单击挑选工具 ，选中领口滚边和胸部斜线装饰图形，单击调色盘中的深灰色，为其填充深灰色。这样即完成了正面款式图的绘制（如图 9-20 所示）。

8. 绘制背面款式图。

单击挑选工具 ，选中正面款式图，通过【变换】对话框的【大小】选项，单击【应用到再制】按钮，再制一个正面款式图，并将其移动到另外一张图纸上。

选中并删除前领口、胸部斜线装饰、腰部装饰带结等。

　　单击手绘工具 ，绘制后片领口滚边，并为其填充深灰色。

　　单击手绘工具 ，在上部裙身中间绘制后中线和拉链位置线。这样即完成了背面款式图的绘制（如图 9-21 所示）。

图 9-20

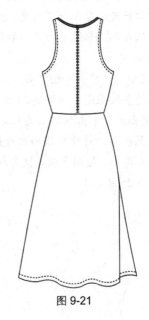

图 9-21

9.3　连衣裙三

一、款式图

连衣裙三的款式图如图 9-22 所示。

图 9-22

二、连衣裙三款式图绘制方法

1. 设置图纸、原点和辅助线：设置图纸为 A4 图纸、竖向摆放，绘图单位为 cm，绘图比例为 1：5。单击挑选工具，将鼠标指针按在横向标尺和竖向标尺的交叉点上，然后拖动鼠标，将原点设置在图纸左侧上部适当位置。参考图中数据，设置辅助线（如图 9-23 所示）。

2. 绘制直线框图：单击手绘工具，按照辅助线的标示范围，绘制连衣裙的直线框图（如图 9-24 所示）。

3. 调整相关曲线：单击形状工具，选中连衣裙的直线框图，单击交互式属性栏的转换直线为曲线图标，将其转换为曲线。单击形状工具，拖动鼠标，使其相关直线弯曲为流畅圆润的曲线（如图 9-25 所示）。

图 9-23

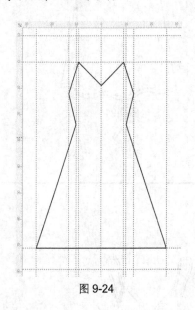

图 9-24

图 9-25

4. 绘制裙子的吊带：单击艺术笔工具，对交互式属性栏进行适当设置（如图 9-26 所示）。

图 9-26

绘制裙子的吊带（如图 9-27 所示）。

5. 绘制裙摆荷叶边及其明线：单击形状工具，在下摆底边上多次双击鼠标，增加若干节点。同时选中底边上的所有节点，单击交互式属性栏的使节点变为尖突图标，将底边上的每一条线段调整为内外突曲线。

单击挑选工具，选中裙身，通过【变换】对话框的【大小】选项，单击【应用到再制】按钮，再制一个裙身图形。单击形状工具，删除荷叶边以外的其他线条，并将其设置为虚线，然后将其向上移动一段距离，形成荷叶边的虚线明线（如图 9-28 所示）。

图 9-27

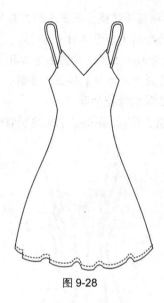

图 9-28

6. 绘制胸部装饰花朵。

单击矩形工具 □，绘制花朵中间的方形扎带，将内部小矩形轮廓线设置为虚线。

单击手绘工具 ✎ 和形状工具 ✎，首先绘制左侧的花瓣及其虚线明线。单击挑选工具 ▷，选中左侧花瓣，通过【变换】对话框的【大小】选项，单击【应用到再制】按钮，再制一个花瓣。通过单击交互式属性栏的水平翻转图标 ⬌，将其水平翻转，并将其水平移动到右侧相对位置（如图 9-29 所示）。

7. 绘制前片分割线：单击手绘工具 ✎ 和形状工具 ✎，首先绘制左侧两条分割线。单击挑选工具 ▷，选中左侧分割线，通过【变换】对话框的【大小】选项，单击【应用到再制】按钮，再制一组分割线。通过单击交互式属性栏的水平翻转图标 ⬌，将其水平翻转，并将其水平移动到右侧相对位置（如图 9-30 所示）。

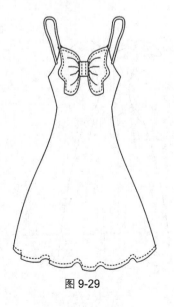

图 9-29

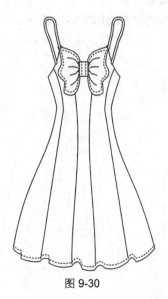

图 9-30

8. 绘制裙摆活褶线：单击手绘工具 和形状工具 ，逐条绘制裙摆活褶线。这样即完成了正面款式图的绘制（如图 9-31 所示）。

9. 绘制背面款式图：单击挑选工具 ，选中正面款式图，通过【变换】对话框的【大小】选项，单击【应用到再制】按钮，再制一个正面款式图，并将其移动到另外一张图纸上。

选中并删除装饰花朵等。

单击手绘工具 ，在裙身中间绘制后中线和拉链位置线。这样即完成了背面款式图的绘制（如图 9-32 所示）。

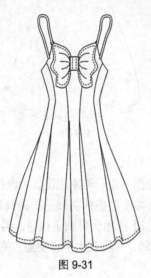
图 9-31

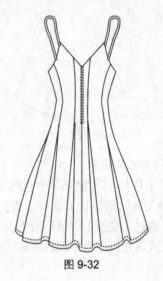
图 9-32

9.4　连衣裙四

一、款式图

连衣裙四的款式图如图 9-33 所示。

图 9-33

二、款式图绘制方法

1. 设置图纸、原点，绘制直线框图：设置图纸为 A3 图纸、横向摆放，绘图单位为 cm，绘图比例为 1∶5。将原点设置在图纸左侧上部适当位置。单击手绘工具，参考图中数据，绘制一半款式图的直线框图，将轮廓宽度设为 3.53mm（如图 9-34 所示）。

2. 调整相关曲线：单击形状工具，点选领口直线，单击交互式属性栏的转换直线为曲线图标，将其转换为曲线。将鼠标指针按在曲线上，拖动鼠标使其弯曲为所需造型。利用同样的方法，将袖子、腰线、裙摆侧缝线转换为曲线，并弯曲为所需造型（如图 9-35 所示）。

3. 绘制皱褶线：单击形状工具，通过双击鼠标，在下摆曲线上增加 3 个节点。同时选中这 3 个节点，单击交互式属性栏的使节点成为尖突图标，将鼠标指针按在每一段曲线上，然后拖动鼠标使其弯曲为所需造型。利用同样的方法绘制袖口的皱褶（如图 9-36 所示）。

单击手绘工具，分别在袖口、裙摆皱褶处绘制皱褶线，并绘制肩部蝴蝶结和前片省位线，将轮廓宽度都设为 1.76mm（如图 9-37 所示）。

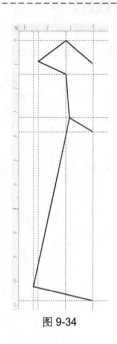

图 9-34

图 9-35

图 9-36

图 9-37

4. 图形完整化：单击挑选工具，框选一半图形。通过【变换】对话框的【大小】选项，单击【应用到再制】按钮，再制一个一半图形。单击交互式属性栏的水平翻转图标，将其水平翻转，并将其水平移动到右侧相应位置，与左侧图形对齐。这样即完成了正面款式图的绘制（如图 9-38 所示）。

5. 绘制背面款式图：单击挑选工具，框选正面款式图。通过【变换】对话框的【大小】选项，单击【应用到再制】按钮，再制一个正面款式图，按住 Ctrl 键，将其水平移动到图纸右侧空白处。先调整领口造型，然后单击手绘工具 ，绘制一条后片省位线和拉链位置线。这样即完成了背面款式图的绘制（如图 9-39 所示）。

图 9-38

图 9-39

 ## 9.5 连衣裙五

一、款式图

连衣裙五的款式图如图 9-40 所示。

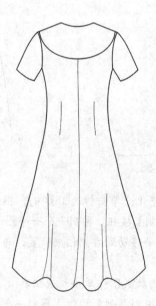

图 9-40

二、款式图绘制方法

1. 设置图纸、原点，绘制直线框图：设置图纸为 A3 图纸、横向摆放，绘图单位为 cm，绘图比例为 1：5。将原点设置在图纸左侧上部适当位置。单击手绘工具，参考图中数据，绘制一半款式图的直线框图，将轮廓宽度设为 3.53mm（如图 9-41 所示）。

2. 调整相关曲线：单击形状工具，选择领口直线，单击交互式属性栏的转换直线为曲线图标，将其转换为曲线。将鼠标指针按在曲线上，然后拖动鼠标使其弯曲为所需造型。利用同样的方法，将袖子、裙摆侧缝线转换为曲线，并弯曲为所需造型（如图 9-42 所示）。

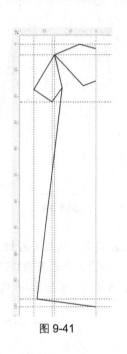 

图 9-41   图 9-42

3. 绘制皱褶线：单击形状工具，通过双击鼠标，在下摆曲线上增加两个节点。同时选中这两个节点，单击交互式属性栏的使节点成为尖突图标。将鼠标指针按在每一条曲线上，然后拖动鼠标使其弯曲为所需造型。单击手绘工具，分别在领口、蝴蝶结、裙摆皱褶处绘制皱褶线（如图 9-43 所示）。

4. 图形完整化：单击挑选工具，框选一半图形。通过【变换】对话框的【大小】选项，单击【应用到再制】按钮（或按小键盘上的"+"），再制一个一半图形。单击交互式属性栏的水平翻转图标，将其水平翻转，并将其水平移动到右侧相应位置，与左侧图形对齐（如图 9-44 所示）。

5. 绘制门襟、扣子。

单击手绘工具，在领子正中交界处开始绘制一条竖向垂直线，作为明门襟。

单击椭圆工具，按住 Ctrl 键，绘制一个直径为 1.5cm 的圆形，单击挑选工具，将其放置在门襟上部。通过【变换】对话框的【位置】选项，设置垂直数值 V 为 −8.5cm，连续单击【应用到再制】按钮 4 次，再制 4 个扣子，并将它们均匀排列在门襟上（如图 9-45 所示）。

6. 绘制背面款式图：单击挑选工具，整体框选正面款式图。通过【变换】对话框的【大

图 9-43

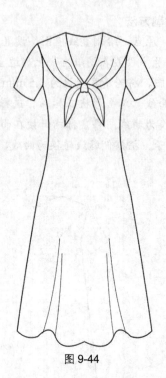

图 9-44

小】选项，单击【应用到再制】按钮，再制一个正面款式图，按住 Ctrl 键，将其水平拖动到图纸右侧空白处。分别选中并删除前领子、蝴蝶结、门襟、扣子，再调整领口造型。单击手绘工具 ，绘制后片省位线和皱褶线。这样即完成了背面款式图的绘制（如图 9-46 所示）。

图 9-45

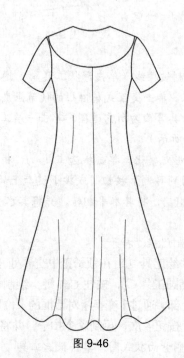

图 9-46

9.6 礼服裙一

一、款式图

礼服裙一的款式图如图 9-47 所示。

二、礼服裙一款式图绘制方法

1. 设置图纸、原点和辅助线：设置图纸为 A4 图纸、竖向摆放，绘图单位为 cm，绘图比例为 1 : 5。单击挑选工具 ，将鼠标指针按在横向标尺和竖向标尺的交叉点上，拖动鼠标，将原点设置在图纸左侧上部适当位置。参考图中数据，设置辅助线（如图 9-48 所示）。

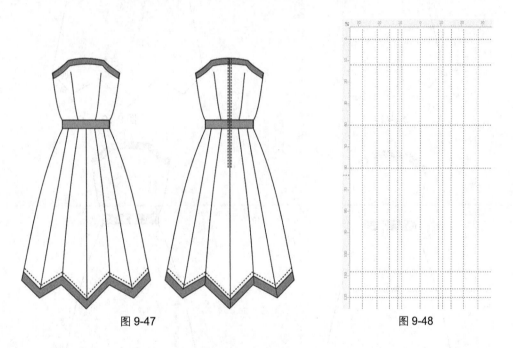

图 9-47   图 9-48

2. 绘制直线框图：单击手绘工具 ，在辅助线的标示范围绘制上下两部分裙身的直线框图（如图 9-49 所示）。

3. 调整相关曲线：单击形状工具 ，选中裙身直线框图，单击交互式属性栏的转换直线为曲线图标 ，将其转换为曲线。单击形状工具 ，拖动鼠标，使其相关直线弯曲为流畅圆润的曲线（如图 9-50 所示）。

4. 绘制裙身上口、裙腰和底边的拼接图形：单击手绘工具 和形状工具 ，分别绘制上口、裙腰和底边的拼接图形，并使其形成封闭图形。通过程序界面的调色盘，为其填充深灰色（如图 9-51 所示）。

5. 绘制底边拼接图形的虚线明线：单击手绘工具 ，通过交互式属性栏的【线型】选项，绘制底边拼接图形的虚线明线（如图 9-52 所示）。

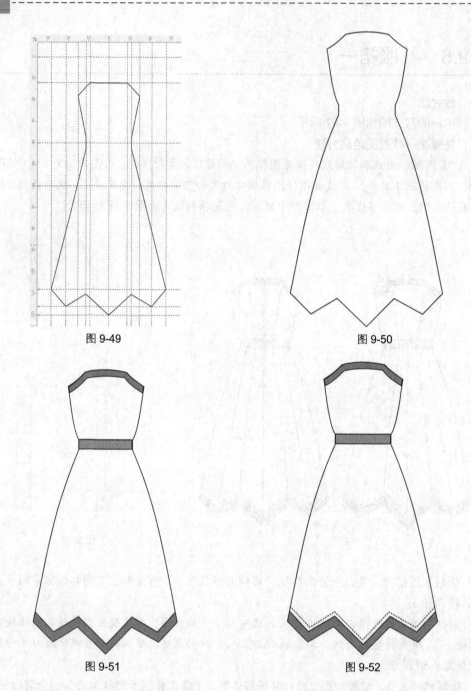

图 9-49

图 9-50

图 9-51

图 9-52

　　6. 绘制分割线：单击手绘工具 ，和形状工具 ，分别绘制裙身上部和裙摆的分割线。这样即完成了正面款式图的绘制（如图 9-53 所示）。

　　7. 绘制背面款式图：单击挑选工具 ，选中正面款式图，通过【变换】对话框的【大小】选项，单击【应用到再制】按钮，再制一个正面款式图，并将其移动到另外一张图纸上。

　　单击手绘工具 ，绘制后中线，再绘制表示拉链位置的虚线。这样即完成了背面款式图的绘制（如图 9-54 所示）。

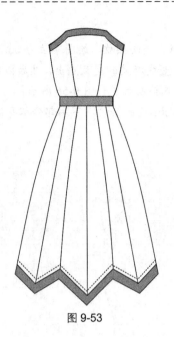

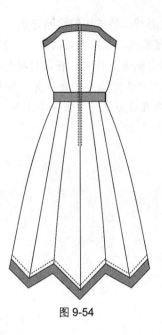

图 9-53

图 9-54

 ## 9.7 礼服裙二

一、款式图

礼服裙二的款式图如图 9-55 所示。

图 9-55

二、礼服裙二款式图的绘制方法

1. 设置图纸、原点和辅助线：设置图纸为 A4 图纸、竖向摆放，绘图单位为 cm，绘图比例为 1：5。单击挑选工具，将鼠标指针按在横向标尺和竖向标尺的交叉点上，然后拖动鼠标，将原点设置在图纸左侧上部适当位置。参考图中数据，设置辅助线（如图 9-56 所示）。

2. 绘制直线框图：单击手绘工具，在辅助线的标示范围绘制上下两部分裙身的直线框图（如图 9-57 所示）。

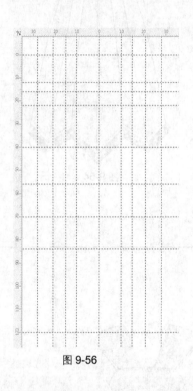

图 9-56

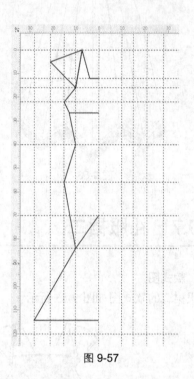

图 9-57

3. 图形完整化：单击挑选工具，选中左侧图形，通过【变换】对话框的【大小】选项，单击【应用到再制】按钮，再制一个左侧图形。通过单击交互式属性栏的水平翻转图标，将其水平翻转，并将其水平移动到右侧相对位置。

单击形状工具，将左右图形结合为整体图形，并通过连接节点，使其成为封闭图形（如图 9-58 所示）。

4. 调整相关曲线：单击形状工具，选中裙身直线框图，单击交互式属性栏的转换直线为曲线图标，将其转换为曲线。单击形状工具，拖动鼠标，使其相关直线弯曲为流畅圆润的曲线（如图 9-59 所示）。

5. 绘制裙摆底边荷叶边：单击形状工具，在下摆底边上多次双击鼠标，增加若干节点。同时选中底边上的所有节点，单击交互式属性栏的使节点变为尖突图标，将底边上的每一条线段调整为不规则内外突曲线（如图 9-60 所示）。

6. 绘制裙摆皱褶线：单击手绘工具，参照图示，绘制裙摆皱褶线（如图 9-61 所示）。

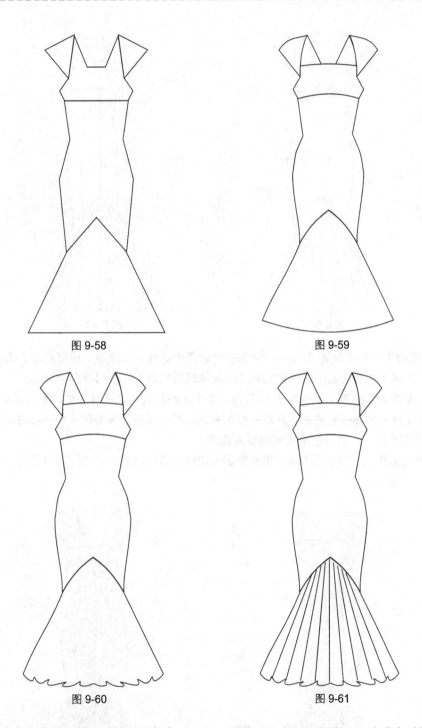

图 9-58   图 9-59

图 9-60   图 9-61

    7. 绘制虚线明线：单击手绘工具 和形状工具 ，通过交互式属性栏的【线型】选项，分别绘制各处相关虚线明线（如图 9-62 所示）。

    8. 绘制裙身分割线：单击手绘工具 和形状工具 ，绘制 3 条竖向裙身分割线（如图 9-63 所示）。

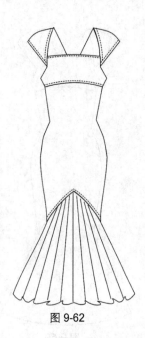
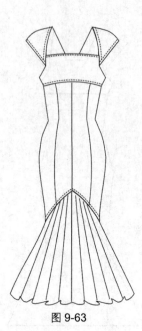

图 9-62   图 9-63

9. 填充颜色：单击挑选工具 ，分别选中裙摆和其他部位图形，通过程序界面的调色盘，分别为其填充深灰色和灰色。这样即完成了正面款式图的绘制（如图 9-64 所示）。

10. 绘制背面款式图：单击挑选工具 ，选中正面款式图，通过【变换】对话框的【大小】选项，单击【应用到再制】按钮，再制一个正面款式图，并将其移动到另外一张图纸上。

单击形状工具 ，调整袖子和胸部拼接造型。

单击手绘工具 ，绘制后中线，再绘制表示拉链位置的虚线。这样即完成了背面款式图的绘制（如图 9-65 所示）。

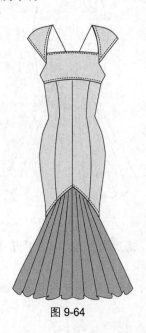
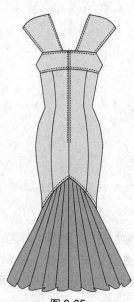

图 9-64   图 9-65

9.8 礼服裙三

一、款式图

礼服裙三的款式图如图 9-66 所示。

二、礼服裙三款式图的绘制方法

1. 设置图纸、原点和辅助线：设置图纸为 A4 图纸、竖向摆放，绘图单位为 cm，绘图比例为 1 ： 5。单击挑选工具 ⬚，将鼠标指针按在横向标尺和竖向标尺的交叉点上，然后拖动鼠标，将原点设置在图纸左侧上部适当位置。参考图中数据，设置辅助线（如图 9-67 所示）。

图 9-66

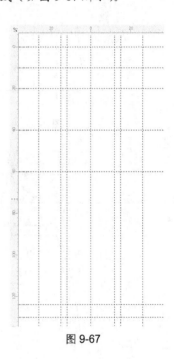

图 9-67

2. 绘制直线框图：单击手绘工具 ⬚，在辅助线的标示范围绘制上下两部分裙身的直线框图（如图 9-68 所示）。

3. 调整相关曲线：单击形状工具 ⬚，分别选中两部分裙身直线框图的相关直线，单击交互式属性栏的转换直线为曲线图标 ⬚，将其转换为曲线。单击形状工具 ⬚，拖动鼠标，使其弯曲为流畅圆润的曲线（如图 9-69 所示）。

4. 绘制吊带和裙腰拼接图形：单击矩形工具 ⬚，分别绘制左右两个竖向矩形，作为两个吊带。

单击手绘工具 ⬚ 和形状工具 ⬚，绘制裙腰拼接图形（如图 9-70 所示）。

5. 绘制腰部装饰带结和门襟线。

单击手绘工具 ⬚，绘制装饰带结的带子部分。绘制门襟线。

单击椭圆工具 ⬚，绘制椭圆形带结（如图 9-71 所示）。

图 9-68 图 9-69

图 9-70 图 9-71

6. 绘制虚线明线：单击手绘工具 和形状工具 ，通过交互式属性栏的【线型】选项，绘制相关部位的虚线明线（如图 9-72 所示）。

7. 绘制胸部皱褶线：单击手绘工具 ，在左侧门襟处绘制 3 条皱褶线（如图 9-73 所示）。

8. 填充颜色：单击挑选工具 ，分别选中裙腰拼接图形和装饰带结，通过程序界面的调色盘，分别为其填充灰色和深灰色。这样即完成了正面款式图的绘制（如图 9-74 所示）。

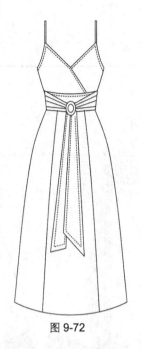

图 9-72

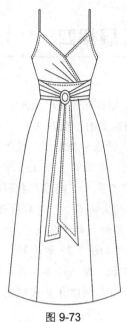

图 9-73

9. 绘制背面款式图：单击挑选工具 ，选中正面款式图，通过【变换】对话框的【大小】选项，单击【应用到再制】按钮，再制一个正面款式图，并将其移动到另外一张图纸上。

选中并删除门襟、皱褶线、裙腰拼接、装饰带结。

单击形状工具 ，调整分割线。

单击手绘工具 ，绘制后中线，再绘制表示拉链位置的虚线。这样即完成了背面款式图的绘制（如图 9-75 所示）。

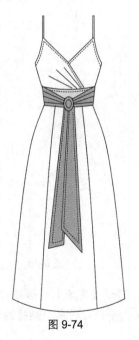

图 9-74

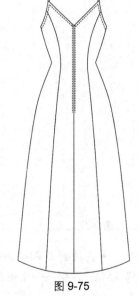

图 9-75

9.9 礼服裙四

一、款式图

礼服裙四的款式图如图 9-76 所示。

二、礼服裙四款式图绘制方法

1. 设置图纸、原点和辅助线：设置图纸为 A4 图纸、竖向摆放，绘图单位为 cm，绘图比例为 1：5。单击挑选工具 ，将鼠标指针按在横向标尺和竖向标尺的交叉点上，然后拖动鼠标，将原点设置在图纸左侧上部适当位置。参考图中数据，设置辅助线（如图 9-77 所示）。

2. 绘制直线框图：单击手绘工具 ，在辅助线的标示范围绘制左侧裙身直线框图（如图 9-78 所示）。

3. 调整相关曲线：单击形状工具 ，选中裙身直线框图，单击交互式属性栏的转换直线为曲线图标 ，将其转换为曲线。单击形状工具 ，拖动鼠标，使其相关直线弯曲为流畅圆润的曲线（如图 9-79 所示）。

图 9-76

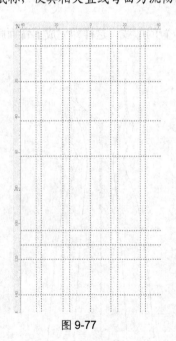

图 9-77

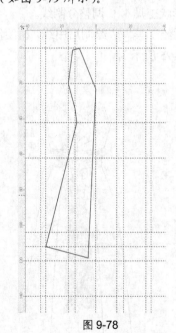

图 9-78

4. 图形完整化：单击挑选工具 ，选中左侧图形，通过【变换】对话框的【大小】选项，单击【应用到再制】按钮，再制一个左侧图形。单击交互式属性栏的水平翻转图标 ，将其水平翻转，并将其水平移动到右侧相对位置（如图 9-80 所示）。

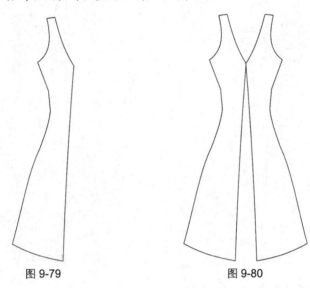

图 9-79   图 9-80

5. 绘制胸部装饰图形和裙摆荷叶边：单击手绘工具 和形状工具 ，首先绘制图形的封闭外形，然后绘制内部折叠线。

单击形状工具 ，在下摆底边上多次双击鼠标，增加若干节点。同时选中底边上的所有节点，单击交互式属性栏的使节点变为尖突图标 ，将底边上的每一个线段调整为不规则内外突的曲线（如图 9-81 所示）。

6. 绘制胸部皱褶线：单击手绘工具 ，绘制胸部皱褶线（如图 9-82 所示）。

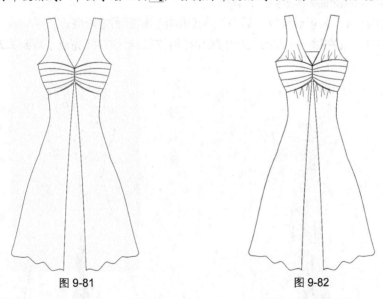

图 9-81   图 9-82

7. 绘制内层裙摆：单击手绘工具 和形状工具 ，绘制内层裙摆及其裙摆荷叶边（如图 9-83 所示）。

8. 绘制飘带：单击手绘工具 和形状工具 ，绘制左侧飘带及其飘带荷叶边，然后通过选中、再制、水平翻转、水平移动的方法，绘制右侧飘带（如图 9-84 所示）。

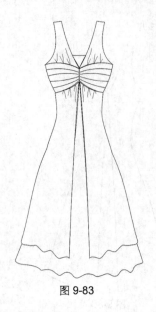

图 9-83

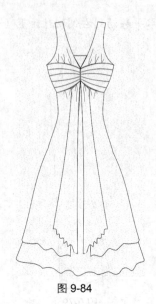

图 9-84

9. 绘制皱褶线、填充颜色。

单击手绘工具，分别绘制内外裙摆和飘带的皱褶线。

单击挑选工具，分别选中飘带、胸部装饰图形，通过程序界面的调色盘，为其填充灰色。用同样的方法为外层裙身填充白色，再为内层裙身填充深灰色（如图 9-85 所示）。

10. 绘制背面款式图：单击挑选工具，选中正面款式图，通过【变换】对话框的【大小】选项，单击【应用到再制】按钮，再制一个正面款式图，并将其移动到另外一张图纸上。

选中并删除胸部装饰及其皱褶线、飘带。

单击形状工具，修正后领口、后中线造型和外层裙身底边造型。

单击手绘工具，在裙身中间绘制后中线和拉链位置线。这样即完成了背面款式图的绘制（如图 9-86 所示）。

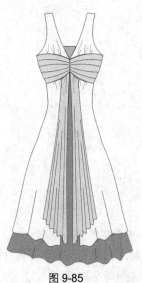

图 9-85

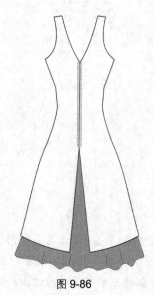

图 9-86

9.10　礼服裙五

一、款式图

礼服裙五的款式图如图 9-87 所示。

二、礼服裙五款式图绘制方法

1. 设置图纸、原点和辅助线：设置图纸为 A4 图纸、竖向摆放，绘图单位为 cm，绘图比例为 1∶5。单击挑选工具 ，将鼠标指针按在横向标尺和竖向标尺的交叉点上，拖动鼠标，将原点设置在图纸左侧上部适当位置。参考图中数据，设置辅助线（如图 9-88 所示）。

2. 绘制直线框图：单击手绘工具 ，在辅助线的标示范围绘制裙身的直线框图（如图 9-89 所示）。

图 9-87

3. 调整相关曲线、绘制荷叶边：单击形状工具 ，选中裙身直线框图，单击交互式属性栏的转换直线为曲线图标 ，将其转换为曲线。利用形状工具 ，拖动鼠标，使其相关直线弯曲为流畅圆润的曲线（如图 9-90 所示）。

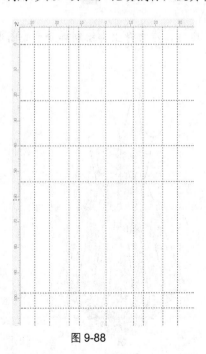

图 9-88

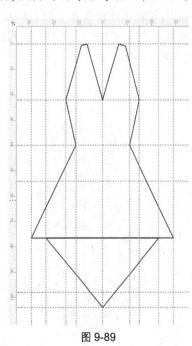

图 9-89

4. 绘制裙摆荷叶边：单击形状工具 ，在下摆底边上多次双击鼠标，增加若干节点。同时选中底边上的所有节点，单击交互式属性栏的使节点变为尖突图标 ，将底边上的每一个线段调整为不规则内外突的曲线（如图 9-91 所示）。

图 9-90　　　　　　　　　　　　　　　　图 9-91

5. 绘制裙摆皱褶线、填充颜色。

单击手绘工具 ，绘制前片裙摆的皱褶线，再绘制前中线。

单击挑选工具 ，选中前片裙身图形，通过程序界面的调色盘，为其填充灰色。利用同样的方法，为后片裙摆填充深灰色（如图 9-92 所示）。

6. 绘制裙身上部图形：单击手绘工具 和形状工具 ，在裙身上部绘制部分重叠图形，并为其填充白色（如图 9-93 所示）。

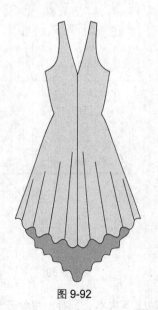

图 9-92　　　　　　　　　　　　　　　　图 9-93

7. 绘制重叠部分的皱褶线和虚线明线：单击手绘工具 和形状工具 ，通过交互式属性栏的线型选项，绘制相关虚线明线。绘制前胸的皱褶线。这样即完成了正面款式图的绘制（如图 9-94 所示）。

8. 绘制背面款式图：单击挑选工具 ，选中正面款式图，通过【变换】对话框的【大小】选项，单击【应用到再制】按钮，再制一个正面款式图，并将其移动到另外一张图纸上。

选中并删除前片底边荷叶边和前片皱褶线。

为后片裙摆填充深灰色。

单击手绘工具 ，在裙身中间绘制拉链位置线。这样即完成了背面款式图的绘制（如图 9-95 所示）。

图 9-94

图 9-95

9.11　礼服裙六

一、款式图

礼服裙六的款式图如图 9-96 所示。

二、礼服裙六款式图绘制方法

1. 设置图纸、原点和辅助线：设置图纸为 A4 图纸、竖向摆放，绘图单位为 cm，绘图比例为 1：5。单击挑选工具 ，将鼠标指针按在横向标尺和竖向标尺的交叉点上，然后拖动鼠标，将原点设置在图纸左侧上部适当位置。参考图中数据，设置辅助线（如图 9-97 所示）。

2. 绘制直线框图：单击手绘工具 ，参照辅助线的标示范围，绘制礼服裙的直线框图（如图 9-98 所示）。

3. 调整相关曲线、绘制荷叶边：单击形状工具 ，选中礼服裙的各个直线框图，单击交互式属性栏的转换直线为曲线图标 ，将其转换为曲线。单击形状工具 ，拖动鼠标，使其相关直线弯曲为流畅圆润的曲线（如图 9-99 所示）。

图 9-96

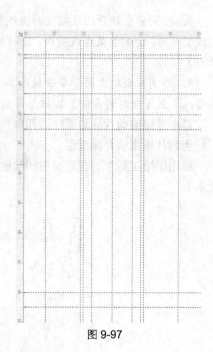

图 9-97

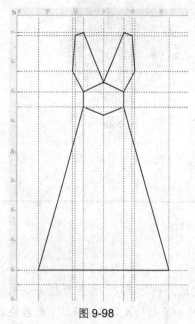

图 9-98

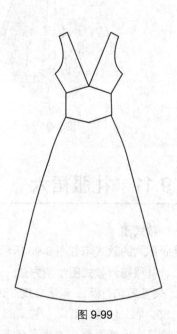

图 9-99

4. 绘制荷叶边：单击形状工具，绘制礼服裙裙摆的荷叶边（如图 9-100 所示）。

5. 绘制腰部装饰图样：单击椭圆工具 ◯，首先绘制第一行的圆形装饰。中间和两侧是 3 个较大的圆形，它们之间分别是 7 个较小的圆形。单击挑选工具 ，选中第一行圆形装饰，通过【变换】对话框的【位置】选项，设置适当的垂直数值（如 −1.3cm），连续单击【应用到再制】命令按钮 4 次（如图 9-101 所示）。

图 9-100

图 9-101

6. 绘制皱褶线：单击手绘工具，逐条绘制腰部装饰图形和荷叶边的皱褶线（如图 9-102 所示）。

7. 绘制明线：绘制两条荷叶边的虚线明线（如图 9-103 所示）。

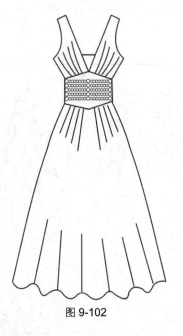

图 9-102

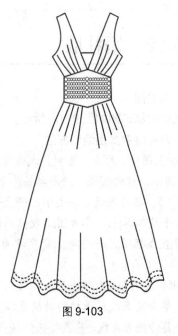

图 9-103

8. 填充颜色：单击挑选工具，选中礼服裙裙身图形，通过单击调色盘的相应颜色图标，为其填充灰色。利用同样的方法，为腰部装饰图形和领口图形填充深灰色。这样即完成了正面款式图的绘制（如图 9-104 所示）。

9. 绘制背面款式图：单击挑选工具 ，选中正面款式图，通过【变换】对话框的【大小】
选项，单击【应用到再制】按钮，再制一个正面款式图，并将其移动到另外一张图纸上。

单击挑选工具 ，选中并删除前片领口图形。

单击手绘工具 ，在裙身中间绘制拉链位置线。这样即完成了背面款式图的绘制（如图 9-105
所示）。

图 9-104

图 9-105

 ## 9.12 婚礼服

一、款式图

婚礼服的款式图如图 9-106 所示。

二、婚礼服款式图绘制方法

1. 设置图纸、原点，绘制直线框图：设置图
纸为 A3 图纸，横向摆放，绘图单位为 cm，绘图
比例为 1：5。将原点设置在图纸左侧上部适当位
置。单击手绘工具 ，参考图中数据，绘制一半
款式图的直线框图，并将轮廓宽度设为 3.53mm
（如图 9-107 所示）。

2. 调整相关曲线：单击形状工具 ，选择领
口直线，单击交互式属性栏的转换直线为曲线图
标 ，将其转换为曲线。将鼠标指针按在曲线上，
拖动鼠标使其弯曲为所需造型。利用同样的方法，
将袖子、裙摆侧缝线转换为曲线，并弯曲为所需
造型（如图 9-108 所示）。

图 9-106

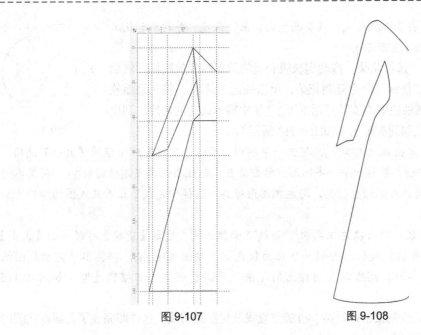

图 9-107　　　　　　　　　　　图 9-108

3. 绘制皱褶线：单击形状工具，通过双击鼠标，在下摆曲线上增加 3 个节点。同时选中这 3 个节点，单击交互式属性栏的使节点成为尖突图标。将鼠标指针按在每一段曲线上，然后拖动鼠标使其弯曲为所需造型（如图 9-109 所示）。

单击手绘工具，分别在腰线以及裙摆皱褶处绘制皱褶线、并将轮廓宽度设为 1.76mm（如图 9-110 所示）。

4. 绘制暗面：单击手绘工具，在领口、袖口以及前片省位线处绘制 3 个完全封闭的曲线图形，并填充颜色为 50% 的灰色（如图 9-111 所示）。

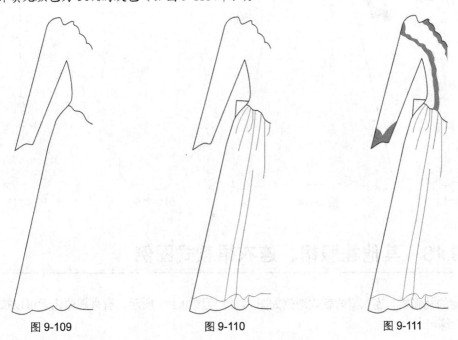

图 9-109　　　　　　　　　图 9-110　　　　　　　　　图 9-111

5. 绘制图案：单击手绘工具 ，在页面空白处画一朵花，并利用形状工具 进行调整（如图 9-112 所示）。

单击挑选工具 ，选择花朵，拖动到衣服合适的位置时释放鼠标，然后单击鼠标右键，选择"复制"命令复制花朵；单击挑选工具 ，将花朵缩放成适合的大小，并在属性栏中的旋转对话框 中输入适合的角度。利用同样的方法，将花朵复制到衣服上（如图 9-113 所示）。

图 9-112

6. 图形完整化：单击挑选工具 ，框选一半图形。通过【变换】对话框的【大小】选项，单击【应用到再制】按钮，再制一个一半图形。单击交互式属性栏的水平翻转图标 ，将其水平翻转，并将其水平移动到右侧相应位置，与左侧图形对齐。这样即完成了正面款式图的绘制（如图 9-114 所示）。

7. 绘制背面款式图：单击挑选工具 ，框选正面款式图。通过【变换】对话框的【大小】选项，单击【应用到再制】按钮，再制一个正面款式图，按住 Ctrl 键，将其水平拖动到图纸右侧空白处。删除腰部的皱褶线以及裙摆上的花朵，再调整领口、裙摆的造型（如图 9-115 所示）。

单击手绘工具 ，绘制腰部蝴蝶结、拉链位置线及裙摆皱褶线。这样即完成了背面款式图的绘制（如图 9-116 所示）。

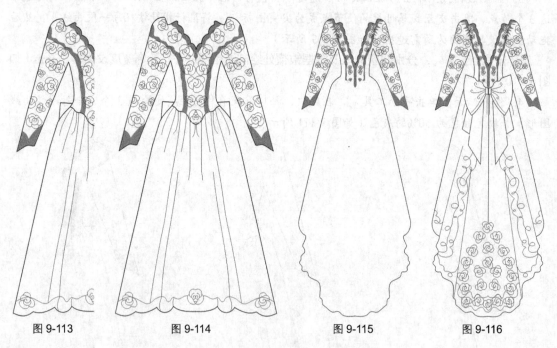

图 9-113   图 9-114   图 9-115   图 9-116

 # 9.13　其他礼服裙、连衣裙款式图例

其他的礼服裙、连衣裙的款式图例如图 9-117 至图 9-135 所示，有兴趣的读者可以按照这些图例进行练习。

图 9-117

图 9-118

图 9-119

图 9-120

图 9-121

图 9-122

图 9-123

图 9-124

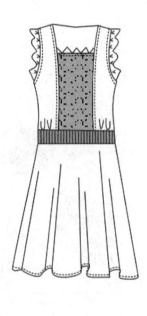

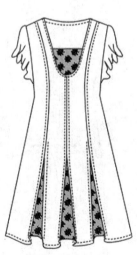

图 9-125

图 9-126

图 9-127

图 9-128

图 9-129

图 9-130

图 9-131

图 9-132

图 9-133

图 9-134

图 9-135

第 10 章

针织衫款式设计

针织服装是按面料织造方式区别的一类服装。用针织面料制作的上衣叫针织衫，如针织背心、T恤、羊毛衫等。具有透气滑爽、轻松舒适等优点，深受现代人的喜爱。

传统的针织衫受针织面料伸展性强、易脱散的制约，款式变化比较单调，且主要品种为内衣。随着轻纺工业的发展，大量新型的针织面料被开发出来，为针织衫的款式变化提供了广阔的天地，使针织衫的品种不断扩大到外衣和时装领域。

由于针织面料质地柔软、弹性大，套头穿着成了针织衫的一大特点，这为针织衫前胸部位保留了较大的装饰面，从而使在前胸部位设置图案成了针织衫设计的常用手法，而图案的造型、加工工艺形式则会随着不同时代的审美和生产水平呈现其鲜明的时代特征。

许多针织衫是通过特定的织机织出衣片，然后缝合成衣的，也就是说这些针织衫的面料会和服装的半成品同时产生。由于织机的针法变化十分丰富，不同的针法能产生不同的肌理和纹样，而款式相同的针织衫就会因为这些肌理和纹样的不同呈现不同的风格。因此，利用针织衫的这一特征，设计者可以在衣片的生产过程中通过对织机针数和结构的调整来设计具有色调和谐、风格独特且变化丰富的款式。

许多针织面料的边沿还容易发生包卷现象，针织面料的这一特征常常会影响面料的裁剪和服装的缝制。但是，设计者也可以利用针织面料的这一特点使针织衫产生一些特殊的效果，如将针织衫的衣边轻轻拉长并用拷边机拷边，能让针织衫的边沿有趣味地、美丽地外翻，或者采用一些有弹性且美观的花边、滚边处理针织衫的边沿，使针织衫的衣边产生一种特别的美。

总之，针织衫的设计一定要注意发挥其优势，避免其劣势。除上面谈到的以外，实践中需要注意的方面还有很多，如利用针织面料弹性好的优点设计紧身针织衫可以不考虑省道的处理，从而使服装显得更加简洁且不会影响穿衣人的活动。而由于针织面料中的线圈被损害后容易脱散，对针织衫，特别是对那些用薄型针织面料制作的针织衫在结构线和分割线的处理方面则必须谨慎，一般情况下在服装的内部要少用或不用分割。只有充分发挥了针织面料的优势而回避了针织面料的劣势，针织衫的设计才会取得满意的效果。

 ## 10.1　套头羊毛衫

一、款式图
套头羊毛衫的款式图如图 10-1 所示。

二、款式图绘制方法

1. 设置图纸、原点，绘制直线框图：设置图纸为 A4 图纸、横向摆放，绘图单位为 cm，绘图比例为 1：5。将原点设置在图纸左侧上部适当位置。单击手绘工具 ，参考图中数据，绘制一半款式图的直线框图，其中袖子和袖头是独立的封闭图形（如图 10-2 所示）。

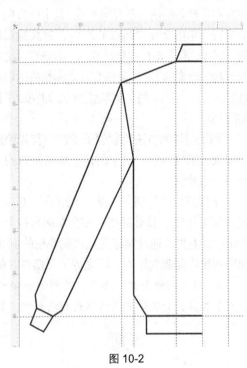

图 10-1

图 10-2

2. 图形完整化：单击挑选工具 ，选中这一半款式图。通过【变换】对话框的【大小】选项，单击【应用到再制】按钮，再制一个一半款式图。单击交互式属性栏的水平翻转图标 ，将其水平移动到图形右侧，并与左侧图形拼接对齐。

单击形状工具 ，将领子、图片和下摆修改为封闭图形（如图 10-3 所示）。

3. 调整相关曲线。

单击手绘工具 ，选中袖头框图，再单击形状工具 ，选中袖头图形。单击交互式属性栏的转换直线为曲线图标 ，将其整体转换为曲线。将鼠标指针分别按在两侧曲线上，然后拖动鼠标使其弯曲为所需造型。

利用同样的方法，将衣片的袖窿直线弯曲为与袖山曲线相同的曲线。

单击形状工具 ，在衣片侧缝线的腰部双击鼠标，

图 10-3

增加一个节点。选中侧缝线上的 3 个节点，单击交互式属性栏的转换直线为曲线图标 ，将其转换为曲线。将鼠标指针按在曲线上，然后拖动鼠标，使侧缝线弯曲为所需曲线造型。

利用同样的方法，将领子、下摆和衣片底边图形线弯曲为所需造型（如图10-4所示）。

4. 绘制罗纹。

袖头罗纹的绘制方法是，单击手绘工具 ，在袖头左右两侧各绘制一条竖向直线，且直线方向与袖头边沿平行。单击交互式调和工具 ，将鼠标指针按在左侧直线上，向右侧直线拖动鼠标，两条直线之间会出现若干均匀渐变的直线。调整交互式属性栏的调和步数工具 20，将数值调整为9，即完成了袖口罗纹的绘制。

利用同样的方法绘制领子罗纹。首先绘制左侧一半罗纹，通过再制、水平翻转、移动位置的方法，绘制另一半罗纹。

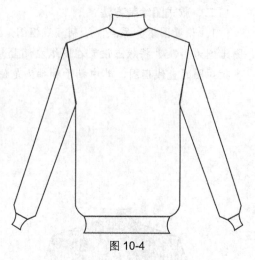

图 10-4

下摆罗纹的绘制方法是，单击手绘工具 ，在下摆左右两侧各绘制一条竖向直线，利用交互式调和工具 ，将鼠标指针按在左侧直线上，向右侧直线拖动鼠标，两条直线之间会出现若干均匀渐变的直线，通过调整交互式属性栏的调和步数工具 20，将数值调整为 30～40，其疏密程度以美观为原则。即完成了下摆罗纹的绘制（如图10-5所示）。

5. 填充材料图案：选中衣片图形和袖子图形，通过对象属性对话框的填充选项下的【图案填充】工具，为其填充毛线编织材料图案。这样即完成了正面款式图的绘制（如图10-6所示）。

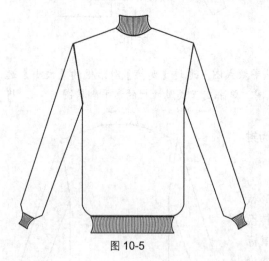

图 10-5

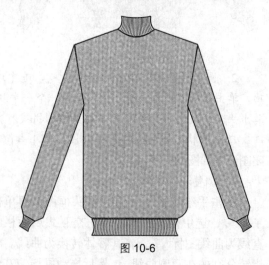

图 10-6

10.2 有卷边领口的羊毛衫

一、款式图
有卷边领口的羊毛衫的款式图如图10-7所示。

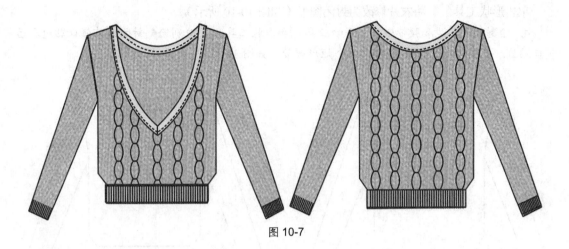

图 10-7

二、款式图绘制方法

1. 设置图纸、原点，绘制直线框图：设置图纸为 A4 图纸、横向摆放，绘图单位为 cm，绘图比例为 1 : 5。将原点设置在图纸左侧上部适当位置。单击手绘工具 ，参考图中数据，绘制一半款式图的直线框图，其中袖子和袖头是独立的封闭图形（如图 10-8 所示）。

2. 调整相关曲线：单击形状工具 ，分别选中领口、底边、腰下侧缝线的图形。单击交互式属性栏的转换直线为曲线图标 ，将其转换为曲线。将鼠标指针分别按在各条曲线上，拖动鼠标使其弯曲为所需造型（如图 10-9 所示）。

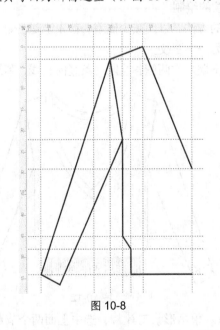

图 10-8

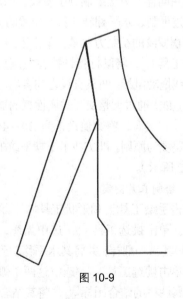

图 10-9

3. 图形完整化：单击挑选工具 ，选中一半款式图。通过【变换】对话框的【大小】选项，单击【应用到再制】按钮，再制一个一半款式图。单击交互式属性栏的水平翻转图标 ，并将其水平移动到图形右侧，与左侧图形拼接对齐。

单击形状工具 ⟨ ，将衣片修改为封闭图形（如图 10-10 所示）。

4. 绘制领子贴边和腰带：单击手绘工具 ⟨ 和形状工具 ⟨ ，分别绘制封闭的前领口贴边和后领口贴边。单击矩形工具 ▢，绘制一个矩形腰带（如图 10-11 所示）。

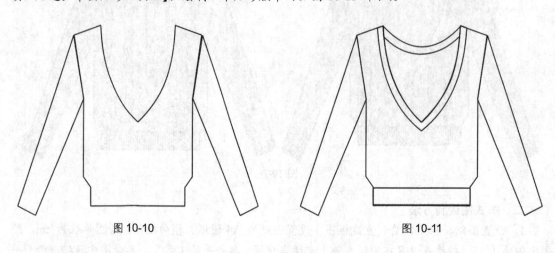

图 10-10　　　　　　　　　　　　　　　　　图 10-11

5. 绘制罗纹。

袖头罗纹的绘制方法是，单击手绘工具 ⟨ ，在袖头左右两侧各绘制一条竖向直线，且直线方向与袖头边沿平行。单击交互式调和工具 ⟨ ，将鼠标指针按在左侧直线上，向右侧直线拖动鼠标，两条直线之间会出现若干均匀渐变的直线。通过调整交互式属性栏的调和步数工具 ⟨ 20 ⟩ ，将数值调整为 9，即完成了袖口罗纹的绘制。

利用同样的方法绘制领子罗纹。采用分段绘制的方法，以便减少偏差。首先绘制左侧一半罗纹，通过再制、水平翻转、移动位置的方法，绘制另一半罗纹。

下摆罗纹的绘制方法是，单击手绘工具 ⟨ ，在下摆左右两侧各绘制一条竖向直线，利用交互式调和工具 ⟨ ，将鼠标指针按在左侧直线上，向右侧直线拖动鼠标，两条直线之间会出现若干均匀渐变的直线，通过调整交互式属性栏的调和步数工具 ⟨ 20 ⟩ ，将数值设置为 30~40，其疏密程度以美观为原则。即完成了下摆罗纹的绘制（如图 10-12 所示）。

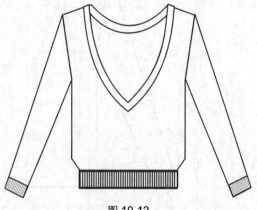

图 10-12

6. 绘制衣片图案。

单击手绘工具 ⟨ 和形状工具 ⟨ ，绘制一条左凸弧线。单击挑选工具 ⟨ ，选中弧线，再制一条弧线，将其水平翻转，并将其水平移动到右侧适当位置。单击挑选工具 ⟨ ，选中这两条弧线。单击交互式属性栏的结合图标 ⟨ ，将其结合为一个图形。单击形状工具 ⟨ ，选中上面两个节点，单击交互式属性栏的延长曲线使之闭合图标 ⟨ ，使上面两个节点闭合。利用同样的方法，将下面两个节点延长闭合，使其成为封闭图形，即完成了一个图案单元的绘制。通过【变换】对话框的【大小】选项，调整其大小。通过【变换】对话框的【位置】选项，再制多个图案单元，然后竖向排列。选中整排图案单元，将其放置在衣片中间位置。

利用同样的方法，绘制其他图案。这样即完成了正面款式图的绘制（如图 10-13 所示）。

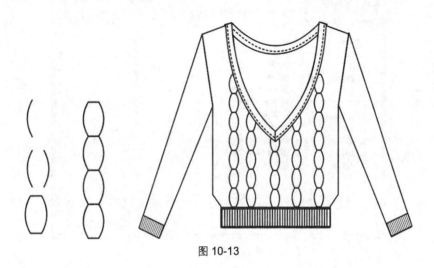

图 10-13

7. 绘制背面款式图：单击挑选工具 ，选中正面款式图。通过【变换】对话框的【大小】选项，单击【应用到再制】按钮，再制一个正面款式图。将其移动到图纸右侧空白处，选中并删除前领口及其贴边。

单击形状工具 ，调整后领及绘制后片图案。这样即完成了背面款式图的绘制（如图 10-14 所示）。

8. 填充毛线编织材料：单击挑选工具 ，选中除了罗纹以外的所有图形。通过对象属性对话框的填充选项下的【位图图样填充】选项，单击【填充挑选器】按钮（如图 10-15 所示）。

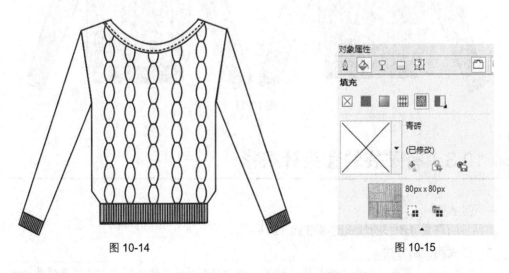

图 10-14

图 10-15

单击【浏览】按钮，打开【打开】对话框（如图 10-16 所示）。

图 10-16

选择自己需要的毛线编织材料的图片文件，单击【打开】按钮。即完成了毛线编织材料的填充（如图 10-17 所示）。

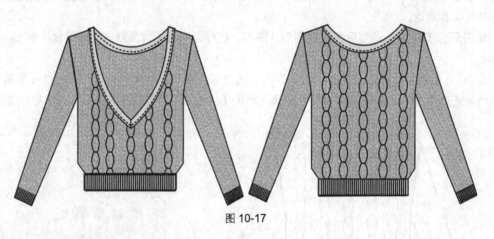

图 10-17

 # 10.3　有贴袋的套头针织衫

一、款式图

有贴袋的套头针织衫的款式图如图 10-18 所示。

二、款式图绘制方法

1. 设置图纸、原点，绘制直线框图：设置图纸为 A4 图纸、横向摆放，绘图单位为 cm，绘图比例为 1：5。将原点设置在图纸左侧上部适当位置。单击手绘工具，参考图中数据，绘制一半款式图的直线框图，其中领子是一个封闭图形（如图 10-19 所示）。

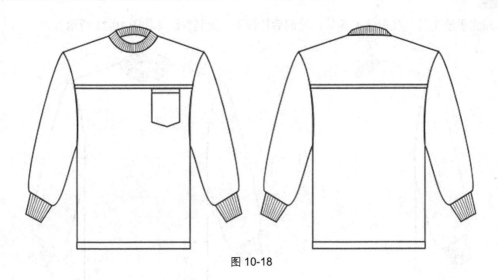

图 10-18

2．调整相关曲线。

单击手绘工具 ，选中袖子框图。再单击形状工具 ，选中图形。单击交互式属性栏的转换直线为曲线图标 ，将其整体转换为曲线。将鼠标指针分别按在各条曲线上，然后拖动鼠标使其弯曲为所需造型。

利用同样的方法，将衣片的袖窿直线弯曲为与袖山曲线相同的曲线。

单击形状工具 ，在衣片侧缝线的腰部双击鼠标，增加一个节点。选中侧缝线上的 3 个节点，单击交互式属性栏的转换直线为曲线图标 ，将其转换为曲线。将鼠标指针按在曲线上，拖动鼠标，使侧缝线弯曲为所需曲线造型。

利用同样的方法，将领子图形线弯曲为所需造型。同时单击手绘工具 ，绘制领子罗纹。

单击挑选工具 ，选中袖头图形，再单击形状工具 ，选中袖头图形。单击交互式属性栏的转换直线为曲线图标 ，将其转换为曲线。单击形状工具 ，将袖头两侧直线弯曲为所需造型。

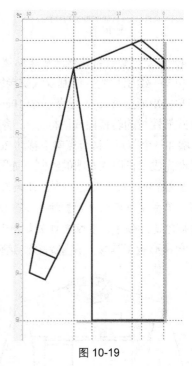

图 10-19

袖口罗纹的绘制方法是，单击手绘工具 ，在袖头左右两侧各绘制一条竖向直线，且直线方向与袖头边沿平行。单击交互式调和工具 ，将鼠标指针按在左侧直线上，向右侧直线拖动鼠标，两条直线之间会出现若干均匀渐变的直线，通过调整交互式属性栏的调和步数工具 ，将数值调整为 9，即完成了袖口罗纹的绘制（如图 10-20 所示）。

3．图形完整化：单击挑选工具 ，选中一半款式图。通过【变换】对话框的【大小】选项，单击【应用到再制】按钮，再制一个一半款式图。单击交互式属性栏的水平翻转图标 ，并将其水平移动到图形右侧，并与左侧图形拼接对齐。

单击手绘工具 ，和形状工具 ，绘制后片领子，绘制罗纹（如图 10-21 所示）。

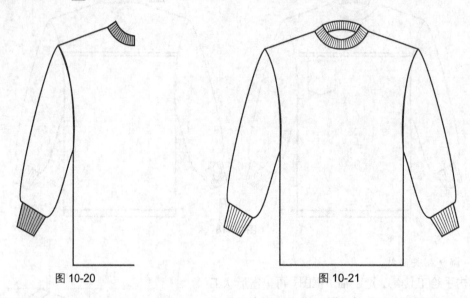

图 10-20　　　　　　　　　　　　　　　　　图 10-21

4. 绘制口袋、拼接线及底边贴边线。

单击手绘工具 ，，绘制双线拼接线。

单击矩形工具 □，绘制一个 10cm×9cm 的矩形，将其放置在胸部右侧的拼接线下方。单击交互式属性栏的转换曲线图标 ，将其转换为曲线。单击形状工具 ，，在矩形底边中间双击鼠标，增加一个节点，将节点向下移动 2cm，形成尖角造型。单击矩形工具 □，绘制一个袋口贴边。这样即完成了正面款式图的绘制（如图 10-22 所示）。

5. 绘制背面款式图：单击挑选工具 ，选中正面款式图。通过【变换】对话框的【大小】选项，单击【应用到再制】按钮，再制一个正面款式图，并将其移动到图纸右侧空白处。逐个选中并删除前片领子、罗纹及口袋等图形。

单击形状工具 ，，调整后领。这样即完成了背面款式图的绘制（如图 10-23 所示）。

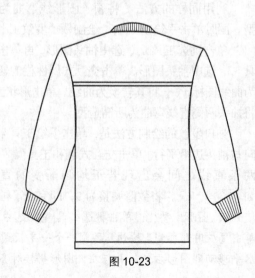

图 10-22　　　　　　　　　　　　　　　　　图 10-23

10.4　系腰带的针织衫

一、款式图
系腰带的针织衫的款式图如图 10-24 所示。

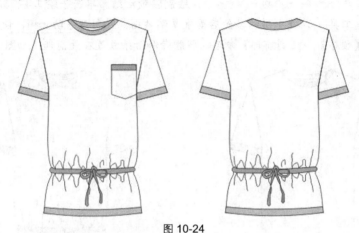

图 10-24

二、款式图绘制方法
1. 设置图纸、原点，绘制直线框图：设置图纸为 A4 图纸、横向摆放，绘图单位为 cm，绘图比例为 1：5。将原点设置在图纸左侧上部适当位置。单击手绘工具，参考图中数据，绘制一半款式图的直线框图（如图 10-25 所示）。

2. 图形完整化：单击挑选工具，选中半个图形。通过【变换】对话框的【大小】选项，单击【应用到再制】按钮，再制一个图形。单击交互式属性栏的水平翻转图标，将其水平翻转，并将其移动到右侧，使之与左侧图形拼接对齐（如图 10-26 所示）。

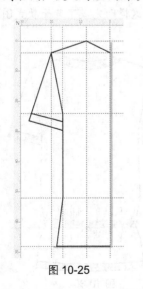

图 10-25

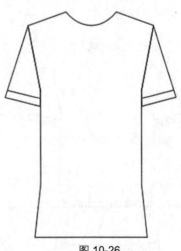

图 10-26

3. 绘制贴边及填充颜色：单击手绘工具 ，绘制双线，作为前后片领口的贴边，并形成封闭图形。绘制衣片底边的贴边，并形成封闭图形。为领口贴边、袖口贴边、衣片底边填充灰色（如图 10-27 所示）。

4. 绘制腰带和皱褶：单击形状工具 ，将衣片侧缝线的腰部节点向内移动，并将左右腰线调整为曲线。单击手绘工具 ，绘制封闭的腰带形状，并为其填充灰色。单击艺术笔工具 的预设选项 ，绘制腰带活结。单击手绘工具 ，绘制腰带上面的皱褶。单击挑选工具 ，选中皱褶，然后垂直复制皱褶，再向下移动皱褶，使之与下边对齐。单击【排列】→【顺序】→【到前部】命令，将腰带和活结放置在最前部（如图 10-28 所示）。

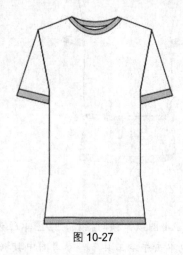
图 10-27

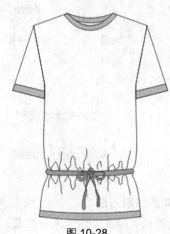
图 10-28

5. 绘制口袋：单击手绘工具 ，绘制高度为 12cm、宽度为 10cm 的口袋，同时绘制口袋上口贴边。这样即完成了正面款式图的绘制（如图 10-29 所示）。

6. 绘制背面款式图：单击挑选工具 ，选中正面款式图。通过【变换】对话框的【大小】选项，单击【应用到再制】按钮，再制一个正面款式图，并将其移动到图纸右侧空白处。单击挑选工具 ，选中并删除前领口、腰带活结，调整后领口造型。这样即完成了背面款式图的绘制（如图 10-30 所示）。

图 10-29

图 10-30

10.5 露肩套头针织衫

一、款式图

露肩套头针织衫的款式图如图 10-31 所示。

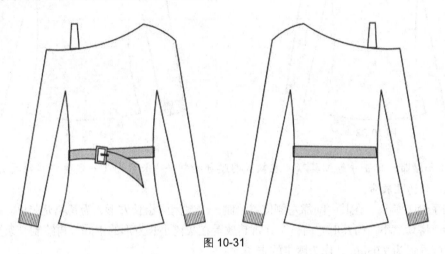

图 10-31

二、款式图绘制方法

1. 设置图纸、原点、绘制直线框图：设置图纸为 A4 图纸、横向摆放，绘图单位为 cm，绘图比例为 1∶5。将原点设置在图纸左侧上部适当位置。单击手绘工具，参考图中数据，绘制款式图的直线框图（如图 10-32 所示）。

2. 调整相关曲线：单击形状工具，将直线框图整体框选。单击交互式属性栏的转换直线为曲线图标，将其转换为曲线。将鼠标指针分别按在领口线、右肩线、侧缝线和底边线上，再拖动鼠标，将其分别调整为曲线造型（如图 10-33 所示）。

3. 绘制吊带和袖口罗纹：单击手绘工具，在领口左侧位置绘制一个梯形，作为吊带。单击手

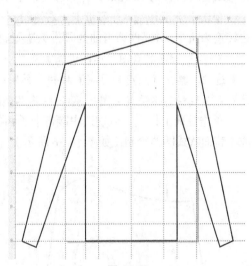

图 10-32

绘工具，在袖口部位的内部左侧绘制一条直线，方向与袖子边线平行，长度为 4cm 左右。再制一条直线，将其放置在袖口部位的内部右侧。单击交互式调和工具，将鼠标指针按在其中一条直线上，拖动鼠标到另一条直线上，两条直线之间会出现若干均匀渐变的直线，通过调整交互式属性栏的调和步数选项，将数据设置为 9，即完成了一个袖口罗纹的绘制。再制一个袖口罗纹，将鼠标指针按在图形左侧中间变换控制柄上，按住 Ctrl 键，自左向右拖动鼠标，使其横向翻转，再将其拖动到右侧袖子的袖口相应位置（如图 10-34 所示）。

图 10-33

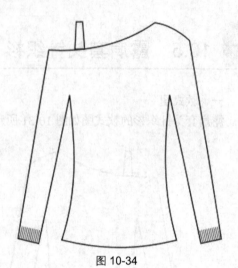

图 10-34

4. 绘制腰带：单击手绘工具，在款式图腰部绘制一个长方形（一定要将其封闭），并为其填充灰色，作为主腰带。

单击手绘工具，在其中间靠左侧位置绘制一个封闭的小长方形，为其填充灰色。再制一个小长方形，将其缩小，为其填充白色，并将其放置在灰色小长方形的中间。再绘制一条短直线，将直线宽度设置为 7.05mm，作为腰带的卡子。

单击手绘工具，在腰带卡子右侧绘制一个下斜的不规则梯形。单击形状工具，将其上下边转换为曲线，并将曲线弯曲为腰带头造型。这样即完成了正面款式图的绘制（如图 10-35 所示）。

5. 绘制背面款式图：单击挑选工具，选中款式图的正面图形。通过【变换】对话框的【大小】选项，单击【应用到再制】按钮，再制一个图形，并将其整体移动到页面右侧空白处。单击交互式属性栏的水平镜像图标，将其水平翻转。

单击挑选工具，分别选中腰带卡子和腰带头，通过按 Delete 键，将其分别删除。这样即完成了背面款式图的绘制（如图 10-36 所示）。

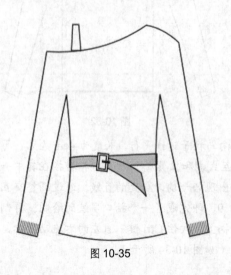

图 10-35

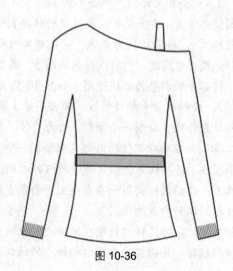

图 10-36

10.6 用特定图案装饰的针织衫

一、款式图

用特定图案装饰的针织衫的款式图如图 10-37 所示。

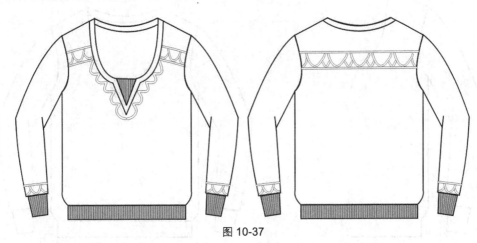

图 10-37

二、款式图绘制方法

1. 设置图纸、原点，绘制直线框图：设置图纸为 A4 图纸、横向摆放，绘图单位为 cm，绘图比例为 1∶5。将原点设置在图纸左侧上部适当位置。单击手绘工具 ，参考图中数据，绘制一半款式图的直线框图（如图 10-38 所示）。

2. 调整相关曲线：单击形状工具 ，在领口线的下部 1/3 处双击鼠标，增加一个节点。选中领口线上部线段，单击交互式属性栏的转换直线为曲线图标 ，将其转换为曲线。将鼠标指针按在曲线上，拖动鼠标，使其弯曲为曲线领口造型。

单击形状工具 ，分别选中袖窿线和袖山线，利用同样的方法，将其转换为曲线，并分别弯曲为袖窿和袖山曲线造型。

单击形状工具 ，在衣身下部底边部位通过双击鼠标，增加两个节点（此处已经有 3 个节点）。框选下面两个节点，按住 Ctrl 键，向右移动节点。选中斜直线，将其转换为曲线，并进行弯曲处理，使其形成下摆收缩造型。

单击手绘工具 ，在袖口部位另外绘制一个袖头造型（如图 10-39 所示）。

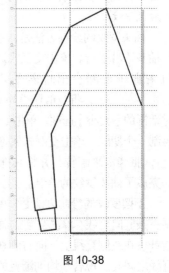

图 10-38

3. 图形完整化、绘制领口双线和下摆罗纹：单击挑选工具 ，选中半个图形。通过【变换】对话框的【大小】选项，单击【应用到再制】按钮，再制一个图形。单击交互式属性栏的水平镜像翻转图标 ，将其水平翻转。按住 Ctrl 键，将鼠标指针按在图形上，拖动鼠标将其移动到右侧，并与左侧图形拼接对齐。

单击手绘工具 和形状工具 ，在领口线外面再绘制一条与领口线平行的领口线，形成领口双线。利用同样的方法，绘制后领口双线。

单击手绘工具 ，在下摆处绘制一条直线，形成下摆造型（如图 10-40 所示）。

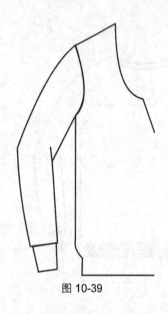

图 10-39

图 10-40

4. 绘制罗纹：本款针织衫的领口处、袖头和下摆均是罗纹。领口罗纹的绘制方法是，单击手绘工具 ，根据领口罗纹的形状，逐条绘制左侧竖线，然后利用再制、翻转、移动的方法，绘制右侧罗纹。

袖头罗纹的绘制方法是，单击手绘工具 ，在袖头左右两侧各绘制一条竖向线，且直线方向与袖头边沿平行。单击交互式调和工具 ，将鼠标指针按在左侧直线上，向右侧直线拖动鼠标，两条直线之间会出现若干均匀渐变的直线，通过调整交互式属性栏的调和步数工具 ，将数值调整为 6，即完成了一个袖头罗纹的绘制。选中袖头罗纹，通过【变换】对话框的【大小】选项，单击【应用到再制】按钮，再制一个罗纹，单击交互式属性栏的水平翻转图标 ，将其水平翻转，并将其拖动到右侧袖头处，即完成了袖头罗纹的绘制。

下摆罗纹的绘制方法是，在下摆左右两侧各绘制一条竖向直线，单击交互式调和工具 ，将鼠标指针按在左侧直线上，向右侧直线拖动鼠标，两条直线之间会出现若干均匀渐变的直线。通过调整交互式属性栏的调和步数工具 ，将数值设置为 50 左右，其疏密程度以美观为原则。即完成了下摆罗纹的绘制（如图 10-41 所示）。

5. 绘制绣花图案：单击艺术笔工具 中的预

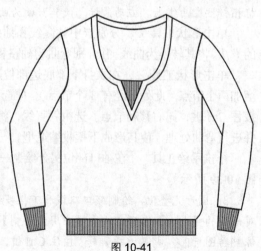

图 10-41

设笔触 （选择等宽圆头笔触），绘制绣花图案。只需绘制左侧一半，另一半通过再制、水平翻转、移动的方法绘制。这样即完成了正面款式图的绘制（如图 10-42 所示）。

　　6. 绘制背面款式图：单击挑选工具 ，选中款式图正面图形。通过【变换】对话框的【大小】选项，单击【应用到再制】按钮，再制一个正面款式图，并将其水平移动到图纸右侧空白处。删除正面领口双线、领口罗纹以及上部绣花图案。

　　单击形状工具 ，调整后领口双线。

　　单击利用艺术笔工具 中的预设笔触 （选择等宽圆头笔触），绘制款式图背面上部的绣花图案。这样即完成了背面款式图的绘制（如图 10-43 所示）。

图 10-42　　　　　　　　　　　　　　　　　　图 10-43

10.7　用花布做的针织衫

一、款式图
用花布做的针织衫的款式图如图 10-44 所示。

图 10-44

二、款式图绘制方法

1. 设置图纸、原点，绘制直线框图：设置图纸为 A4 图纸、横向摆放，绘图单位为 cm，绘图比例为 1：5。将原点设置在图纸左侧上部适当位置。单击手绘工具，参考图中数据，绘制一半款式图的直线框图（如图 10-45 所示）。

2. 调整相关曲线，绘制领口和袖口翻贴边：单击形状工具，选中领口直线，单击交互式属性栏的转换直线为曲线图标，将其转换为曲线。将鼠标指针按在领口线上，拖动鼠标，使其弯曲为领口造型。

单击手绘工具，在领口曲线外面绘制一条与前领口线平行的领口贴边线，将贴边宽度设置为 2cm 左右。单击挑选工具，同时选中前领口的两条领口线，单击交互式属性栏的结合图标，将其结合为一个图形。单击形状工具，选中前领口线上部的两个节点，单击交互式属性栏的延长曲线使之闭合图标，使其连接闭合。

利用同样的方法绘制后领口贴边线，将贴边宽度设置为 2cm 左右，其贴边线处于后领口线的下部。

利用同样的方法绘制袖口贴边线，将贴边宽度设置为 3cm 左右，处于袖口线上部（如图 10-46 所示）。

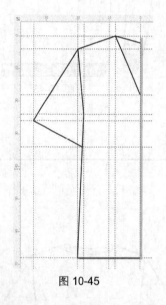

图 10-45

图 10-46

3. 图形完整化，贴边填充：单击挑选工具，选中半个图形。通过【变换】对话框的【大小】选项，单击【应用到再制】按钮，再制一个图形，单击交互式属性栏的水平翻转图标，将其水平翻转，并将其移动到右侧，使之与左侧图形拼接对齐。

单击挑选工具，选中后领口线。单击交互式属性栏的结合图标，使其结合为一个图形。单击形状工具，分别选中后领口线上的未连接的两处节点，单击交互式属性栏的连接两个节点图标，使其成为封闭图形，同时为其填充灰色。

利用同样的方法，将前领口线同时选中，再连接节点，然后填充灰色。

利用同样的方法，将左右两个袖口线分别选中，再连接节点，然后填充灰色（如图 10-47 所示）。

4．绘制前片皱褶线和装饰线：单击手绘工具，绘制左侧领口部位的碎褶线，只需绘制前片一半的皱褶线即可。

绘制袖窿处装饰线的方法是，单击手绘工具，绘制上下两个短斜线，然后单击交互式调和工具，将鼠标指针按在上部短直线上，向下部短直线拖动鼠标，这时两条直线之间会出现若干均匀渐变的直线。通过调整交互式属性栏的调和步数工具，将数值设置为 9 左右，其疏密以美观为原则。单击挑选工具，选中装饰线，通过【变换】对话框的【大小】选项，单击【应用到再制】按钮，

图 10-47

再制一组装饰线，将其水平翻转，并移动到袖窿线的右侧，形成完整的袖窿装饰线（如图 10-48 所示）。

5．辅助皱褶线和装饰线：单击挑选工具，选中刚才绘制的碎褶线、皱褶线和装饰线。通过【变换】对话框的【大小】选项，单击【应用到再制】按钮，再制一组，将其水平翻转，并将其移动到右侧，使之与左侧拼接对齐。

单击挑选工具，选中前片底边的双线皱褶线，单击交互式属性栏的结合图标，使其结合为一个图形。单击形状工具，分别选中未连接的 4 处节点，单击交互式属性栏的连接两个节点图标，使其封闭，并为其填充灰色。

单击手绘工具，连续绘制后片底边的双线，并将其连接封闭，然后为其填充灰色（如图 10-49 所示）。

图 10-48

图 10-49

6．绘制条纹线：单击手绘工具，在前片上部绘制平行的一组（3 条）斜向条纹线。在前片

下部绘制三组（每组 3 条）条纹线。将这三组条纹线通过再制、水平翻转，移动到右侧相应位置。在前片中间皱褶上绘制三组条纹线，其位置稍微与两侧的条纹线错开一些。这样即完成了正面款式图的绘制（如图 10-50 所示）。

7. 绘制背面款式图：单击挑选工具 ，选中正面款式图。通过【变换】对话框的【大小】选项，单击【应用到再制】按钮，再制一个正面款式图，并将其移动到图纸右侧空白处。单击挑选工具 ，逐个选中并删除前领口、碎褶线、皱褶线、装饰线、条纹线、前片底边线等。这样即完成了背面款式图的绘制（如图 10-51 所示）。

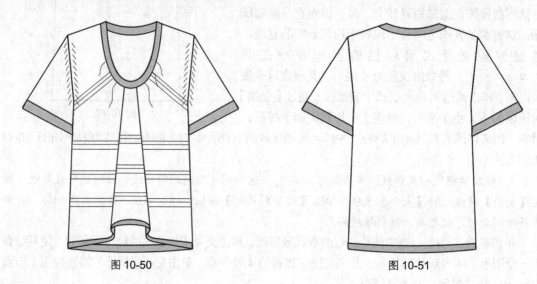

图 10-50　　　　　　　　　　　　　　　　图 10-51

 ## 10.8　用花布拼接的针织衫

一、款式图

用花布拼接的针织衫的款式图如图 10-52 所示。

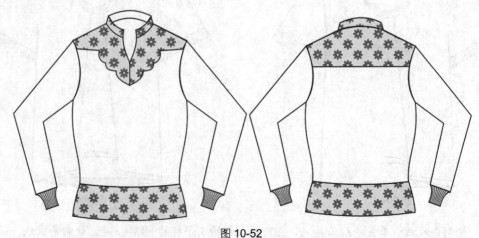

图 10-52

二、款式图绘制方法

1. 设置图纸、原点，绘制直线框图：设置图纸为 A4 图纸、横向摆放，绘图单位为 cm，绘图比例为 1：5。将原点设置在图纸左侧上部适当位置。单击手绘工具 ，参考图中数据，绘制一半款式图的直线框图，其中领子外口线和部分领口线以及肩部拼接线是一个封闭图形（如图 10-53 所示）。

2. 调整相关曲线。

单击手绘工具 ，选中袖子框图。再单击形状工具 ，选中袖山直线。单击交互式属性栏的转换直线为曲线图标 ，将其转换为曲线。在曲线上拖动鼠标，使其弯曲为所需造型。

利用同样的方法，将衣片的袖窿直线弯曲为与袖山曲线相同的曲线。

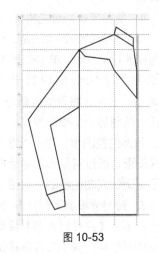

图 10-53

单击形状工具 ，在衣片侧缝线的腰部双击鼠标，增加一个节点。选中侧缝线上的 3 个节点，单击交互式属性栏的转换直线为曲线图标 ，将其转换为曲线。在曲线上拖动鼠标，使侧缝线弯曲为所需曲线造型。

利用同样的方法，将衣片上的部分领口线和底边线弯曲为所需造型。

单击挑选工具 ，选中袖头图形，再单击形状工具 ，选中袖头图形。单击交互式属性栏的转换直线为曲线图标 ，将其转换为曲线。单击形状工具 ，将袖头两侧直线弯曲为所需造型。

单击手绘工具 ，选中与领子外口线一体的封闭图形，再单击形状工具 ，选中刚才的封闭图形。单击交互式属性栏的转换直线为曲线图标 ，将其整体转换为曲线。单击形状工具 ，将每条线段弯曲为所需造型（如图 10-54 所示）。

3. 图形完整化：单击挑选工具 ，选中一半款式图。通过【变换】对话框的【大小】选项，单击【应用到再制】按钮，再制一个一半款式图。单击交互式属性栏的水平翻转图标 ，并将其水平移动到图形右侧，使之与左侧图形拼接对齐。

单击手绘工具 和形状工具 ，绘制后领口及后领子图形，并将其绘制成为封闭图形。

单击手绘工具 和形状工具 ，绘制下摆拼接图形，并将其绘制成为封闭图形（如图 10-55 所示）。

图 10-54

图 10-55

4. 绘制罗纹、填充图案。

袖头罗纹的绘制方法是，单击手绘工具，在袖头左右两侧各绘制一条竖向直线，且直线方向与袖头边沿平行。单击交互式调和工具，将鼠标指针按在左侧直线上，向右侧直线拖动鼠标，两条直线之间会出现若干均匀渐变的直线。通过调整交互式属性栏的调和步数工具，将数值调整为 9，即完成了袖口罗纹的绘制。通过再制、水平翻转、水平移动的方法，绘制另一个袖口罗纹。

肩部拼接图形、领子图形和下摆拼接图形的图案填充方法是，分别选中肩部拼接图形和下摆拼接图形，通过对象属性对话框的填充选项下的图案填充工具，为其填充适当的图案。这样即完成了正面款式图的绘制（如图 10-56 所示）。

5. 绘制背面款式图：单击挑选工具，选中正面款式图，通过【变换】对话框的【大小】选项，单击【应用到再制】按钮，再制一个正面款式图，将其移动到图纸右侧空白处。逐个选中并删除前领口、领子及肩部拼接等图形。

单击形状工具，调整后领。单击手绘工具，绘制后片肩部拼接造型。

肩部拼接和领子图形的图案填充方法是，分别选中肩部拼接图形和领子图形，通过对象属性对话框的填充选项下的图案填充工具，为其填充适当的图案。这样即完成了背面款式图的绘制（如图 10-57 所示）。

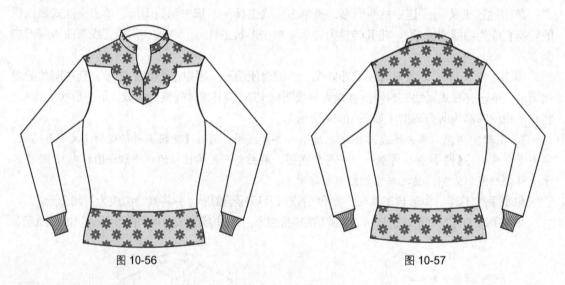

图 10-56   图 10-57

 # 10.9 强调质感对比的针织衫

一、款式图

强调质感对比的针织衫的款式图如图 10-58 所示。

二、款式图绘制方法

1. 设置图纸、原点，绘制直线框图：设置图纸为 A4 图纸、横向摆放，绘图单位为 cm，绘图比例为 1 : 5。将原点设置在图纸左侧上部适当位置。单击手绘工具，参考图中数据，绘制一

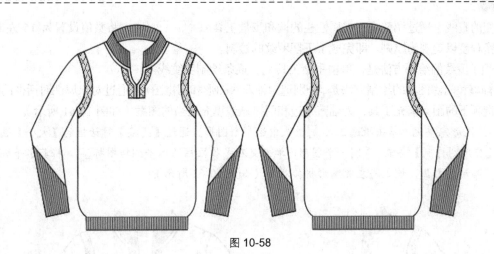

图 10-58

半款式图的直线框图（如图 10-59 所示）。

2. 调整相关曲线，绘制领子、门襟等：单击形状工具，分别选中领口线、袖窿线和袖山线，将其分别转换为曲线，并将其逐个调整为所需曲线造型。

单击手绘工具和形状工具，绘制领口双线、门襟贴边线和袖窿双线，并形成封闭图形。

单击手绘工具，绘制袖口拼接造型，并形成封闭图形。

单击形状工具，将衣片下摆修改为所需造型（如图 10-60 所示）。

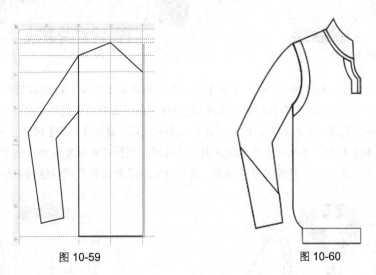

图 10-59   图 10-60

3. 绘制罗纹、填充图案。

袖头罗纹的绘制方法是，单击手绘工具，在袖头左右两侧各绘制一条竖向直线，且直线方向与袖头边沿平行。单击交互式调和工具，将鼠标指针按在左侧直线上，向右侧直线拖动鼠标，两条直线之间会出现若干均匀渐变的直线。通过调整交互式属性栏的调和步数工具，将数值调整为 9，即完成了袖口罗纹的绘制。

下摆罗纹的绘制方法是，单击手绘工具，在下摆左右两侧各绘制一条竖向直线，单击交互式调和工具，将鼠标指针按在左侧直线上，向右侧直线拖动鼠标，两条直线之间会出现若干均匀渐变的直线。通过调整交互式属性栏的调和步数工具 ![icon] 20 ，将数值设置为 15 左右，其疏密程度以美观为原则。即完成了下摆罗纹的绘制。

领子罗纹的绘制方法是，单击手绘工具 ![icon]，逐条绘制罗纹线。

袖窿和门襟图案的绘制方法是，分别选中袖双线图形和门襟图形，通过对象属性对话框的【填充】选项下的图案填充工具，为袖窿贴边和门襟贴边填充适当的图案（如图 10-61 所示）。

4. 图形完整化：单击挑选工具 ![icon]，选中这半个图形。通过【变换】对话框的【大小】选项，单击【应用到再制】按钮，再制一个图形，单击交互式属性栏的水平翻转图标 ![icon]，将其水平翻转，并将其移动到右侧，使之与左侧图形拼接对齐（如图 10-62 所示）。

图 10-61   图 10-62

5. 绘制后领口造型和后领口罗纹：单击手绘工具 ![icon] 和形状工具 ![icon]，绘制后领口造型，并使其成为封闭图形。单击手绘工具 ![icon]，逐条绘制罗纹线。这样即完成了正面款式图的绘制（如图 10-63 所示）。

6. 绘制背面款式图：单击挑选工具 ![icon]，选中正面款式图，通过【变换】对话框的【大小】选项，单击【应用到再制】按钮，再制一个正面款式图，将其移动到图纸右侧空白处。选中并删除前领口、门襟图形。单击形状工具 ![icon]，调整后领口造型。这样即完成了背面款式图的绘制（如图 10-64 所示）。

图 10-63   图 10-64

10.10　用拼贴装饰的针织衫

一、款式图

用拼贴装饰的针织衫的款式图如图 10-65 所示。

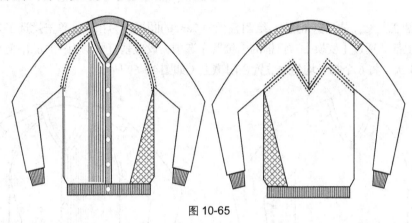

图 10-65

二、款式图绘制方法

1. 设置图纸、原点，绘制直线框图：设置图纸为 A4 图纸、横向摆放，绘图单位为 cm，绘图比例为 1∶5。将原点设置在图纸左侧上部适当位置。单击手绘工具 ，参考图中数据，绘制一半款式图的直线框图。领口贴边、插肩袖、袖头、衣片分别是独立的图形，其中插肩袖、袖头和领口贴边已经是封闭图形（如图 10-66 所示）。

2. 调整相关曲线：单击形状工具 ，选中插肩袖外侧上部直线，单击交互式属性栏的转换直线为曲线图标 ，将其转换为曲线。将鼠标指针按在曲线上，拖动鼠标，使其向外弯曲为所需造型。利用同样的方法，将插肩袖和衣片的缝合线、领口贴边线等调整为所需曲线造型（如图 10-67 所示）。

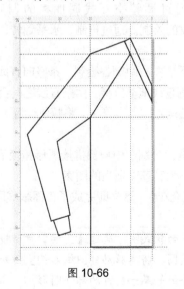

图 10-66

图 10-67

3. 图形完整化：单击挑选工具 ，选中半个图形。通过【变换】对话框的【大小】选项，单击【应用到再制】按钮，再制一个图形，单击交互式属性栏的水平翻转图标 ，将其水平翻转，并将其移动到右侧，使之与左侧图形拼接对齐（如图 10-68 所示）。

4. 绘制其他结构造型线条和图形：单击手绘工具 和形状工具 ，绘制肩部拼接图形，再绘制插肩袖与衣片的缝合虚线明线，然后绘制门襟图形、衣片左侧条纹线、腋下拼接图形、下摆造型等。

单击椭圆工具 ，按住 Ctrl 键，绘制直径为 2cm 的圆形作为扣子。单击挑选工具 ，将其放置在门襟上部。通过【变换】对话框的【位置】选项，设置垂直数据为 –11cm，连续单击【应用到再制】5 次，将 6 个扣子均匀地放置在门襟上（如图 10-69 所示）。

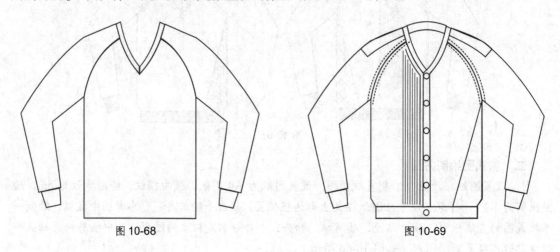

图 10-68   图 10-69

5. 填充图案、绘制罗纹。

袖头罗纹的绘制方法是，单击手绘工具 ，在袖头左右两侧各绘制一条竖向直线，且直线方向与袖头边沿平行。单击交互式调和工具 ，将鼠标指针按在左侧直线上，向右侧直线拖动鼠标，两条直线之间会出现若干均匀渐变的直线。通过调整交互式属性栏的调和步数工具 ，将数值调整为 9，即完成了袖口罗纹的绘制。通过再制、水平翻转、水平移动的方法，绘制另一个袖口罗纹。

下摆罗纹的绘制方法是，单击手绘工具 ，在下摆左右两侧各绘制一条竖向直线。单击交互式调和工具 ，将鼠标指针按在左侧直线上，向右侧直线拖动鼠标，两条直线之间会出现若干均匀渐变的直线，通过调整交互式属性栏的调和步数工具 ，将数值设置为 30~40，其疏密程度以美观为原则。即完成了下摆罗纹的绘制。

肩部拼接图形和腋下拼接图形的图案填充方法是，分别选中肩部拼接图形和腋下拼接图形，通过对象属性对话框的填充选项下的图案填充工具，为其填充适当的图案。

单击挑选工具 ，选中前后领口和门襟，为其填充灰色。这样即完成了正面款式图的绘制（如图 10-70 所示）。

6. 绘制背面款式图：单击挑选工具 ，选中正面款式图。通过【变换】对话框的【大小】选项，单击【应用到再制】按钮，再制一个正面款式图，将其移动到图纸右侧空白处，并将其水平翻转。逐个选中并删除门襟、扣子、前领口左侧条纹等属于前片的部件图形。

单击形状工具 ，调整后领口贴边和肩部拼接造型，再调整插肩袖的背面插肩线。单击手绘工具 ，绘制两条插肩袖的缝合线（如图 10-71 所示）。

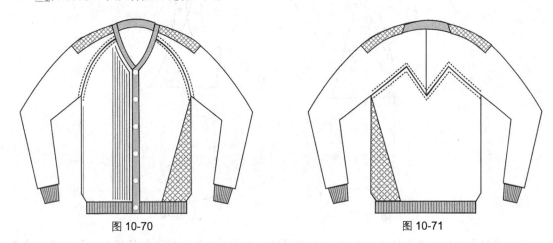

图 10-70　　　　　　　　　　　　　　　　　　图 10-71

 ## 10.11　有层次感的针织衫

一、款式图

有层次感的针织衫的款式图如图 10-72 所示。

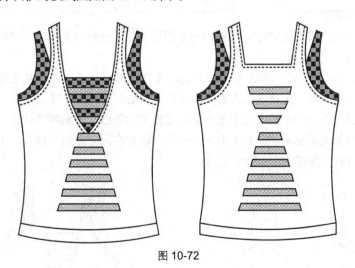

图 10-72

二、款式图绘制方法

1. 设置图纸、原点，绘制直线框图：设置图纸为 A4 图纸、横向摆放，绘图单位为 cm，绘图比例为 1：5。将原点设置在图纸左侧上部适当位置。单击手绘工具 ，参考图中数据，绘制一半款式图的直线框图（如图 10-73 所示）。

2. 调整相关曲线：单击形状工具 ，将两条袖窿线、外层领口线、外层底边线调整为曲线（如图 10-74 所示）。

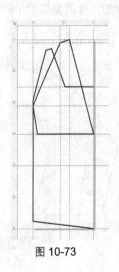

图 10-73

图 10-74

3. 图形完整化：单击挑选工具，选中图形，通过【变换】对话框的【大小】选项，单击
【应用到再制】按钮，再制一个图形。单击交互式属性栏的水平镜像翻转图标，将其水平翻转。
按住 Ctrl 键，将其向右移动，与左侧那一半图形拼接对齐。

单击挑选工具，按住 Shift 键，同时选中外层的图形。单击交互式属性栏的结合图标，
将其结合为一个图形。单击形状工具，分别框选领口和底边上的未连接的节点。单击交互式属
性栏的连接两个节点图标，使其成为封闭图形。单击程序调色板的白色图标，为图形填充白色，
掩盖后面的较短的图形。

利用同样的方法，将内层的图形结合为一个图形，并进行封闭处理，暂时填充白色或不填充
（如图 10-75 所示）。

4. 绘制明线和拼补图形：单击手绘工具，在外层图形的领口和袖窿处绘制虚线明线。绘
制方法是，首先绘制一半，然后通过再制、移动的方法绘制另一半即可。

单击矩形工具，绘制 9 个长短不一、宽度相等的矩形，分别将其转换为曲线。单击形状
工具，分别将其修改为梯形，并且下面 6 个梯形的斜边在同一条斜直线上，上面 3 个梯形的斜
边与外层领口线对齐（如图 10-76 所示）。

图 10-75

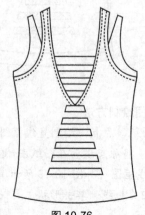

图 10-76

5. 填充图案：单击挑选工具 ，分别选中内层图形和拼补图形，通过对象属性对话框的填充选项下的【图案填充】选项，为内层图形和拼补图形分别填充不同的图案。通过调整图案的前景色、背景色、图案大小等，使其美观。这样即完成了正面款式图的绘制（如图 10-77 所示）。

6. 绘制背面款式图：单击挑选工具 ，选中正面款式图，通过【变换】对话框的【大小】选项，单击【应用到再制】按钮，再制一个正面款式图，将其移动到图纸右侧空白处。

单击形状工具 ，选中并删除领口的节点。通过交互式属性栏的转换直线为曲线图标 ，将其转换为直线。在这条直线上分别双击鼠标，增加两个节点（两个节点与肩颈点的距离相等）。同时框选两个节点，按住 Ctrl 键，向下拖动鼠标，将两个节点同时向下移动，形成背面领口。

利用同样的方法，将领口虚线明线调整为与现在的领口相同（如图 10-78 所示）。

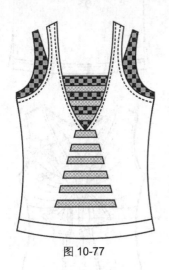
图 10-77

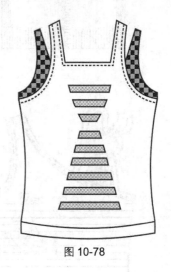
图 10-78

10.12 其他针织衫款式图例

其他的针织衫的款式图例如图 10-79 至图 10-85 所示，有兴趣的读者可以按照这些图例进行练习。

图 10-79

图 10-80

图 10-81

图 10-82

图 10-83

图 10-84

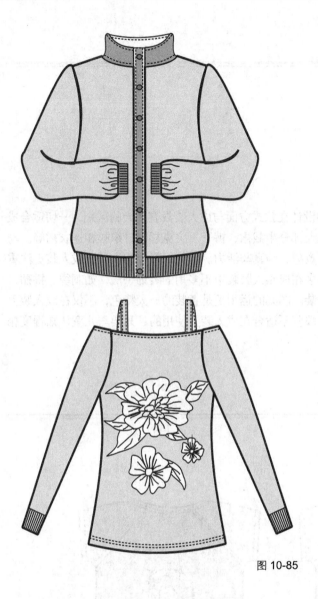

图 10-85

第 11 章

童装款式设计

　　适合儿童穿着的服装叫童装。童装的设计在款式方面与成人装没有太大的区别，一切适合成年人穿着的服装也都适合儿童穿着，如绝大部分半截裙、裤子、夹克衫、针织衫和连衣裙等。与成年人服装的主要区别在于童装应更强调童趣、纯真与活力。因此，童装的设计比成人装更注重细节装饰，在确保儿童安全的前提下，许多在成年人服装中不多用的装饰手法，如刺绣、拼贴、荷叶饰边、思玛克细褶等都可以运用于童装。图案的运用更是童装的一大特色，不仅在成人装上使用的大多数服饰图案可以运用于童装，那些不适合在成人装上使用的、只要与儿童认知程度相适应的各种卡通图案也都可以运用于童装。

 ## 11.1　童装上衣

一、款式图

童装上衣的款式图如图 11-1 所示。

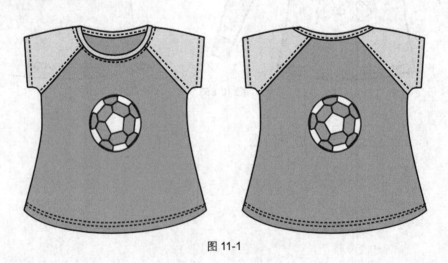

图 11-1

二、款式图绘制方法

　　1. 设置图纸、原点和辅助线：设置图纸为 A4 图纸、竖向摆放，绘图单位为 cm，绘图比例为 1:5。单击挑选工具 ⬚，将鼠标指针按在横向标尺和竖向标尺的交叉点上，然后拖动鼠标，将

400

原点设置在图纸中间上部适当位置。参考图中数据，设置辅助线（如图 11-2 所示）。

2. 绘制直线框图：单击手绘工具 ，参照辅助线的标示范围，绘制童装上衣的各个直线框图（如图 11-3 所示）。

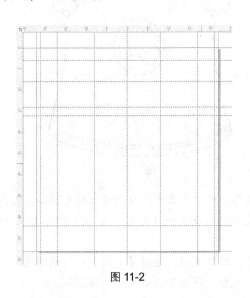

图 11-2

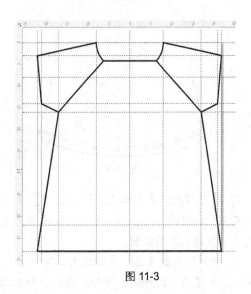

图 11-3

3. 调整相关曲线：单击形状工具 ，分别选中童装上衣的各个直线框图，单击交互式属性栏的转换直线为曲线图标 ，将其转换为曲线。单击形状工具 ，在相关直线上拖动鼠标，使其弯曲为流畅圆润的曲线（如图 11-4 所示）。

4. 绘制领口：单击手绘工具 和形状工具 ，分别绘制前后领口的封闭图形（如图 11-5 所示）。

图 11-4

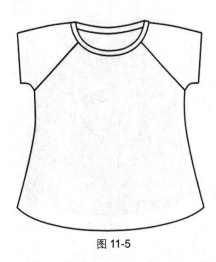

图 11-5

5. 绘制虚线明线：单击手绘工具 和形状工具 ，通过交互式属性栏的【线型】选项的虚线设置，分别绘制各条虚线明线（如图 11-6 所示）。

6. 绘制图样：单击椭圆工具 、多边形工具 和手绘工具 ，绘制足球图样（如图 11-7 所示）。

图 11-6   图 11-7

7. 填充颜色：单击挑选工具 ，选中衣身图形，通过单击调色盘的相应颜色图标，为其填充深灰色。利用同样的方法，分别为其他图形填充适当的灰色和白色（如图 11-8 所示）。这样即完成了正面款式图的绘制。

8. 绘制背面款式图：单击挑选工具 ，选中正面款式图，通过【变换】对话框的【大小】选项，单击【应用到再制】按钮，再制一个正面款式图，将其移动到另外一张图纸上。

单击挑选工具 ，选中并删除前领口图形。

单击手绘工具 和形状工具 ，绘制并调整后领口图形，再调整插肩线图形，然后将足球图样调整到适当的位置（如图 11-9 所示）。

这样即完成了背面款式图的绘制。

图 11-8   图 11-9

 11.2　儿童套头衫

一、款式图

儿童套头衫的款式图如图 11-10 所示。

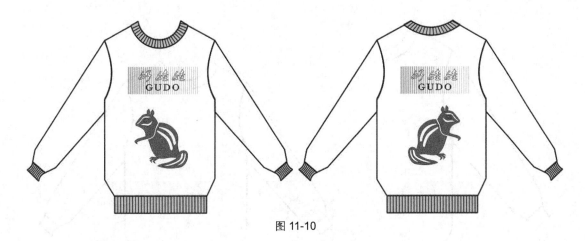

图 11-10

二、款式图绘制方法

1. 设置图纸、原点，绘制直线框图：设置图纸为 A4 图纸、横向摆放，绘图单位为 cm，绘图比例为 1:5。将原点设置在图纸左侧上部适当位置。单击手绘工具 ⚏，参考图中数据，绘制款式图的一半直线框图（如图 11-11 所示）。

2. 调整相关曲线：单击形状工具 ⚏，分别选中袖窿线、袖山线、领口线和袖头侧边线，单击交互式属性栏的转换直线为曲线图标 ⚏，分别将其转换为曲线，并弯曲为所需造型（如图 11-12 所示）。

3. 图形完整化：单击挑选工具 ⚏，选中左侧图形，通过【变换】对话框的【大小】选项，单击【应用到再制】按钮，再制一个左侧图形。单击交互式属性栏的水平翻转图标 ⚏，将其水平翻转。单击挑选工具 ⚏，将其移动到右侧相应位置。

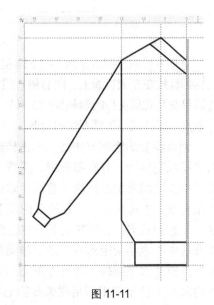

图 11-11

单击挑选工具 ⚏，选中领口曲线。单击交互式属性栏的结合图标 ⚏，将其结合为一个图形。单击形状工具 ⚏，将领口线上的两处未连接的节点连接在一起，成为封闭图形（如图 11-13 所示）。

4. 绘制罗纹和装饰图案。

袖头罗纹的绘制方法是，单击手绘工具 ⚏ 和形状工具 ⚏，在袖头左右两侧各绘制一条竖向曲线，且曲线方向与袖头边沿平行。单击交互式调和工具 ⚏，将鼠标指针按在左侧直线上，向右侧直线拖动鼠标，两条直线之间会出现若干均匀渐变的直线，通过调整交互式属性栏的调和步数工具 ⚏ 20 ▾，将数值调整为 6，即完成了一个袖头罗纹的绘制。选中袖头罗纹，通过【变换】对话框的【大小】选项，单击【应用到再制】按钮，再制一个罗纹，单击交互式属性栏的水平翻转图标 ⚏，将其水平翻转，并将其拖动到右侧袖头处。即完成了袖头罗纹的绘制。

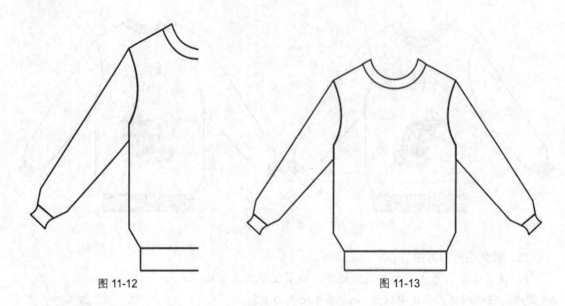

图 11-12　　　　　　　　　　　　　　　　　图 11-13

下摆罗纹的绘制方法是，在下摆左右两侧各绘制一条竖向直线，单击交互式调和工具 ，将鼠标指针按在左侧直线上，向右侧直线拖动鼠标，两条直线之间会出现若干均匀渐变的直线。通过调整交互式属性栏的调和步数工具 20 ，将数值设置为 50 左右，其疏密程度以美观为原则。即完成了下摆罗纹的绘制。

领口罗纹的绘制方法是，单击挑选工具 ，选中领口图形，再制一个领口图形，将其移动到图纸空白处，并在图形中点设置一条竖向辅助线。单击手绘工具，在领口图形上端点和图形中点之间分别绘制两条直线，这两条直线是分别独立的。单击挑选工具 ，分别选中这两条直线，在直线中点分别放置两条竖向辅助线，以便标记直线中点。单击矩形工具 ，绘制一个竖向长方形，将其左下角与左侧直线中点对齐，再单击一次鼠标，使其处于旋转状态，将旋转中心拖动到矩形左下角。拖动鼠标旋转矩形，使矩形下边与左侧直线对齐。再制一个矩形，使其水平翻转，将其左下角与右侧直线中点对齐。两个矩形左侧边的交点即是领口弧线的圆心（这是通用的用圆弧找圆心的方法）。单击手绘工具 ，在圆心和领口图形左侧节点之间绘制一条直线，再单击一次鼠标，使其处于旋转状态，将旋转中心移到圆心处。单击形状工具 ，将直线的右侧节点沿着直线拖动到领口内侧弧线处。通过【变换】对话框的【旋转】选项，设置旋转角度为 5 度。连续单击【应用到再制】按钮若干次，使短直线均匀分布在领口图形上，形成领口罗纹线。单击挑选工具 ，选中领口罗纹线，将其移动到款式图的领口图形上。

单击手绘工具 ，绘制装饰图案的底纹。单击文字工具 字，输入汉字和英文字母，调整大小和轮廓宽度。通过属性对话框的填充选项，为前衣片添加卡通图案（如图 11-14 所示）。

5. 绘制背面款式图：单击挑选工具 ，框选正面款式图。通过【变换】对话框的【大小】选项，单击【应用到再制】按钮，再制一个正面款式图，将其拖动到图纸右侧空白处。

单击形状工具 ，调整后领口造型。这样即完成了背面款式图的绘制（如图 11-15 所示）。

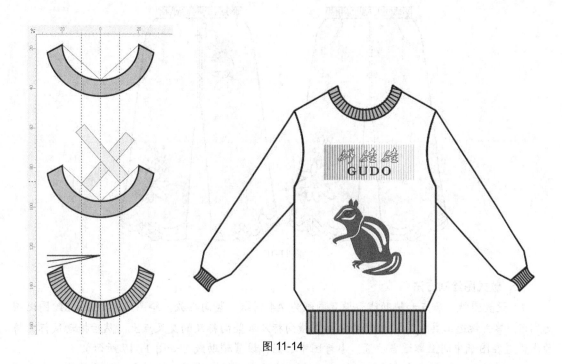

图 11-14

图 11-15

 ## 11.3　童装裤

一、款式图

童装裤的款式图如图 11-16 所示。

图 11-16

二、款式图绘制方法

1. 设置图纸、原点和辅助线：设置图纸为 A4 图纸、竖向摆放，绘图单位为 cm，绘图比例为 1:5。单击挑选工具 ，将鼠标指针按在横向标尺和竖向标尺的交叉点上，然后拖动鼠标，将原点设置在图纸中间上部适当位置。参考图中数据，设置辅助线（如图 11-17 所示）。

2. 绘制直线框图：单击手绘工具 ，参照辅助线的标示范围，绘制童装裤子的各个直线框图（如图 11-18 所示）。

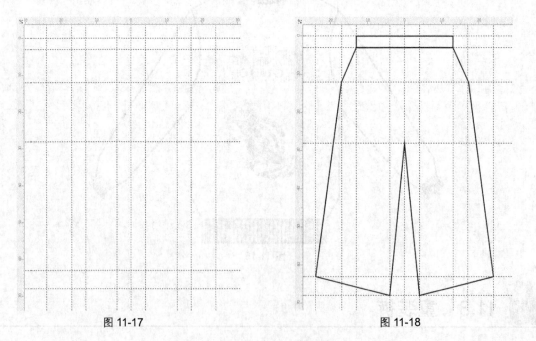

图 11-17	图 11-18

3. 调整相关曲线：单击形状工具 ，分别选中童装裤子的各个直线框图，单击交互式属性栏的转换直线为曲线图标 ，将其转换为曲线。单击形状工具 ，在相关直线上拖动鼠标，使

其弯曲为流畅圆润的曲线（如图 11-19 所示）。

　　4. 绘制口袋和裤口拼接线：单击手绘工具 ✎ 和形状工具 ▸，绘制斜插袋，再绘制与裤口线近似的曲线拼接线（如图 11-20 所示）。

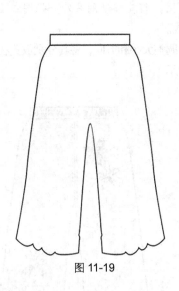
图 11-19

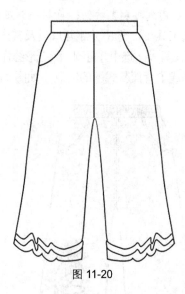
图 11-20

　　5. 绘制明线：单击手绘工具 ✎ 和形状工具 ▸，通过交互式属性栏的【线型】选项的虚线设置，绘制各种虚线明线（如图 11-21 所示）。

　　6. 绘制裤腰松紧带：单击手绘工具 ✎，连续绘制折线形松紧带（如图 11-22 所示）。

　　7. 绘制图样：单击手绘工具 ✎ 和形状工具 ▸，首先绘制一个花形图样。单击挑选工具 ▸，选中整个图样，将其群组为一个整体。通过调整大小和方向，将其放置在适当的位置。通过【变换】对话框的【大小】选项，单击【应用到再制】按钮，再制一个花形图样。通过调整大小和方向，将其放置在另一个适当的位置（如图 11-23 所示）。

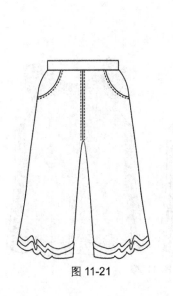
图 11-21

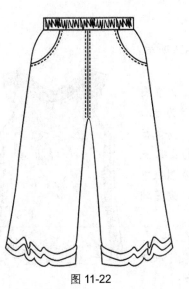
图 11-22

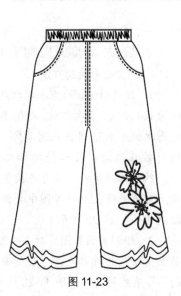
图 11-23

8. 填充颜色：单击挑选工具 ，选中裤身，通过单击调色盘的相应颜色图标，为其填充灰色。利用同样的方法，为花形图样填充白色和深灰色（如图 11-24 所示）。这样即完成了正面款式图的绘制。

9. 绘制背面款式图：单击挑选工具 ，选中正面款式图，通过【变换】对话框的【大小】选项，单击【应用到再制】按钮，再制一个正面款式图，将其移动到另外一张图纸上。

单击挑选工具 ，选中并删除口袋及其虚线明线。

单击矩形工具 ，选中并再制一组花形图样。通过调整大小和方向，将其分别放置在适当的位置。这样即完成了背面款式图的绘制（如图 11-25 所示）。

图 11-24   图 11-25

11.4 童装连衣裙

一、款式图

童装连衣裙的款式图如图 11-26 所示。

二、款式图绘制方法

1. 设置图纸、原点和辅助线：设置图纸为 A4 图纸、竖向摆放，绘图单位为 cm，绘图比例为 1:5。单击挑选工具 ，将鼠标指针按在横向标尺和竖向标尺的交叉点上，然后拖动鼠标，将原点设置在图纸中间上部适当位置。参考图中数据，设置辅助线（如图 11-27 所示）。

2. 绘制直线框图：单击手绘工具 ，参照辅助线的标示范围，绘制童装连衣裙的各个直线框图（如图 11-28 所示）。

图 11-26

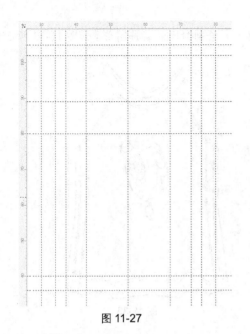

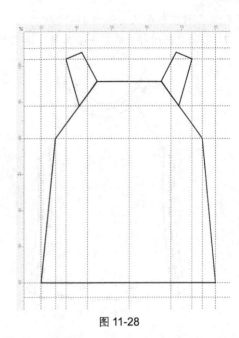

图 11-27 图 11-28

3. 调整相关曲线：单击形状工具 ，分别选中童装连衣裙的各个直线框图，单击交互式属性栏的转换直线为曲线图标 ，将其转换为曲线。单击形状工具 ，在相关直线上拖动鼠标，使其弯曲为流畅圆润的曲线（如图 11-29 所示）。

4. 绘制领口：单击手绘工具 和形状工具 ，绘制前后领口的封闭图形（如图 11-30 所示）。

5. 绘制分割线：单击手绘工具 和形状工具 ，分别绘制裙身两侧的分割线，两条分割线要形成一个封闭图形（如图 11-31 所示）。

图 11-29 图 11-30 图 11-31

6. 绘制明线：单击手绘工具 和形状工具 ，通过交互式属性栏的【线型】选项的虚线设置，绘制各种虚线明线（如图 11-32 所示）。

　　7. 绘制装饰图样：单击手绘工具 ，和形状工具 ，，绘制封闭的装饰图形（如图 11-33 所示）。

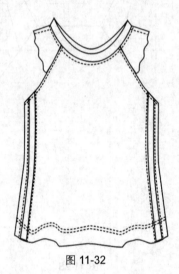

图 11-32

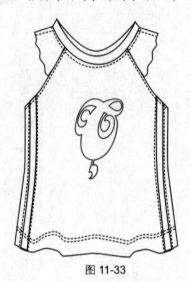

图 11-33

　　8. 填充颜色：单击挑选工具 ，，选中裙身，通过单击调色盘的相应颜色图标，为其填充灰色。利用同样的方法，为其他图形填充相应的颜色（如图 11-34 所示）。

　　这样即完成了正面款式图的绘制。

　　9. 绘制背面款式图：单击挑选工具 ，，选中正面款式图，通过【变换】对话框的【大小】选项，单击【应用到再制】按钮，再制一个正面款式图，将其移动到另外一张图纸上。

　　单击挑选工具 ，，选中并删除前领口。

　　单击挑选工具 ，，选中装饰带结，通过调整大小和方向，将其放置在适当的位置。

　　单击形状工具 ，，调整后领口的形状（如图 11-35 所示）。

　　这样即完成了背面款式图的绘制。

图 11-34

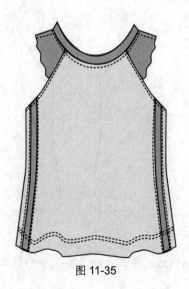

图 11-35

11.5 儿童背带裙

一、款式图

儿童背带裙的款式图如图 11-36 所示。

图 11-36

二、款式图绘制方法

1. 设置图纸、原点，绘制直线框图：设置图纸为 A4 图纸、横向摆放，绘图单位为 cm，绘图比例为 1:5。将原点设置在图纸左侧上部适当位置。单击手绘工具 ，参考图中数据，绘制款式图的直线框图（如图 11-37 所示）。

2. 图形完整化、调整曲线：单击挑选工具 ，选中左侧图形，通过【变换】对话框的【大小】选项，单击【应用到再制】按钮，再制一个左侧图形。单击交互式属性栏的水平翻转图标 ，将其水平翻转。单击挑选工具 ，将其移动到右侧相应位置。

单击形状工具 ，分别选中拼接线和下摆线。单击交互式属性栏的转换直线为曲线图标 ，将其转换为曲线，然后拖动鼠标使其弯曲为所需造型（如图 11-38 所示）。

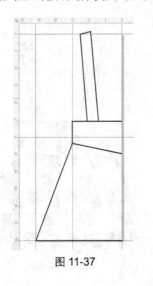

图 11-37

图 11-38

3. 绘制下摆皱褶线：单击形状工具 ，在下摆曲线上通过双击鼠标，均匀地增加 10 个节点。选中下摆上的所有节点，单击交互式属性栏的使节点成为尖突图标 。在每段曲线上拖动鼠标，使其弯曲为所需造型（如图 11-39 所示）。

单击手绘工具 ，绘制与下摆皱褶线相配合的裙身皱褶线（如图 11-40 所示）。

图 11-39

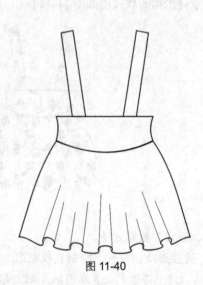

图 11-40

4. 填充图案：通过对象属性对话框的填充选项下的图案填充，为整个款式图填充适当的图案。这样即完成了正面款式图的绘制（如图 11-41 所示）。

5. 绘制背面款式图：单击挑选工具 ，框选正面款式图。通过【变换】对话框的【大小】选项，单击【应用到再制】按钮，再制一个正面款式图，将其拖动到图纸右侧空白处。

单击手绘工具 ，绘制后片门襟。单击椭圆工具 ，绘制 3 个直径为 1cm 的扣子。这样即完成了背面款式图的绘制（如图 11-42 所示）。

图 11-41

图 11-42

11.6 胸部刺绣装饰小罩衣

一、款式图

胸部刺绣装饰小罩衣的款式图如图 11-43 所示。

图 11-43

二、款式图绘制方法

1. 设置图纸、原点，绘制直线框图：设置图纸为 A4 图纸、横向摆放，绘图单位为 cm，绘图比例为 1:5。将原点设置在图纸左侧上部适当位置。单击手绘工具，参考图中数据，绘制款式图的一半直线框图（如图 11-44 所示）。

2. 调整相关曲线：单击形状工具，分别选中侧缝线、底边线、领口线和腰节线，将其转换为曲线，并将其弯曲为所需造型（如图 11-45 所示）。

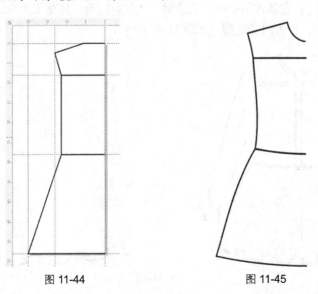

图 11-44   图 11-45

3. 图形完整化：单击挑选工具 ，选中左侧图形，通过【变换】对话框的【大小】选项，单击【应用到再制】按钮，再制一个左侧图形。单击交互式属性栏的水平翻转图标 ，将其水平翻转。单击挑选工具 ，将其移动到右侧相应位置（如图 11-46 所示）。

4. 绘制明线虚线和双线：单击手绘工具 和形状工具 ，分别绘制拼接线、腰节线和袖窿线的虚线明线，再绘制领口双线（如图 11-47 所示）。

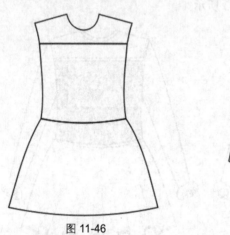
图 11-46

图 11-47

5. 绘制下摆荷叶边。

单击形状工具 ，在下摆底边上通过双击鼠标，均匀地增加 10 个节点。选中下摆底边上的所有节点，单击交互式属性栏的使节点成为尖突图标 ，对每个曲线段进行弯曲，使其成为所需造型。

通过【变换】对话框的【大小】选项，再制一个下摆图形。单击形状工具 ，删除了荷叶边以外的图形线。单击挑选工具 ，将其放置在原来荷叶边的上方，其距离为 1cm 左右，形成双线荷叶边。

单击手绘工具 ，绘制荷叶边的皱褶线。

利用同样的方法，绘制袖口荷叶边。

单击矩形工具 ，在款式图中心线上绘制一个竖向矩形，其宽度为 3cm 左右，高度与衣片腰节线以上高度相同，作为门襟造型（如图 11-48 所示）。

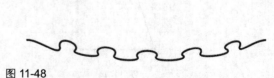
图 11-48

6. 填充图案、绘制扣子：通过对象属性对话框的填充选项下的图案填充，为款式图的衣片中间部位填充适当的图案。单击椭圆工具 ⬭，在门襟上绘制 5 个直径为 1cm 的圆形作为扣子。这样即完成了正面款式图的绘制（如图 11-49 所示）。

7. 绘制背面款式图：单击挑选工具 ⬚，框选正面款式图。通过【变换】对话框的【大小】选项，单击【应用到再制】按钮，再制一个正面款式图，将其拖动到图纸右侧空白处，并将门襟、扣子删除。单击形状工具 ⬚，调整后领口造型。这样即完成了背面款式图的绘制（如图 11-50 所示）。

图 11-49 　　　　　　　　　　　　　　　　图 11-50

 ## 11.7 直身连衣裙

一、款式图

直身连衣裙的款式图如图 11-51 所示。

图 11-51

二、款式图绘制方法

1. 设置图纸、原点，绘制直线框图：设置图纸为 A4 图纸、横向摆放，绘图单位为 cm，绘图比例为 1:5。将原点设置在图纸左侧上部适当位置。单击手绘工具 ，参考图中数据，绘制款式图的一半直线框图（如图 11-52 所示）。

2. 调整相关曲线：单击形状工具 ，分别选中侧缝线、底边线和领口线，将其转换为曲线，并将其弯曲为所需造型。单击手绘工具 和形状工具 ，绘制领口双线和袖口双线（如图 11-53 所示）。

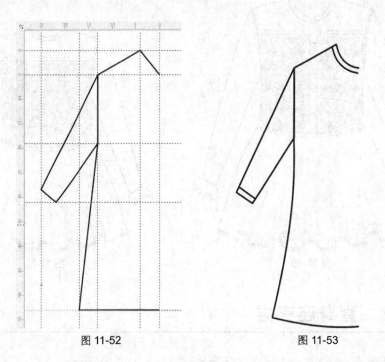

图 11-52　　　　　　　　　　　　　　图 11-53

3. 图形完整化：单击挑选工具 ，选中左侧图形，通过【变换】对话框的【大小】选项，单击【应用到再制】按钮，再制一个左侧图形。单击交互式属性栏的水平翻转图标 ，将其水平翻转。单击挑选工具 ，将其移动到右侧相应位置（如图 11-54 所示）。

4. 绘制下摆荷叶边。

单击手绘工具 ，绘制一个梯形，作为下摆荷叶边的基本形状，其上边宽度与款式图底边宽度相同。

单击形状工具 ，选中梯形的所有节点，将其整体转换为曲线，并将其弯曲为所需造型。

单击形状工具 ，在下摆底边上通过双击鼠标，均匀地增加 10 个节点。选中下摆底边上的所有节点，单击交互式属性栏的使节点成为尖突图标 ，对每条曲线段进行弯曲，使其成为所需造型。

图 11-54

单击手绘工具 ，绘制荷叶边的皱褶线。通过属性对话框的【填充】选项，为前衣片填充图案。这样即完成了正面款式图的绘制（如图 11-55 所示）。

5. 绘制背面款式图：单击挑选工具 ，框选正面款式图。通过【变换】对话框的【大小】选项，单击【应用到再制】按钮，再制一个正面款式图，将其拖动到图纸右侧空白处。

单击手绘工具 ，绘制后片中心线和拉链缝合线。这样即完成了背面款式图的绘制（如图 11-56 所示）。

图 11-55   图 11-56

 # 11.8   连帽连衣裙

一、款式图

连帽连衣裙的款式图如图 11-57 所示。

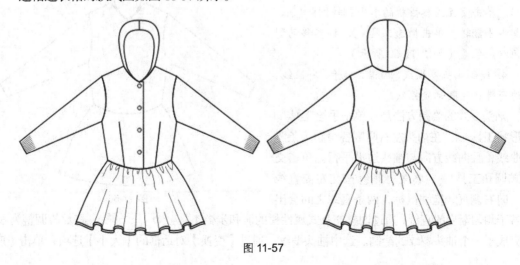

图 11-57

二、款式图绘制方法

1. 设置图纸、原点，绘制直线框图：设置图纸为 A4 图纸、横向摆放，绘图单位为 cm，绘图比例为 1:5。将原点设置在图纸左侧上部适当位置。单击手绘工具，参考图中数据，绘制款式图的一半直线框图（如图 11-58 所示）。

2. 调整相关曲线：单击形状工具，分别选中袖窿线、袖山线、领口线、腰节线、下摆线和帽子图形线，单击交互式属性栏的转换直线为曲线图标，将其分别转换为曲线，并弯曲为所需造型（如图 11-59 所示）。

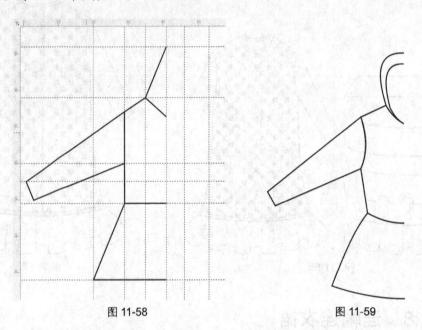

图 11-58   图 11-59

3. 图形完整化：单击挑选工具，选中左侧图形，通过【变换】对话框的【大小】选项，单击【应用到再制】按钮，再制一个左侧图形。单击交互式属性栏的水平翻转图标，将其水平翻转。单击挑选工具，将其移动到右侧相应位置（如图 11-60 所示）。

4. 绘制袖头罗纹线、门襟、扣子、省位线、下边荷叶边及腰部皱褶线。

袖头罗纹的绘制方法是，单击手绘工具和形状工具，在袖头左右两侧各绘制一条竖向曲线，且曲线方向与袖头边沿平行。单击交互式调和工具，将鼠标指针按在左侧直线上，向右侧直线拖动鼠标，两条直线之间会出现若干均匀渐变的直线，通过调整交互式属性栏的调和步数工具，将数值调整为 6，即完成了一个袖头罗纹的绘制。选中袖头罗纹，通过【变换】对话框的【大小】选项，单击【应

图 11-60

用到再制】按钮，再制一个罗纹，单击交互式属性栏的水平翻转图标▐▐，将其水平翻转，并将其拖动到右侧袖头处，即完成了袖头罗纹的绘制。

　　单击形状工具✎，在下摆底边上通过双击鼠标，均匀地增加 10 个节点。选中下摆底边上的所有节点，单击交互式属性栏的使节点成为尖突图标✁，对每条曲线段进行弯曲，使其成为所需造型。

　　通过【变换】对话框的【大小】选项，再制一个下摆图形。单击形状工具✎，删除除了荷叶边以外的图形线。单击挑选工具▹，将其放置在原来荷叶边的上方，其距离为 1cm 左右，形成双线荷叶边。

　　单击手绘工具✎，绘制荷叶边的皱褶线。

　　单击手绘工具✎，绘制一条竖向直线作为门襟造型。单击椭圆工具，绘制 4 个扣子。

　　单击手绘工具，绘制省位线（如图 11-61 所示）。

　　5. 绘制背面款式图：单击挑选工具▹，框选正面款式图。通过【变换】对话框的【大小】选项，单击【应用到再制】按钮，再制一个正面款式图，将其拖动到图纸右侧空白处，然后删除帽子内部图形线、门襟和扣子。

　　利用形状工具✎，调整后领口造型。利用手绘工具✎，绘制帽子中心线。这样即完成了背面款式图的绘制（如图 11-62 所示）。

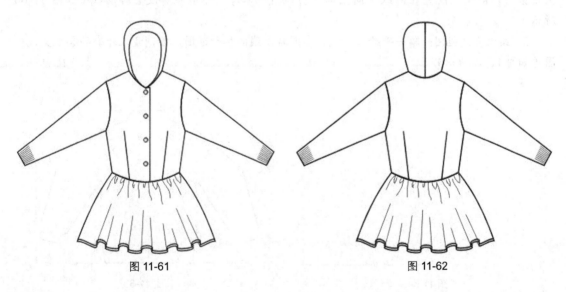

图 11-61　　　　　　　　　　　　　　　　　　图 11-62

 ## 11.9　童装外套

一、款式图
童装外套的款式图如图 11-63 所示。

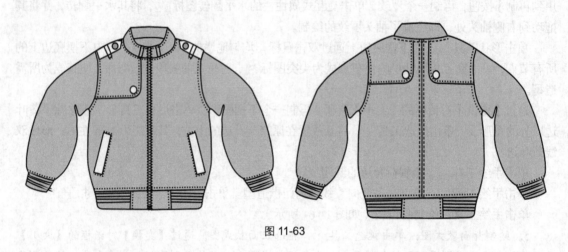

图 11-63

二、款式图的绘制方法

1. 设置图纸、原点和辅助线：设置图纸为 A4 图纸、竖向摆放，绘图单位为 cm，绘图比例为 1:5。单击挑选工具 ，将鼠标指针按在横向标尺和竖向标尺的交叉点上，然后拖动鼠标，将原点设置在图纸中间上部适当位置。参考图中数据，设置辅助线（如图 11-64 所示）。

2. 绘制直线框图：单击手绘工具 ，参照辅助线的标示范围，绘制童装外套的各个直线框图（如图 11-65 所示）。

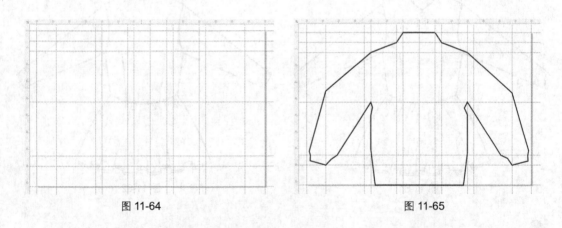

图 11-64   图 11-65

3. 调整相关曲线：单击形状工具 ，分别选中童装外套的各个直线框图，单击交互式属性栏的转换直线为曲线图标 ，将其转换为曲线。单击形状工具 ，在相关直线上拖动鼠标，使其弯曲为流畅圆润的曲线（如图 11-66 所示）。

4. 绘制领子、门襟、袖窿和口袋：单击手绘工具 和形状工具 ，绘制领子的封闭图形、左右两侧袖窿线、门襟的封闭图形及口袋的封闭图形（如图 11-67 所示）。

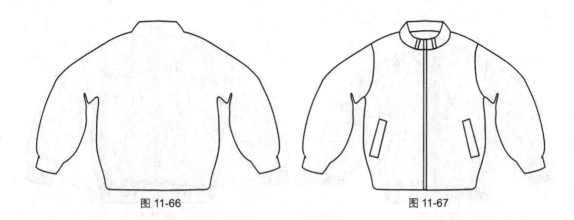

图 11-66   图 11-67

5. 绘制袖口、下摆、肩襟和其他图形：单击手绘工具 ，绘制袖口和下摆的罗纹线。单击手绘工具 和形状工具 ，分别绘制肩襟和左侧装饰部件。单击椭圆工具 ，绘制肩襟的扣子和装饰部件的扣子（如图 11-68 所示）。

6. 绘制虚线明线：单击手绘工具 和形状工具 ，通过交互式属性栏的【线型】选项的虚线设置，分别绘制各条虚线明线（如图 11-69 所示）。

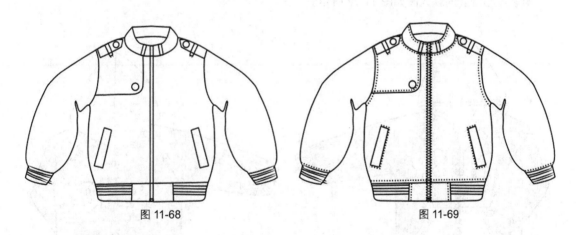

图 11-68   图 11-69

7. 填充颜色：单击挑选工具 ，选中衣身图形，通过单击调色盘的相应颜色图标，为其填充灰色。利用同样的方法，为其他图形填充适当的颜色（如图 11-70 所示）。

这样即完成了正面款式图的绘制。

8. 绘制背面款式图：单击挑选工具 ，选中正面款式图，通过【变换】对话框的【大小】选项，单击【应用到再制】按钮，再制一个正面款式图，将其移动到另外一张图纸上。

单击挑选工具 ，选中并删除前领、门襟、口袋和肩襟及其虚线明线。

单击挑选工具 ，选中并再制一个左侧的装饰部件，将其水平翻转，并将其水平移动到右侧相对位置。

单击形状工具 ，调整后领口图形（如图 11-71 所示）。

这样即完成了背面款式图的绘制。

图 11-70   图 11-71

 11.10   童装连帽外套

一、款式图

童装连帽外套的款式图如图 11-72 所示。

图 11-72

二、款式图绘制方法

1. 设置图纸、原点和辅助线：设置图纸为 A4 图纸、竖向摆放，绘图单位为 cm，绘图比例为 1:5。单击挑选工具 ，将鼠标指针按在横向标尺和竖向标尺的交叉点上，然后拖动鼠标，将原点设置在图纸中间上部适当位置。参考图中数据，设置辅助线（如图 11-73 所示）。

2. 绘制直线框图：单击手绘工具 ，参照辅助线的标示范围，绘制童装外套的各个直线框图（如图 11-74 所示）。

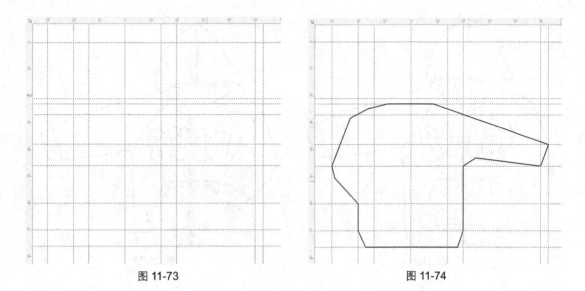

图 11-73   图 11-74

3. 调整相关曲线：单击形状工具 ，选中童装外套的直线框图，单击交互式属性栏的转换直线为曲线图标 ，将其转换为曲线。单击形状工具 ，在相关直线上拖动鼠标，使其弯曲为流畅圆润的曲线（如图 11-75 所示）。

4. 绘制门襟、帽子和袖子：单击手绘工具 和形状工具 ，绘制左侧袖子、帽子的各个封闭图形及门襟的封闭图形（如图 11-76 所示）。

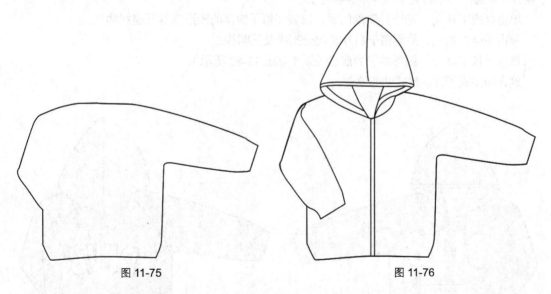

图 11-75   图 11-76

5. 绘制口袋、分割线和装饰图样：单击手绘工具 和形状工具 ，分别绘制衣身的各个分割线和口袋，再绘制文字图样的封闭图形（如图 11-77 所示）。

6. 绘制虚线明线：单击手绘工具 和形状工具 ，通过交互式属性栏的【线型】选项的虚线设置，分别绘制各条虚线明线（如图 11-78 所示）。

图 11-77   图 11-78

7. 填充颜色：单击挑选工具 ⬚，选中衣身图形，通过单击调色盘的相应颜色图标，为其填充深灰色。利用同样的方法，为其他图形填充适当的颜色（如图 11-79 所示）。

这样即完成了正面款式图的绘制。

8. 绘制背面款式图：单击挑选工具 ⬚，选中正面款式图，通过【变换】对话框的【大小】选项，单击【应用到再制】按钮，再制一个正面款式图，将其移动到另外一张图纸上，并将其水平翻转（注意：其中的文字图样不要翻转）。

单击挑选工具 ⬚，选中并删除门襟、口袋和帽子内部的图形线及其虚线明线。

单击手绘工具 ⬚，绘制帽子后片竖向分割线及其明线。

单击形状工具 ⬚，调整袖子的前后关系（如图 11-80 所示）。

这样即完成了背面款式图的绘制。

图 11-79   图 11-80

11.11 其他童装款式图例

其他的童装款式图例如图 11-81 至图 11-90 所示,有兴趣的读者可以按照这些款式图例进行练习。

图 11-81

图 11-82

图 11-83

图 11-84

图 11-85

图 11-86

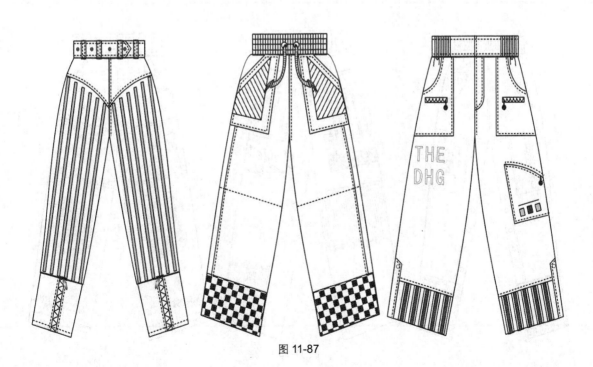

图 11-87

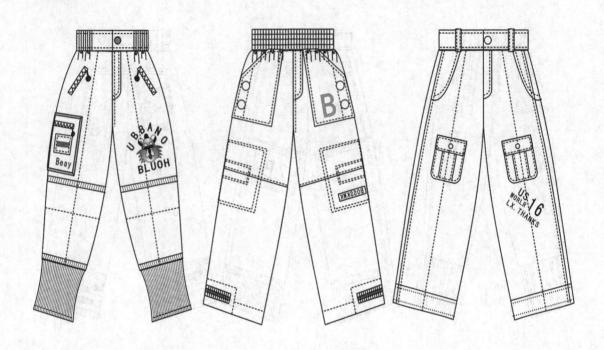

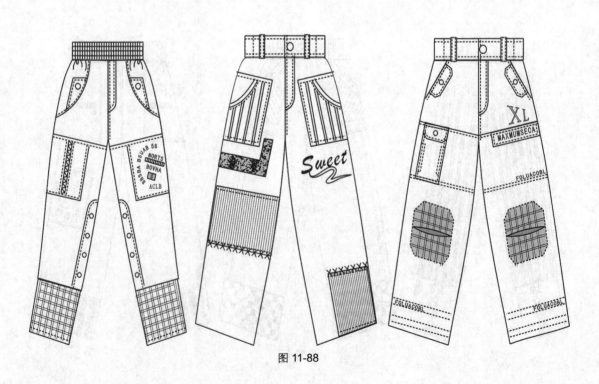

图 11-88

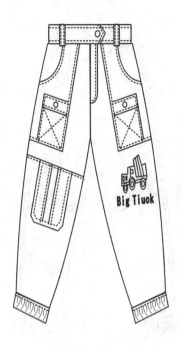

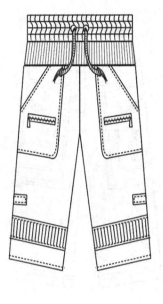

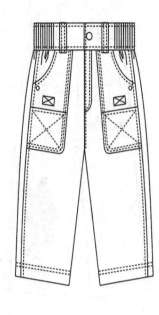

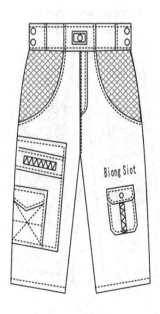

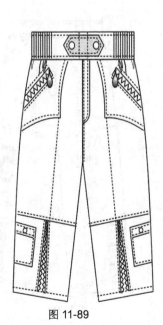

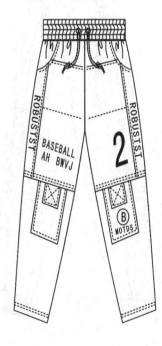

图 11-89

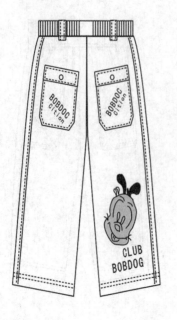

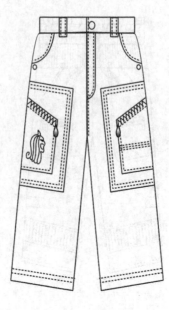

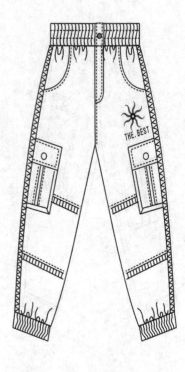

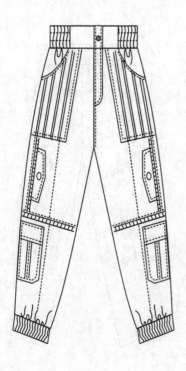

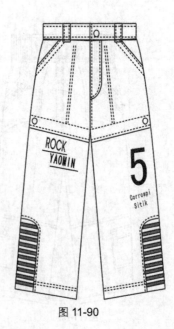

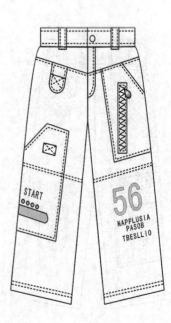

图 11-90

第 12 章

内衣款式设计

内衣是指贴身穿用的服装。内衣已经是服装家族中的一个重要种类，内衣的设计生产也已经成为服装行业的一个重要门类。

内衣具有实用和装饰双重功能。内衣的装饰功能是由款式、色彩、材料共同决定的，而款式是其中最基本的元素，没有款式，色彩和材料便无从表现。因此，在设计时，特别是在批量生产的成衣设计时，提高款式设计的能力，对设计师显得尤为重要。

在实践中，内衣款式的特点是通过款式图表现的。由于款式图不受人体动态的影响，不必描画衣纹线，具有线条简洁、结构明确的特点，常被企业广泛运用于设计、订货与生产过程中。因此，在服装企业里，企业决策者非常重视其部门的设计者、生产者和基层管理者是否能快速、正确、完美地绘制款式图。下面介绍绘制内衣款式图的方法。

12.1 女式文胸

文胸即通常所说的胸罩、乳罩，是由古代束胸发展而来的，是女性专用的贴身内衣之一，是女性胸部的"时装"。过去，文胸的功能是紧缩胸部，掩盖女性的特点，尽量减少女性的性感特征。而在现代，文胸则尽量展现女性的性感魅力，突出女性特征。下面介绍文胸的款式设计方法。

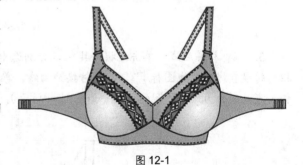

图 12-1

一、款式图

女装文胸一的款式图如图 12-1 所示。

二、女装文胸一款式图绘制方法

1. 设置图纸、原点和辅助线：设置图纸为 A4 图纸、竖向摆放，绘图单位为 cm，绘图比例为 1:5。单击挑选工具，将鼠标指针按在横向标尺和竖向标尺的交叉点上，然后拖动鼠标，将原点设置在图纸中间上部适当位置。参考图中数据，设置辅助线（如图 12-2 所示）。

2. 绘制直线框图：单击手绘工具，参照辅助线的标示范围，绘制女装文胸的各个直线框图（如图 12-3 所示）。

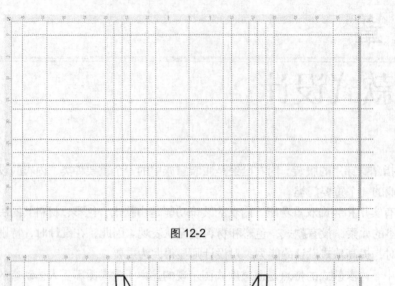

图 12-2

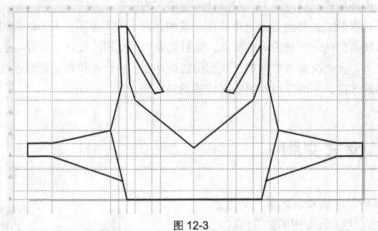

图 12-3

3. 调整相关曲线：单击形状工具，分别选中女装文胸的各个直线框图，单击交互式属性栏的转换直线为曲线图标，将其转换为曲线。单击形状工具，在相关直线上拖动鼠标，使相关直线弯曲为流畅圆润的曲线（如图 12-4 所示）。

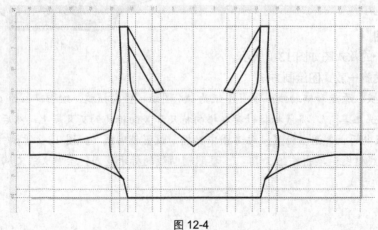

图 12-4

4. 绘制分割图形和分割线：单击手绘工具 ，和形状工具 ，，分别绘制拼接图形和胸罩的封闭图形。单击椭圆工具 ⃝，绘制肩带环。单击矩形工具 ▢，绘制围带环（如图 12-5 所示）。

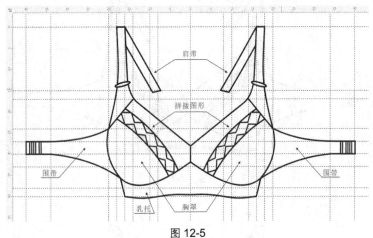

图 12-5

5. 绘制拼接图形的图案：单击手绘工具 ，，绘制拼接图形中的封闭图形。单击交互式属性栏的群组图标 ⛶，并将其分别群组为两个图形组（如图 12-6 所示）。

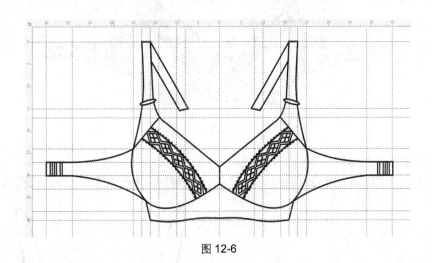

图 12-6

6. 绘制虚线明线：单击手绘工具 ，和形状工具 ，，通过交互式属性栏的【轮廓】选项，分别绘制各条虚线明线（如图 12-7 所示）。

7. 填充颜色：单击挑选工具 ，，选中围带图形，通过程序界面的调色盘，为其填充灰色。利用同样的方法，为其他图形填充相应的单色。单击挑选工具 ，，选中胸罩图形，通过对象属性对话框的填充选项的【渐变填充】工具，为其填充渐变效果。这样即完成了款式图的绘制（如图 12-8 所示）。

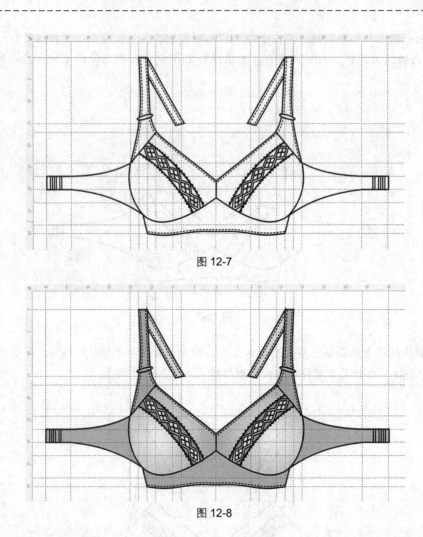

图 12-7

图 12-8

三、其他文胸款式图例

其他的文胸款式图例如图12-9和图12-10所示，有兴趣的读者可以按照这些款式图例进行练习。

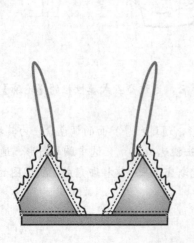

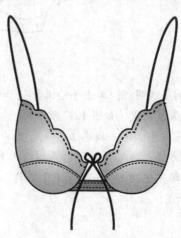

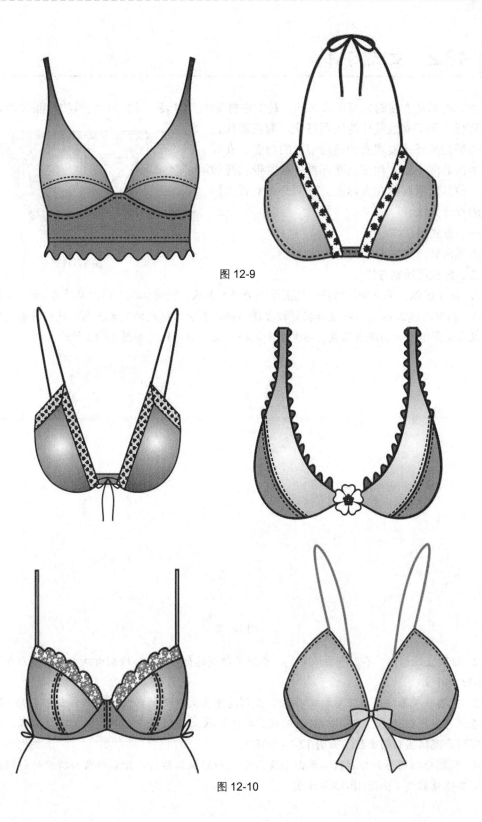

图 12-9

图 12-10

12.2 女式内裤

　　女式内裤是女性的贴身内衣之一，是女性臀部的"时装"。过去，内裤的功能仅是为了掩盖性特征，保护女性羞部的生理特性。而在现代，女装内裤则具备了展现女性性感魅力的功能。女式内裤由前后两个裤片构成，腰部具备松紧带功能的部件，使其紧紧贴附在人体上。下面介绍女式内裤款式的设计方法。

图 12-11

　　一、款式图

　　女式内裤一的款式图如图 12-11 所示。

　　二、款式图绘制方法

　　1. 设置图纸、原点和辅助线：设置图纸为 A4 图纸、竖向摆放，绘图单位为 cm，绘图比例为 1:5。利用挑选工具 ，将鼠标指针按在横向标尺和竖向标尺的交叉点上，然后拖动鼠标，将原点设置在图纸中间的适当位置。参考图中数据，设置辅助线（如图 12-12 所示）。

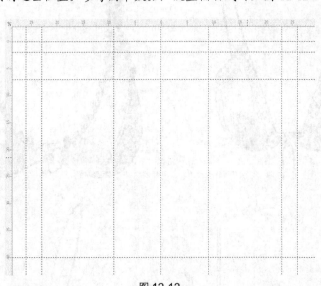

图 12-12

　　2. 绘制直线框图：单击手绘工具 ，参照辅助线的标示范围，绘制女式内裤的直线框图（如图 12-13 所示）。

　　3. 调整相关曲线：单击形状工具 ，分别选中女式内裤的直线框图，单击交互式属性栏的转换直线为曲线图标 ，将其转换为曲线。单击形状工具 ，在相关直线上拖动鼠标，使相关直线弯曲为流畅圆顺的曲线（如图 12-14 所示）。

　　4. 绘制分割图形和分割线：单击手绘工具 和形状工具 ，绘制裤腰和裤口的封闭图形，再绘制其他分割线（如图 12-15 所示）。

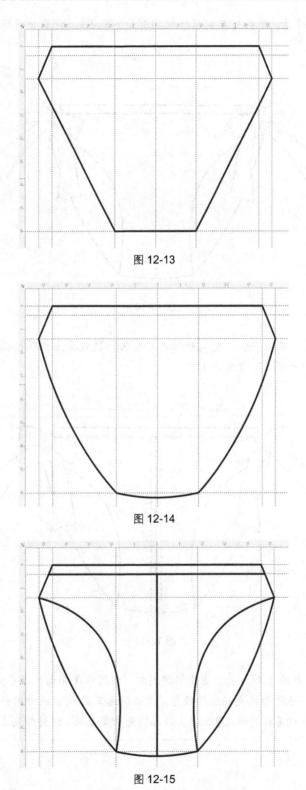

图 12-13

图 12-14

图 12-15

5. 绘制蝴蝶结：单击手绘工具 和形状工具 ，绘制蝴蝶结的各个封闭图形。单击挑选

工具 ，分别选中蝴蝶结，单击交互式属性栏的群组图标 ，将其分别群组为 2 个图形组（如图 12-16 所示）。

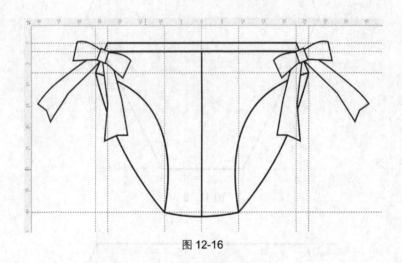

图 12-16

6. 绘制虚线明线：单击手绘工具 和形状工具 ，通过交互式属性栏的【轮廓】选项，分别绘制各条虚线明线（如图 12-17 所示）。

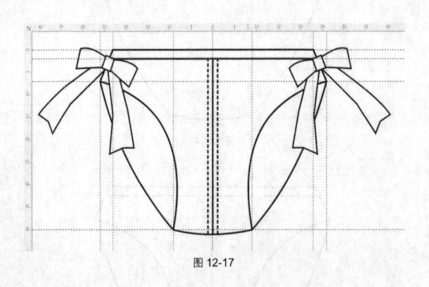

图 12-17

7. 填充颜色：单击挑选工具 ，选中裤腰图形，通过程序界面的调色盘，为其填充深灰色。利用同样的方法，为其他图形填充相应的颜色。单击挑选工具 ，选中内裤前片图形，通过对象属性对话框的填充选项的【渐变填充】工具，为其填充渐变效果。这样即完成了款式图的绘制（如图 12-18 所示）。

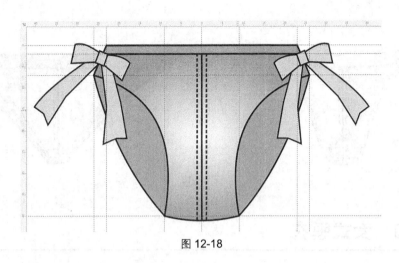

图 12-18

三、其他女式内裤款式图例

其他女式内裤款式图例如图 12-19 所示。有兴趣的读者可以根据款式图进行练习。

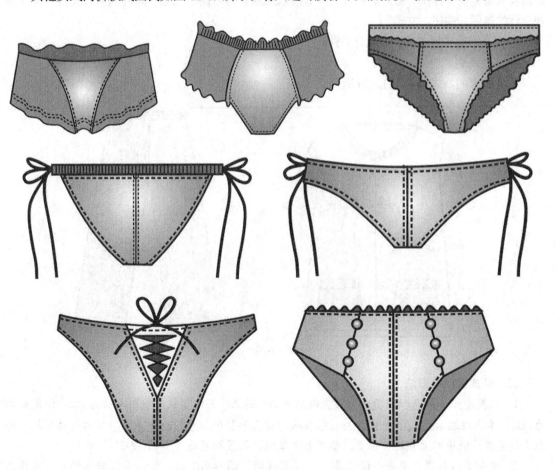

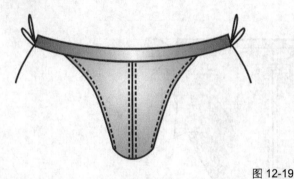
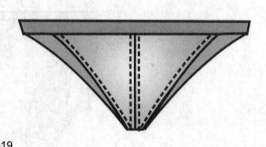

图 12-19

12.3 女式睡衣

睡衣是睡觉休息时穿用的服装，实际上除了睡觉休息，居家休闲时大多也穿用睡衣，因此睡衣需要具备宽松、休闲、舒适的特性。女式睡衣还应具有时尚、性感、妩媚的女性特征，用于体现女性的美丽、端庄、文雅。

下面介绍女式睡衣款式的设计方法。

一、款式图

女式睡衣的款式图如图 12-20 所示。

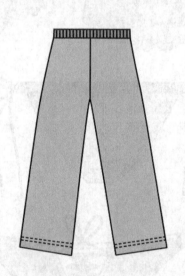

图 12-20

二、款式图绘制方法

1. 设置图纸、原点和辅助线：设置图纸为 A4 图纸、竖向摆放，绘图单位为 cm，绘图比例为 1:5。单击挑选工具 ，将鼠标指针按在横向标尺和竖向标尺的交叉点上，然后拖动鼠标，将原点设置在图纸中间上部适当位置。参考图中数据，设置辅助线（如图 12-21 所示）。

2. 绘制直线框图：单击手绘工具 ，参照辅助线的标示范围，绘制女装睡衣的各个直线框图（如图 12-22 所示）。

3. 调整相关曲线：单击形状工具 ，分别选中女装睡衣的各个直线框图，单击交互式属性栏的转换直线为曲线图标 ，将其转换为曲线。单击形状工具 ，在相关直线上拖动鼠标，使相关直线弯曲为流畅圆润的曲线（如图 12-23 所示）。

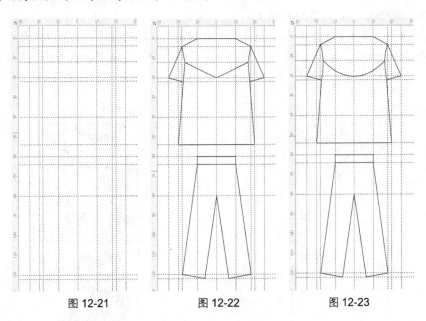

图 12-21   图 12-22   图 12-23

4. 绘制分割图形和分割线：单击手绘工具 和形状工具 ，绘制领口拼接图形和口袋的封闭图形，绘制门襟线。单击椭圆工具 ，再绘制扣子图形。单击手绘工具 ，绘制睡裤的前裆线（如图 12-24 所示）。

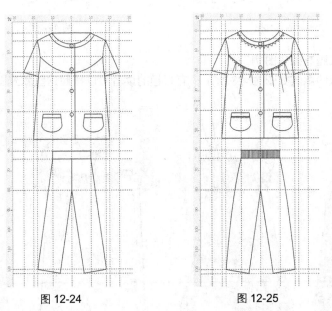

图 12-24   图 12-25

5. 绘制花边和皱褶线：单击手绘工具 和形状工具 ，绘制各个花边图形。单击手绘工具 ，绘制下部衣片的皱褶线。单击手绘工具 和交互式调和工具 ，绘制裤腰的松紧带（如图 12-25 所示）。

6. 绘制虚线明线：单击手绘工具 和形状工具 ，通过交互式属性栏的【轮廓】选项，分别绘制各条虚线明线（如图 12-26 所示）。

7. 填充颜色：单击挑选工具 ，选中领口拼接图形，通过程序界面的调色盘，为其填充深灰色。利用同样的方法，为其他图形填充相应的颜色。这样即完成了款式图的绘制（如图 12-27 所示）。

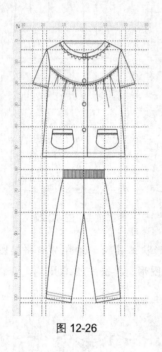

图 12-26

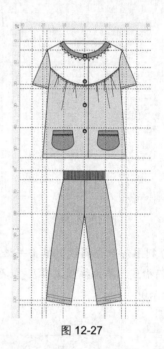

图 12-27

三、其他女式睡衣款式图例

其他女式睡衣的款式如图 12-28 所示，有兴趣的读者可以按照这些款式图进行绘制。

图 12-28

 ## 12.4 男式背心

男式背心是男性的贴身内衣之一。下面介绍男式背心款式设计方法。

一、款式图

男式背心的款式图如图 12-29 所示。

二、款式图绘制方法

1. 设置图纸、原点和辅助线：设置图纸为 A4 图纸、竖向摆放，绘图单位为 cm，绘图比例为 1:5。单击挑选工具 ，将鼠标指针按在横向标尺和竖向标尺的交叉点上，然后拖动鼠标，将原点设置在图纸中间上部适当位置。参考图中数据，设置辅助线（如图 12-30 所示）。

2. 绘制直线框图：单击手绘工具 ，参照辅助线的标示范围，绘制男式背心的直线框图（如图 12-31 所示）。

图 12-29

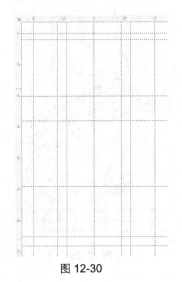

图 12-30

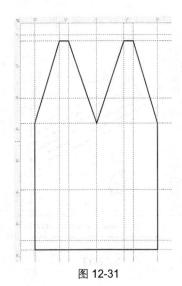

图 12-31

3. 调整相关曲线：单击形状工具 ，选中男式背心的直线框图，单击交互式属性栏的转换直线为曲线图标 ，将其转换为曲线。单击形状工具 ，在相关直线上拖动鼠标，使相关直线弯曲为流畅圆润的曲线（如图 12-32 所示）。

4. 绘制分割线和装饰图样：单击手绘工具 ，绘制男式背心的各条分割线；通过【插入字符】对话框，为男式背心添加适当的装饰图样，并调整其大小和位置（如图 12-33 所示）。

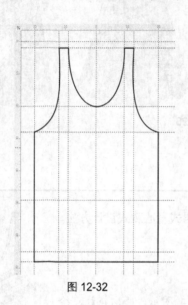
图 12-32

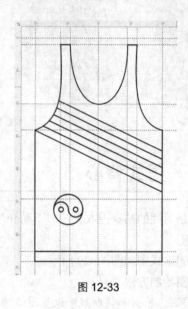
图 12-33

5. 绘制虚线明线：单击手绘工具 和形状工具 ，通过交互式属性栏的【线型】选项，绘制各条虚线明线（如图 12-34 所示）。

6. 填充颜色：单击挑选工具 ，选中衣身图形，通过程序界面的调色盘，为其填充灰色。利用同样的方法，为其他图形填充相应的颜色。这样即完成了款式图的绘制（如图 12-35 所示）。

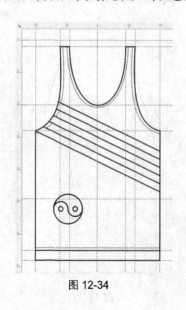
图 12-34

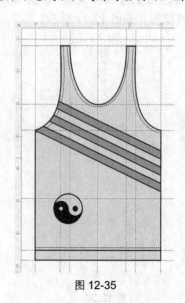
图 12-35

三、其他男式背心款式图例

其他男式背心的款式图例如图 12-36 所示，有兴趣的读者可以按照这些款式图进行练习。

图 12-36

12.5 男式内裤

男式内裤是男性的贴身内衣之一。过去，男式内裤的功能仅是为了掩盖性特征，保护男性的生理特性。而在现代，男式内裤则具备了展现男性魅力的功能。

下面介绍男式内裤款式设计方法。

一、款式图

男式内裤的款式图如图 12-37 所示。

二、款式图绘制方法

1. 设置图纸、原点和辅助线：设置图纸为 A4 图纸、竖向摆放，绘图单位为 cm，绘图比例为 1:5。单击挑选

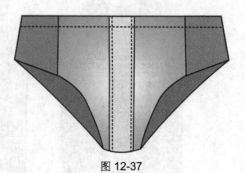

图 12-37

工具 ，将鼠标指针按在横向标尺和竖向标尺的交叉点上，然后拖动鼠标，将原点设置在图纸中间上部适当位置。参考图中数据，设置辅助线（如图 12-38 所示）。

图 12-38

2. 绘制直线框图：单击手绘工具 ，参照辅助线的标示范围，绘制男式内裤的直线框图（如图 12-39 所示）。

3. 调整相关曲线：单击形状工具 ，选中男式内裤的直线框图，单击交互式属性栏的转换直线为曲线图标 ，将其转换为曲线。单击形状工具 ，在相关直线上拖动鼠标，使相关直线弯曲为流畅圆润的曲线（如图 12-40 所示）。

4. 绘制前片图形和分割线：单击手绘工具 和形状工具 ，先绘制内裤前片的封闭图形。再绘制前片的各条分割线（如图 12-41 所示）。

5. 绘制虚线明线：单击手绘工具 ，通过交互式属性栏的【线型】选项，绘制各条虚线明线（如图 12-42 所示）。

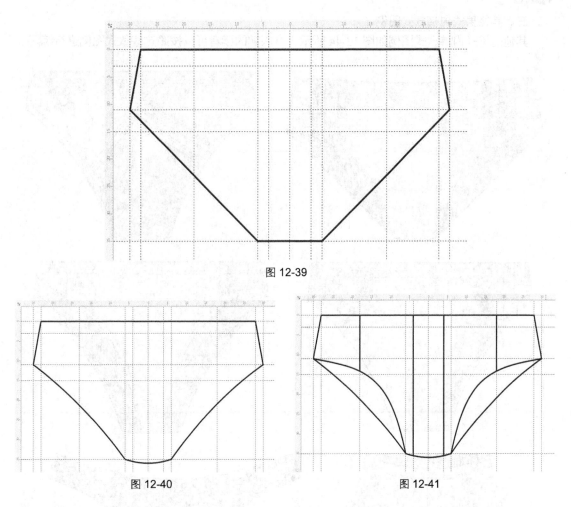

图 12-39

图 12-40　　　　　　　　　　　图 12-41

6. 填充颜色：单击挑选工具 ，选中内裤后片的两侧图形，通过程序界面的调色盘，为其填充深灰色。通过对象属性对话框的【渐变填充】项，为内裤前片填充渐变效果。这样即完成了款式图的绘制（如图 12-43 所示）。

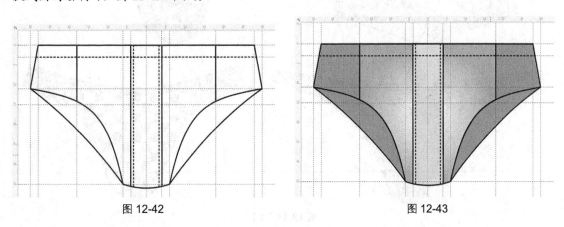

图 12-42　　　　　　　　　　　图 12-43

三、其他男式内裤款式图例

其他的男式内裤款式图例如图 12-44 所示，有兴趣的读者可以按照这些款式图例进行练习。

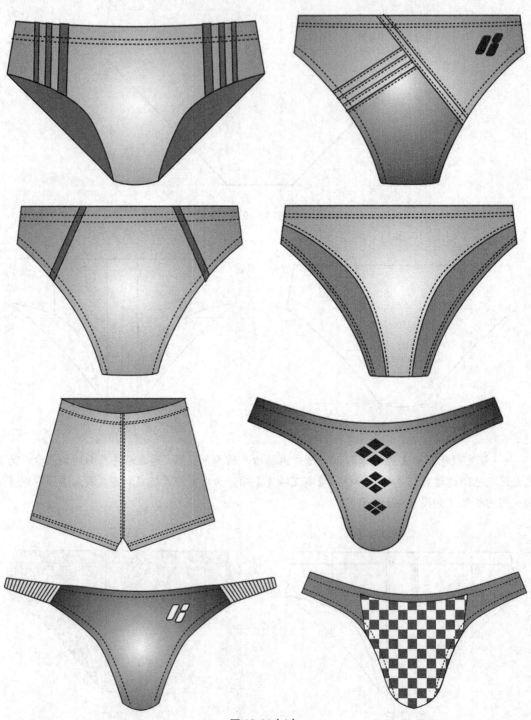

图 12-44（1）

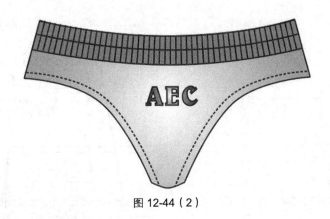

图 12-44（2）

 ## 12.6 男式睡衣

睡衣是睡觉休息时穿用的服装，实际上除了睡觉休息，居家休闲时大多也穿用睡衣，因此睡衣需要具备宽松、休闲、舒适的特性。男式睡衣主要应具有时尚休闲的男性特征。

下面介绍男式睡衣款式设计方法。

一、款式图

男式睡衣的款式图如图 12-45 所示。

二、款式图绘制方法

1. 设置图纸、原点和辅助线：设置图纸为 A4 图纸、竖向摆放，绘图单位为 cm，绘图比例为 1:5。单击挑选工具 ，将鼠标指针按在横向标尺和竖向标尺的交叉点上，然后拖动鼠标，将原点设置在图纸中间上部适当位置。参考图中数据，设置辅助线（如图 12-46 所示）。

2. 绘制直线框图：单击手绘工具 ，参照辅助线的标示范围，绘制男式睡衣的直线框图（如图 12-47 所示）。

3. 调整相关曲线：单击形状工具 ，选中男式睡衣的直线框图，单击交互式属性栏的转换直线为曲线图标 ，将其转换为曲线。单击形状工具 ，在相关直线上拖动鼠标，使相关直线弯曲为流畅圆润的曲线（如图 12-48 所示）。

4. 绘制领子、门襟和袖口：单击手绘工具 和形状工具 ，绘制领子的封闭图形、门襟线和袖头封闭图形（如图 12-49 所示）。

5. 绘制腰带和口袋：单击手绘工具 和形状工具 ，分别绘制腰带和口袋的封闭图形（如图 12-50 所示）。

图 12-45

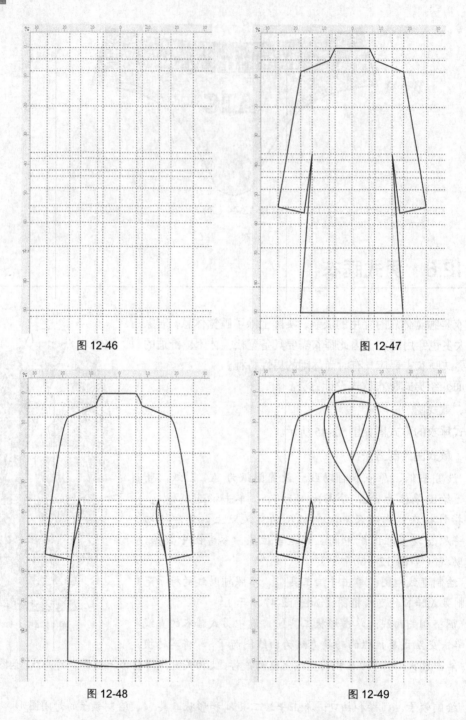

图 12-46　　　　　　　　　　　　　　　图 12-47

图 12-48　　　　　　　　　　　　　　　图 12-49

　　6. 填充颜色：单击挑选工具 ⬡，选中领子图形，通过程序界面的调色盘，为其填充白色。利用同样的方法，为其他图形填充相应的颜色。通过交互式属性栏的【图样填充】选项，为衣身填充图样。这样即完成了款式图的绘制（如图 12-51 所示）。

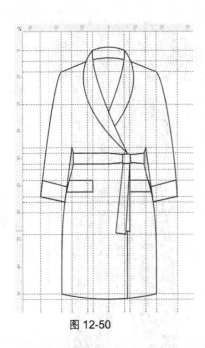

图 12-50

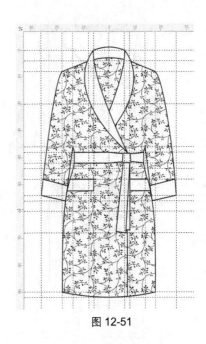

图 12-51

三、其他男式睡衣款式图例

其他的男式款式图例如图 12-52 至图 12-54 所示,有兴趣的读者可按照这些款式图例进行练习。

图 12-52

图 12-53

图 12-54

第 13 章

运动装款式设计

运动装是指用于体育运动和休闲运动的服装，是服装家族中的一个主要种类，并且已经为广大人民群众所接受。随着我国人民生活水平的提高，健康问题越来越被人们所重视。运动是健康的保证，运动是活力的源泉。工作之余，进行各种体育运动和休闲运动已经成为一种生活时尚、一种生活方式、一种生活中不可或缺的组成部分。下面介绍绘制运动装款式图的方法。

13.1　运动背心

下面介绍运动背心的款式设计方法。

一、款式图

运动背心的款式图如图 13-1 所示。

图 13-1

二、款式图的绘制方法

1．设置图纸、原点和辅助线：设置图纸为 A4 图纸、竖向摆放，绘图单位为 cm，绘图比例为 1:5。单击挑选工具 ，将鼠标指针按在横向标尺和竖向标尺的交叉点上，然后拖动鼠标，将

458

原点设置在图纸中间上部适当位置。参考图中数据，设置辅助线（如图 13-2 所示）。

2. 绘制直线框图：单击手绘工具 ，参照辅助线的标示范围，绘制运动背心的直线框图（如图 13-3 所示）。

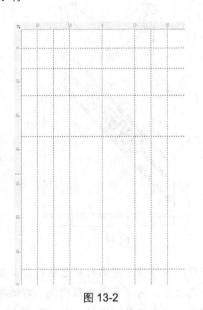

图 13-2   图 13-3

3. 调整相关曲线：单击形状工具 ，选中运动背心的直线框图，单击交互式属性栏的转换直线为曲线图标 ，将其转换为曲线。单击形状工具 ，在相关直线上拖动鼠标，使其弯曲为流畅圆润的曲线（如图 13-4 所示）。

4. 绘制后领口：单击手绘工具 和形状工具 ，绘制后领口图形（如图 13-5 所示）。

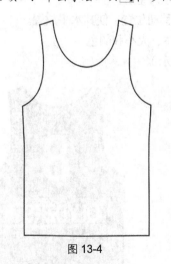

图 13-4   图 13-5

5. 绘制虚线明线：单击手绘工具 和形状工具 ，通过交互式属性栏的【线型】选项，分别绘制各种虚线明线（如图 13-6 所示）。

6. 绘制装饰图形：单击矩形工具 ，分别绘制 3 个长条矩形，通过统一旋转、移动位置，使其斜向放置。单击文本工具 字，输入若干字母（这里的字母没有特定含义），通过旋转，使其斜向放置（如图 13-7 所示）。

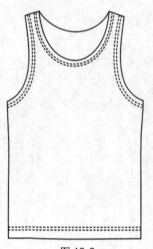

图 13-6

图 13-7

7. 填充颜色：单击挑选工具 ，选中装饰图形，通过程序界面的调色盘，为其填充灰色。使用同样的方法为衣身填充黑色，再为装饰字符填充白色。选中各条虚线明线，右键单击程序界面的调色盘中的白色，使明线显示为白色。这样即完成了正面款式图的绘制（如图 13-8 所示）。

8. 绘制背面款式图。

单击挑选工具 ，选择正面款式图，通过【变换】对话框的【大小】选项，单击【应用到再制】按钮，再制一个正面款式图，将其移动到另外一张图纸上。

单击形状工具 ，调整前领口形状，使其与后领口重合。

单击挑选工具 ，选中装饰图形，通过旋转、移动位置，使其水平放置。

单击文本工具 字，输入数字 8，然后修改其字体、大小和颜色。

这样即完成了背面款式图的绘制（如图 13-9 所示）。

图 13-8

图 13-9

三、其他运动背心款式图例

其他的运动背心款式图例如图 13-10 至图 13-14 所示，有兴趣的读者可以按照这些款式图例进行练习。

图 13-10

图 13-11

图 13-12

图 13-13

图 13-14

13.2　运动短裤

下面介绍运动短裤的款式设计方法。

一、款式图

运动短裤的款式图如图 13-15 所示。

图 13-15

二、款式图绘制方法

1. 设置图纸、原点和辅助线：设置图纸为 A4 图纸、竖向摆放，绘图单位为 cm，绘图比例为 1:5。单击挑选工具，将鼠标指针按在横向标尺和竖向标尺的交叉点上，然后拖动鼠标，将原点设置在图纸中间上部适当位置。参考图中数据，设置辅助线（如图 13-16 所示）。

2. 绘制直线框图：单击手绘工具，参照辅助线的标示范围，绘制运动短裤的直线框图（如图 13-17 所示）。

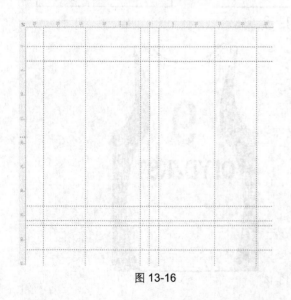

图 13-16

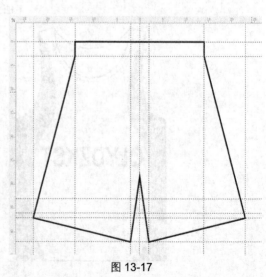

图 13-17

3. 调整相关曲线：单击形状工具 ，选中运动短裤的直线框图，单击交互式属性栏的转换直线为曲线图标 ，将其转换为曲线。单击形状工具 ，在相关直线上拖动鼠标，使其弯曲为流畅圆润的曲线（如图 13-18 所示）。

4. 绘制裤腰和前裆线：单击手绘工具 和形状工具 ，先绘制裤腰封闭图形，再绘制前裆线（如图 13-19 所示）。

5. 绘制明线、串带和裤口装饰图形：单击手绘工具 和形状工具 ，通过交互式属性栏的【线型】选项，分别绘制裤腰明线、串带及其穿带孔和裤口装饰图形（如图 13-20 所示）。

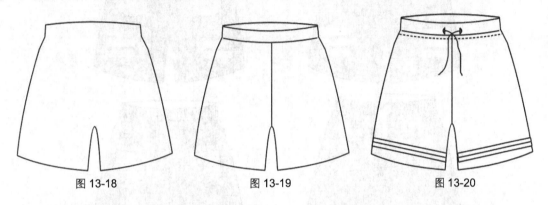

图 13-18   图 13-19   图 13-20

6. 绘制松紧腰带、装饰图形、填充颜色。

单击手绘工具 、形状工具 和调和工具 ，分别绘制松紧腰带和腰部皱褶线。

通过【插入字符】对话框，绘制装饰图形，并为其填充黑色。

通过程序界面的调色盘，为裤口装饰图形填充灰色。

这样即完成了正面款式图的绘制（如图 13-21 所示）。

7. 绘制背面款式图。

单击挑选工具 ，选择正面款式图，通过【变换】对话框的【大小】选项，单击【应用到再制】按钮，再制一个正面款式图并将其移动到另外一张图纸上。

单击挑选工具 ，选中并删除串带及其穿带孔。

调整松紧腰带的长度，使其左右相接。

单击手绘工具 和形状工具 ，绘制后口袋。

这样即完成了背面款式图的绘制（如图 13-22 所示）。

图 13-21   图 13-22

三、其他运动短裤款式图例

其他的运动短裤款式图例如图 13-23 至图 13-25 所示，有兴趣的读者可以按照这些款式图例进行练习。

图 13-23

图 13-24

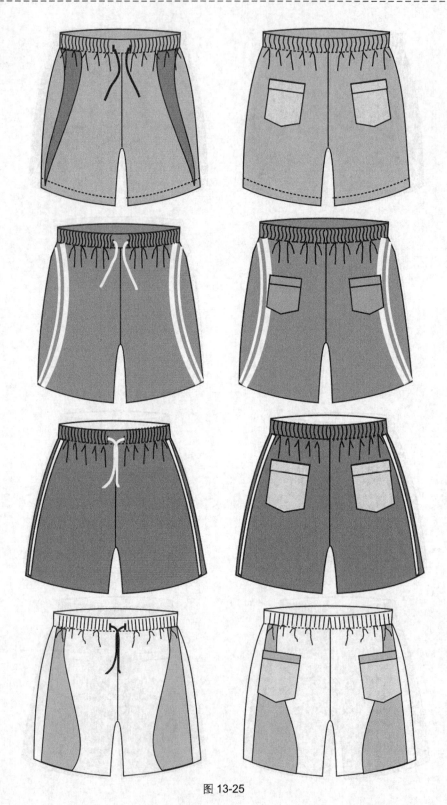

图 13-25

13.3 无袖运动衫

下面介绍无袖运动衫的款式设计方法。

一、款式图

无袖运动衫的款式图如图 13-26 所示。

图 13-26

二、款式图绘制方法

1. 设置图纸、原点和辅助线：设置图纸为 A4 图纸、竖向摆放，绘图单位为 cm，绘图比例为 1:5。单击挑选工具 ，将鼠标指针按在横向标尺和竖向标尺的交叉点上，然后拖动鼠标，将原点设置在图纸中间上部适当位置。参考图中数据，设置辅助线（如图 13-27 所示）。

2. 绘制直线框图：单击手绘工具 ，参照辅助线的标示范围，绘制无袖运动衫的直线框图（如图 13-28 所示）。

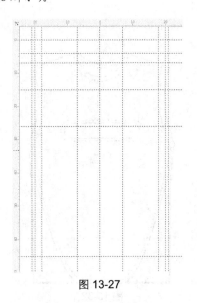 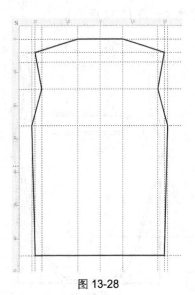

图 13-27

图 13-28

3. 调整相关曲线：单击形状工具 ⬚，选中无袖运动衫的直线框图，单击交互式属性栏的转换直线为曲线图标 ⬚，将其转换为曲线。单击形状工具 ⬚，在相关直线上拖动鼠标，使其弯曲为流畅圆润的曲线（如图 13-29 所示）。

4. 绘制领口、分割图形和装饰图形：单击手绘工具 ⬚ 和形状工具 ⬚，分别绘制前领口和封闭的分割图形。单击矩形工具 □，绘制一个长条矩形，单击交互式属性栏的转换直线为曲线图标 ⬚，将其转换为曲线。单击形状工具，将矩形两端的边线调整为圆弧形状（如图 13-30 所示）。

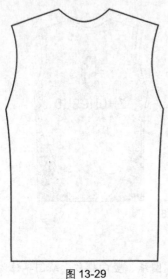

图 13-29

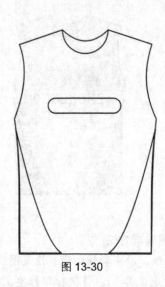

图 13-30

5. 绘制虚线明线：单击手绘工具 ⬚ 和形状工具 ⬚，通过交互式属性栏的【线型】选项，分别绘制前后领口、袖窿、分割线和装饰图形的虚线明线（如图 13-31 所示）。

6. 绘制装饰字符：单击文本工具 字，输入"中国"两字的汉语拼音"ZHONGGUO"，调整其大小和字体（如图 13-32 所示）。

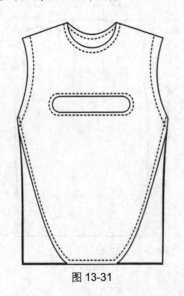

图 13-31

图 13-32

7. 填充颜色：单击挑选工具，选中衣身图形，通过单击调色盘的相应颜色，为其填充灰色。利用同样的方法，为分割图形和装饰图形填充深灰色，为装饰字符填充黑色。这样即完成了正面款式图的绘制（如图 13-33 所示）。

8. 绘制背面款式图。

单击挑选工具，选择正面款式图，通过【变换】对话框的【大小】选项，单击【应用到再制】按钮，再制一个正面款式图，并将其移动到另外一张图纸上。

单击挑选工具，选中并删除前领口及其虚线明线，删除装饰图形。

单击文本工具，输入数字"9"，调整其大小和字体，为其填充黑色。

这样即完成了背面款式图的绘制（如图 13-34 所示）。

图 13-33

图 13-34

三、其他无袖运动衫款式图例

其他的无袖运动衫款式图例如图 13-35 至图 13-39 所示。有兴趣的读者可以按照这些款式图例进行练习。

图 13-35

图 13-36

图 13-37

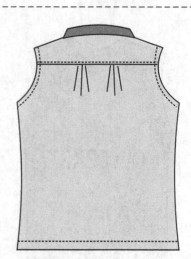

图 13-38

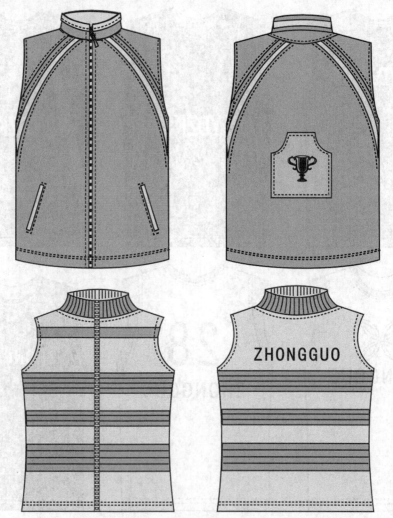

图 13-39

13.4　短袖运动衫

下面介绍短袖运动衫的款式设计方法。

一、款式图

短袖运动衫的款式图如图 13-40 所示。

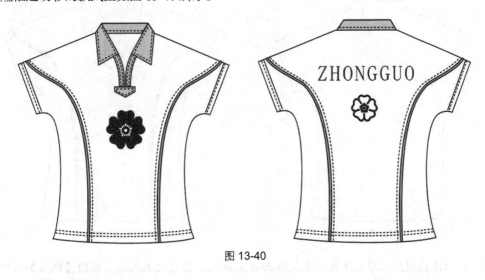

图 13-40

二、款式图绘制方法

1. 设置图纸、原点和辅助线：设置图纸为 A4 图纸、竖向摆放，绘图单位为 cm，绘图比例为 1:5。单击挑选工具 ⬚，将鼠标指针按在横向标尺和竖向标尺的交叉点上，然后拖动鼠标，将原点设置在图纸中间上部适当位置。参考图中数据，设置辅助线（如图 13-41 所示）。

2. 绘制直线框图：单击手绘工具 ⬚，参照辅助线的标示范围，绘制短袖运动衫的直线框图（如图 13-42 所示）。

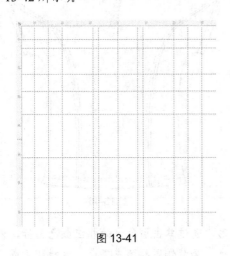

图 13-41

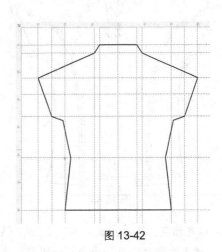

图 13-42

3. 调整相关曲线：单击形状工具 📐，选中短袖运动衫框图的相关直线，单击交互式属性栏的转换直线为曲线图标 📈，将其转换为曲线。单击形状工具 📐，在相关直线上拖动鼠标，使其弯曲为流畅圆润的曲线（如图 13-43 所示）。

4. 绘制领子、门襟、袖口滚边和分割线：单击手绘工具 📐和形状工具 📐，绘制领子和门襟的封闭图形，然后绘制分割线的封闭图形（如图 13-44 所示）。

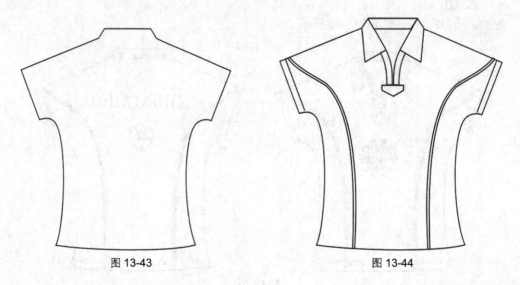

图 13-43   图 13-44

5. 绘制虚线明线：单击手绘工具 📐和形状工具 📐，通过交互式属性栏的【线型】选项，分别绘制相关的虚线明线（如图 13-45 所示）。

6. 绘制装饰图形：通过【插入字符】对话框，选择适当的装饰图样，将其拖动到页面中，并调整大小，再将其移动到适当的位置（如图 13-46 所示）。

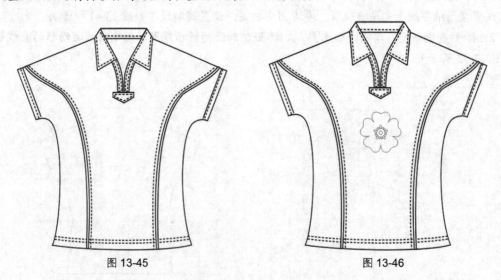

图 13-45   图 13-46

7. 填充颜色：单击挑选工具 📐，选中领子图形，通过单击调色盘的相应颜色图标，为其填充灰色。使用同样的方法，为分割线图形填充深灰色，为装饰图样填充黑色。这样即完成了正面款式图的绘制（如图 13-47 所示）。

8. 绘制背面款式图：单击挑选工具 ，选中正面款式图，通过【变换】对话框的【大小】选项，单击【应用到再制】按钮，再制一个正面款式图，并将其移动到另外一张图纸上。

单击挑选工具 ，选中并删除领子、门襟及其虚线明线。

单击形状工具 ，调整后领及其虚线明线。

单击文本工具 ，输入"中国"两字的汉语拼音"ZHONGGUO"，调整大小和字体。

调整装饰图样的大小和位置。

这样即完成了背面款式图的绘制（如图 13-48 所示）。

图 13-47　　　　　　　　　　　　　　　　　　　图 13-48

三、其他短袖运动衫款式图例

其他的短裤运动衫的款式图例如图 13-49 至图 13-53 所示，有兴趣的读者可以按照这些款式图例进行练习。

图 13-49

图 13-50

图 13-51

图 13-52

图 13-53

13.5　长袖运动衫

下面介绍长袖运动衫的款式设计方法。

一、款式图

长袖运动衫的款式图如图 13-54 所示。

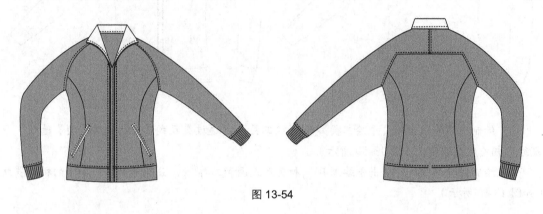

图 13-54

二、款式图绘制方法

1. 设置图纸、原点和辅助线：设置图纸为 A4 图纸、竖向摆放，绘图单位为 cm，绘图比例为 1:5。单击挑选工具 ，将鼠标指针按在横向标尺和竖向标尺的交叉点上，然后拖动鼠标，将原点设置在图纸中间上部适当位置。参考图中数据，设置辅助线（如图 13-55 所示）。

2. 绘制直线框图：单击手绘工具 ，参照辅助线的标示范围，绘制长袖运动衫的各个直线框图（如图 13-56 所示）。

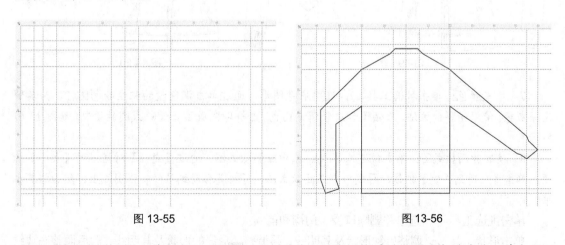

图 13-55　　　　　　　　　　　图 13-56

3. 调整相关曲线：单击形状工具 ，分别选中长袖运动衫直线框图的相关直线，单击交互式属性栏的转换直线为曲线图标 ，将其转换为曲线。单击形状工具 ，在相关直线上拖动鼠标，使其弯曲为流畅圆润的曲线（如图 13-57 所示）。

4. 绘制衣领、门襟、口袋、底边、插肩线和分割线：单击手绘工具 和形状工具 ，分别绘制领子的封闭图形、门襟图形、口袋图形、底边线、插肩线、袖口线和两侧分割线（如图 13-58 所示）。

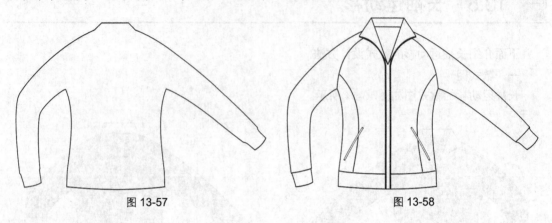

图 13-57　　　　　　　　　　　　　　　图 13-58

5. 绘制虚线明线：单击手绘工具 和形状工具 ，通过交互式属性栏的【线型】选项，分别绘制相关虚线明线（如图 13-59 所示）。

6. 绘制袖口罗纹线：单击手绘工具 和交互式调和工具 ，分别绘制两只袖子的袖口罗纹（如图 13-60 所示）。

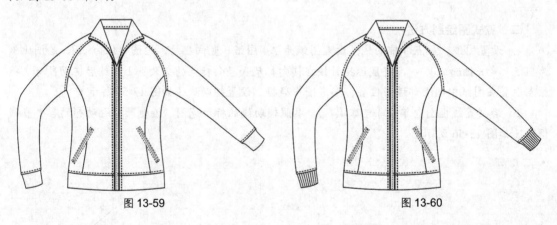

图 13-59　　　　　　　　　　　　　　　图 13-60

7. 填充颜色：单击挑选工具 ，选中衣身图形，通过单击调色盘的相应颜色图标，为其填充深灰色。使用同样的方法，为领子和口袋填充白色。这样即完成了正面款式图的绘制（如图 13-61 所示）。

8. 绘制背面款式图：单击挑选工具 ，选中正面款式图，通过【变换】对话框的【大小】选项，单击【应用到再制】按钮，再制一个正面款式图，并将其移动到另外一张图纸上，然后将其水平翻转。

单击挑选工具 ，选中并删除口袋、门襟和前领。

单击形状工具 ，调整后领形状及其明线，再调整插肩线的形状及其明线，然后调整底边线及其明线。

单击手绘工具 ，绘制上部后中线及其虚线明线（如图 13-62 所示）。

这样即完成了背面款式图的绘制。

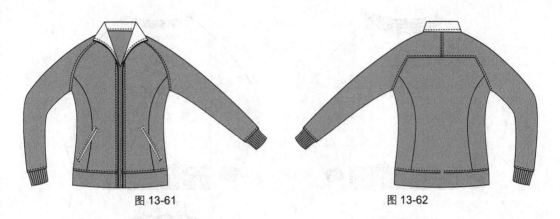

图 13-61   图 13-62

三、其他长袖运动衫款式图例

其他的长袖运动衫的款式图例如图 13-63 至图 13-67 所示，有兴趣的读者可按照这些款式图例进行练习。

图 13-63

483

图 13-64

图 13-65

图 13-66

图 13-67

13.6 紧身运动装

下面介绍紧身运动装的款式设计方法。

一、款式图

紧身运动装的款式图如图 13-68 所示。

二、款式图绘制方法

1. 设置图纸、原点和辅助线：设置图纸为 A4 图纸、竖向摆放，绘图单位为 cm，绘图比例为 1:5。单击挑选工具 ，将鼠标指针按在横向标尺和竖向标尺的交叉点上，然后拖动鼠标，将原点设置在图纸中间上部适当位置。参考图中数据，设置辅助线（如图 13-69 所示）。

2. 绘制直线框图：单击手绘工具 ，参照辅助线的标示范围，绘制紧身运动装的直线框图（如图 13-70 所示）。

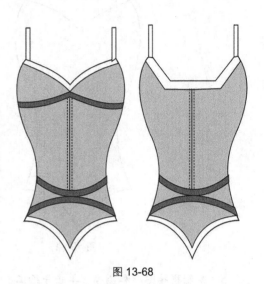

图 13-68

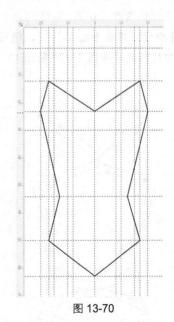

图 13-69

图 13-70

3. 调整相关曲线：单击形状工具 ，选中紧身运动装直线框图的相关直线，单击交互式属性栏的转换直线为曲线图标 ，将其转换为曲线。单击形状工具 ，在相关直线上拖动鼠标，使其弯曲为流畅圆润的曲线（如图 13-71 所示）。

4. 绘制吊带：单击矩形工具 ，绘制一个竖向长条矩形，调整其大小和位置，通过再制、移动位置的方法，绘制另一个吊带（如图 13-72 所示）。

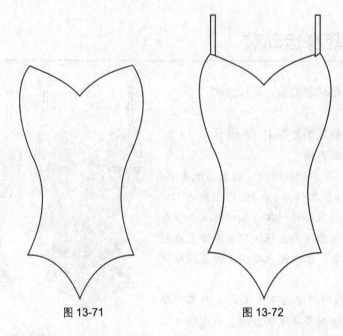

图 13-71　　　　　　　　　　图 13-72

5. 绘制拼接图形和翻边：单击手绘工具 ✐ 和形状工具 ✐ ，绘制上部和下部的翻边图形，再绘制内部的 3 个拼接图形（如图 13-73 所示）。

6. 绘制分割线：单击手绘工具 ✐ ，通过交互式属性栏的【线型】选项，分别绘制衣身的竖向分割线及其虚线明线（如图 13-74 所示）。

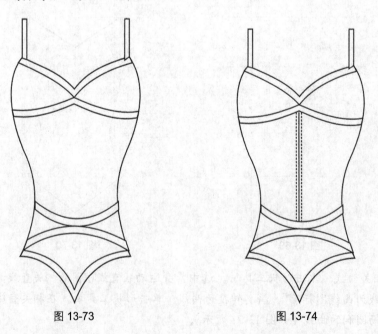

图 13-73　　　　　　　　　　图 13-74

7. 填充颜色：单击挑选工具 ✐ ，选中衣身图形，再单击调色盘的相应图标，为其填充灰色。使用同样的方法，为上下翻边填充白色，为内部拼接图形填充深灰色。这样即完成了正面款式图的绘制（如图 13-75 所示）。

8. 绘制背面款式图：单击挑选工具 ▷ ，选中正面款式图，通过【变换】对话框的【大小】选项，单击【应用到再制】按钮，再制一个正面款式图，并将其移动到另外一张图纸上。

单击挑选工具 ▷ ，选中并删除衣身上部的拼接图形。

单击形状工具 ↖ ，调整领口及翻边形状，再调整后中线及其明线。

这样即完成了背面款式图的绘制（如图 13-76 所示）。

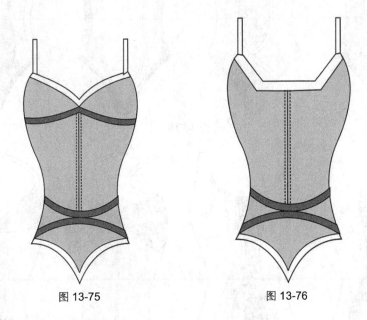

图 13-75　　　　　　　　　　　图 13-76

三、其他紧身运动装款式图例

其他的紧身运动装的款式图例如图 13-77 至图 13-83 所示，有兴趣的读者可以按照这些款式图例进行练习。

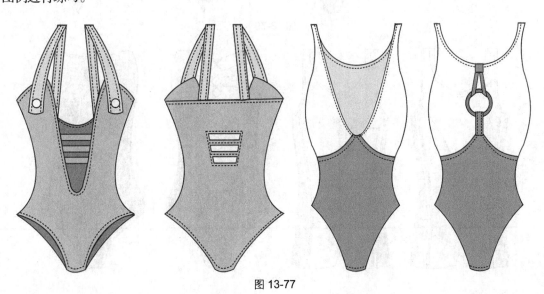

图 13-77

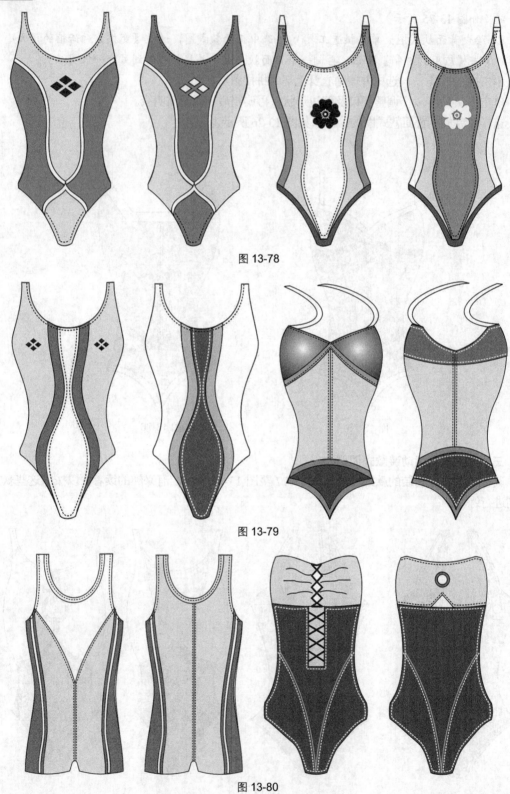

图 13-78

图 13-79

图 13-80

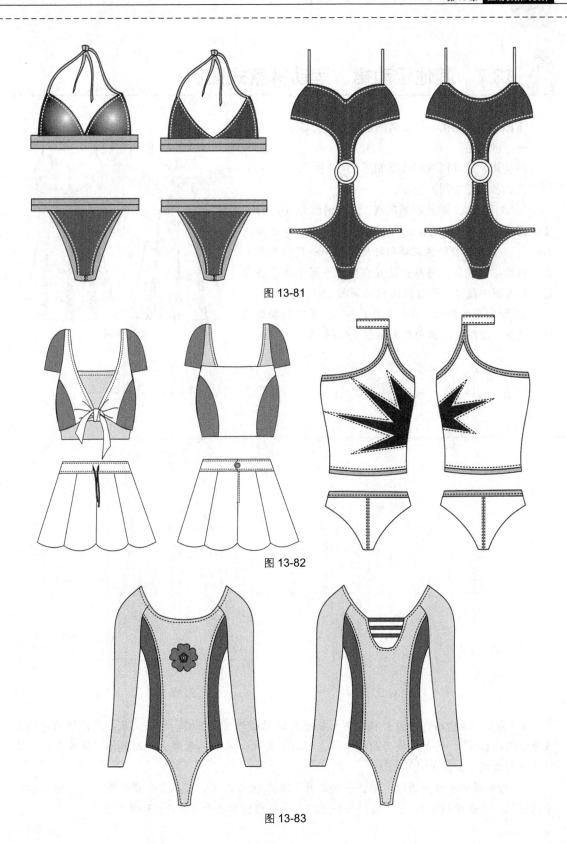

图 13-81

图 13-82

图 13-83

13.7　其他运动裙、运动裤款式图例

下面介绍运动裙、运动裤的款式设计方法。

一、款式图

运动裙、运动裤的款式图如图 13-84 所示。

二、款式图绘制方法

1. 设置图纸、原点和辅助线：设置图纸为 A4 图纸、竖向摆放，绘图单位为 cm，绘图比例为 1:5。单击挑选工具 🔧，将鼠标指针按在横向标尺和竖向标尺的交叉点上，然后拖动鼠标，将原点设置在图纸中间上部适当位置。参考图中数据，设置辅助线（如图 13-85 所示）。

2. 绘制直线框图：单击手绘工具 🖊，参照辅助线的标示范围，绘制运动裙的直线框图（如图 13-86 所示）。

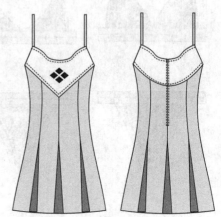

图 13-84

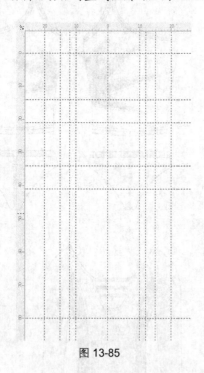

图 13-85

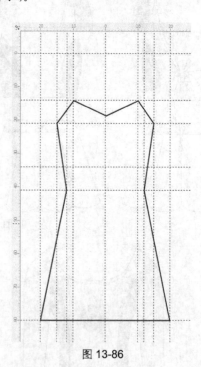

图 13-86

3. 调整相关曲线：单击形状工具 🔧，选中运动裙的直线框图，单击交互式属性栏的转换直线为曲线图标 ⌇，将其转换为曲线。单击形状工具 🔧，在相关直线上拖动鼠标，使其弯曲为流畅圆润的曲线（如图 13-87 所示）。

4. 绘制吊带和分割图形：单击手绘工具 🖊 和形状工具 🔧，绘制上部拼接图形，再绘制裙片分割图形。单击矩形工具 ☐，绘制两个竖向长条矩形作为吊带（如图 13-88 所示）。

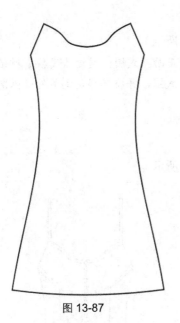

图 13-87

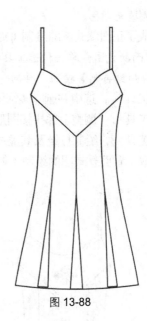

图 13-88

5. 绘制虚线明线：单击手绘工具和形状工具，通过交互式属性栏的【线型】选项，分别绘制相关的虚线明线（如图 13-89 所示）。

6. 绘制装饰图样：通过【插入字符】对话框，选择适当的图样，将其拖动到页面中，然后调整其大小和位置（如图 13-90 所示）。

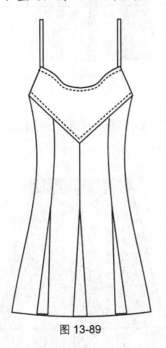

图 13-89

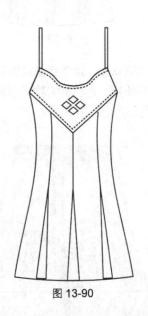

图 13-90

7. 填充颜色：单击挑选工具，选中吊带，通过单击调色盘的相应颜色图标，为其填充灰色。利用同样的方法，为上部拼接图形填充白色，再为裙身填充灰色，然后为裙褶填充深灰色，最后为装饰图样填充黑色。

这样即完成了正面款式图的绘制（如图 13-91 所示）。

8. 绘制背面款式图：单击挑选工具 ，选中正面款式图，通过【变换】对话框的【大小】选项，单击【应用到再制】按钮，再制一个正面款式图，并将其移动到另外一张图纸上。

单击挑选工具 ，选中并删除装饰图样。

单击形状工具 ，调整上部拼接图形的形状。

单击手绘工具 ，绘制拉链及其虚线明线。

这样即完成了背面款式图的绘制（如图 13-92 所示）。

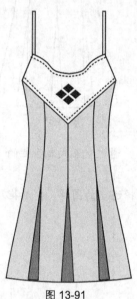
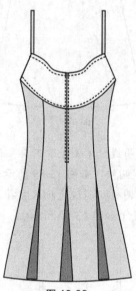

图 13-91   图 13-92

三、其他运动裙、运动裤款式图例

其他的运动裙、运动裤的款式图例如图 13-93 至图 13-95 所示，感兴趣的读者可以按照这些款式图例进行练习。

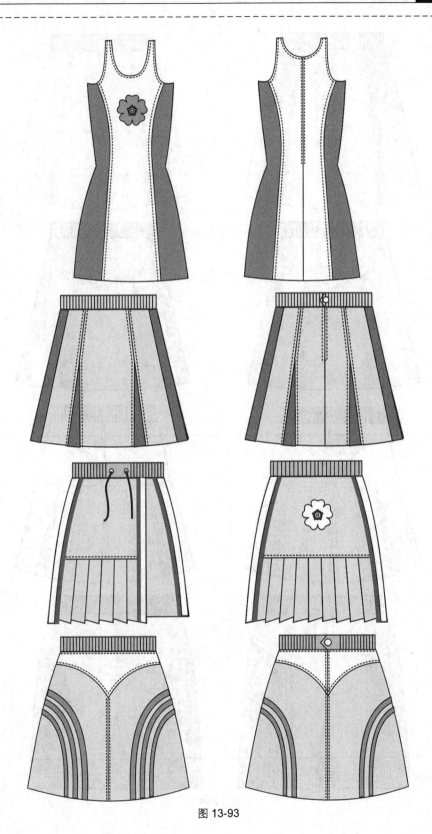

图 13-93

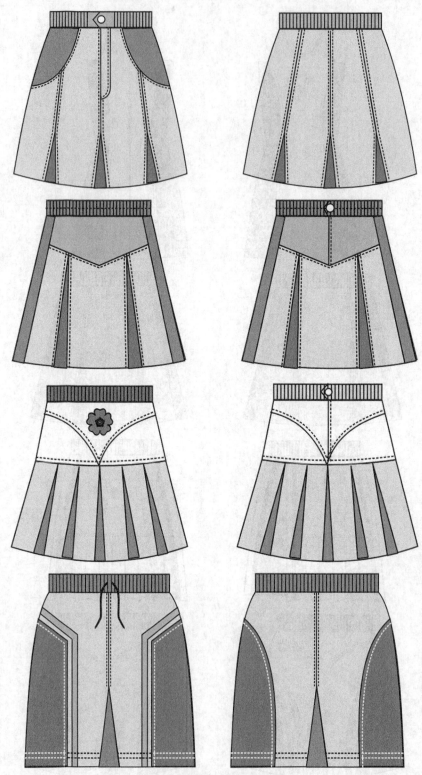

图 13-94

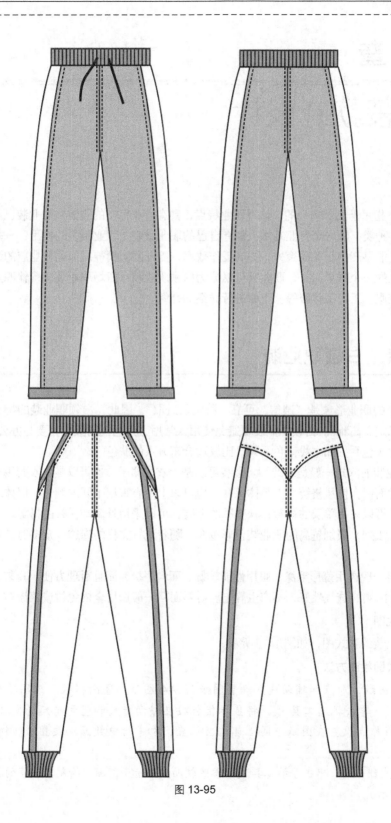

图 13-95

第 14 章

职业装款式设计

职业装是指用于工作场合的，体现职业特点，具有行业标志的服装。职业装已经是服装家族中的一个重要种类，每一个行业基本上都有自己的职业服装。职业服装的作用：一是便于外界人士识别；二是能够产生行业凝聚力，提高工作效率，提升团队精神。因此职业装的设计生产已经成为服装行业的一个重要门类。职业装可以分为白领职业装、商场职业装、餐饮职业装、客运职业装、学生校服、工厂工作服等。下面进行详细的介绍。

14.1 白领职业装

白领人士的职业形象是"诚信、可靠、稳定、进取"，因此，白领职业装的特点应该是"简洁、实用、稳定、高雅"。白领职业装要避免使用太常用、太老气的颜色，要与办公环境相协调，一般采用中性灰色系，如中浅蓝色系列，比较适合东方人的肤色。

白领职业装的款式一般是套装等。套装可以是上衣配裙子，也可以是上衣配裤子。上下装一般选用同一种面料，使风格统一，整体感强。也可以上下衣采用不同的颜色，以体现活泼感。春夏季的上装，可以采用单层的衬衫；秋冬季的上装，可以采用外套加衬衫的搭配。在款式和色彩上要注意区分级别，级别越高的职业装色彩越深。随着流行文化的渗透，众多时装都可以作为白领职业装。

套装面料一般选用薄形毛涤，服用性能较好、面料平挺，而且料理方便。套装里料一般选用人造丝里布，滑爽、透气性好，不产生静电。衬衫面料一般选用全棉免烫或棉涤布。

一、款式图

白领职业装的款式图，如图 14-1 所示。

二、款式图绘制方法

1. 设置图纸、原点和辅助线：设置图纸为 A4 图纸，竖向摆放、绘图单位为 cm、绘图比例为 1:5。单击挑选工具 ，将鼠标指针按在横向标尺和竖向标尺的交叉点上，然后拖动鼠标，将原点设置在图纸中间上部适当位置。参考图中数据，设置辅助线（如图 14-2 所示）。

2. 绘制直线框图：单击手绘工具 ，参照辅助线的标示范围，绘制职业装的各个直线框图（如图 14-3 所示）。

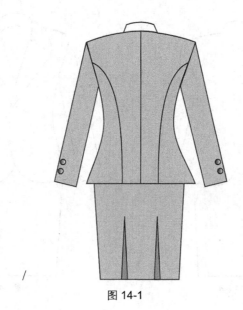

图 14-1

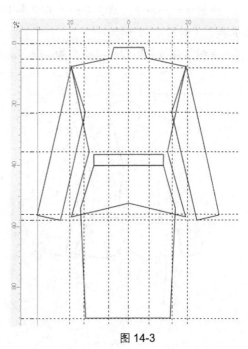

图 14-2   图 14-3

　　3. 调整相关曲线：单击形状工具，分别选中职业装的各个直线框图，单击交互式属性栏的转换直线为曲线图标，将其转换为曲线。单击形状工具，在相关直线上拖动鼠标，使相关直线弯曲为流畅圆润的曲线（如图 14-4 所示）。

　　4. 绘制领子和门襟：单击手绘工具和形状工具，分别绘制领子的封闭图形和门襟曲线（如图 14-5 所示）。

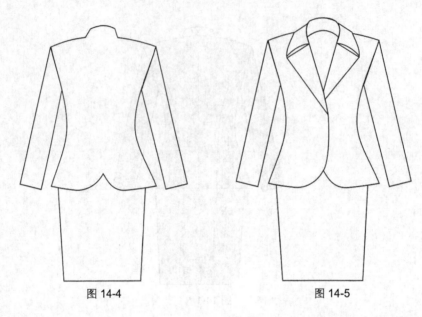

图 14-4   图 14-5

  5. 绘制口袋和扣子：单击手绘工具 和形状工具 ，绘制口袋图形。单击椭圆工具 ，绘制上衣扣子（如图 14-6 所示）。

  6. 绘制裙摆折叠图形：单击手绘工具 ，绘制两个裙摆折叠图形（如图 14-7 所示）。

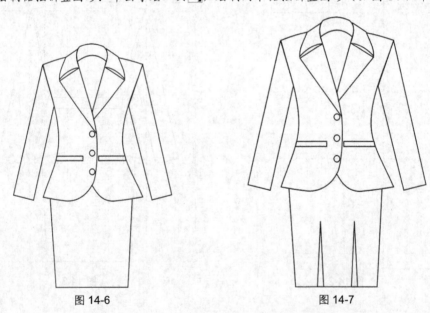

图 14-6   图 14-7

  7. 填充颜色：单击挑选工具 ，分别选中领子图形，通过程序界面的调色盘，为其填充白色。利用同样的方法，为其他图形填充相应的颜色，这样即完成了正面款式图的绘制（如图 14-8 所示）。

  8. 绘制背面款式图。

  单击挑选工具 ，选择正面款式图，通过【变换】对话框的【大小】选项，单击【应用到再制】按钮，再制一个正面款式图，并将其移动到另外一张图纸上。

单击挑选工具 ，选中并删除前领、门襟、扣子和口袋。

单击形状工具 ，调整后领形状。

单击手绘工具 ，绘制后片的后中线。

单击椭圆工具 ，绘制袖口扣子。

这样即完成了背面款式图的绘制（如图 14-9 所示）。

图 14-8

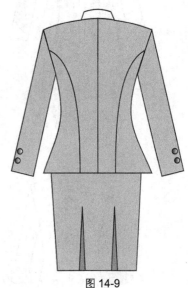

图 14-9

三、其他白领职业装款式图例

其他的白领职业装的款式图例如图 14-10 至图 14-16 所示，有兴趣的读者可以按照这些款式图进行练习。

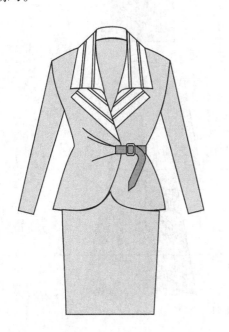

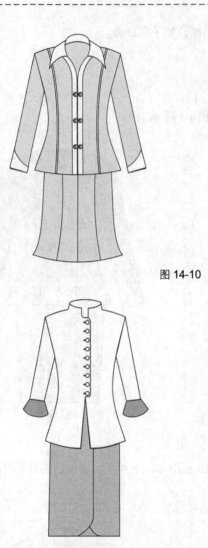

图 14-10

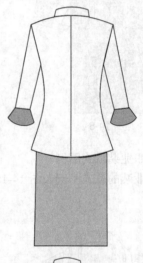

图 14-11

图 14-12

图 14-13

图 14-14

图 14-15

图 14-16

14.2 商场职业装

商场的员工分为经理、会计、总管、收银员、售货员、采购员、维修员等。商场的形象是可信赖的、有凝聚力的，给顾客的印象应该是价格公道、政策明确、服务态度好。

商场一般设有空调，职业装以春秋装为主。员工应佩戴服务胸牌，上面有个人照片、姓名、职务、工号、服务口号。商场职业装的面料一般选用薄形毛涤，穿着性能较好、面料平挺，而且洗涤方便。里料一般选用人造丝里布，滑爽、透气性好，不产生静电。衬衫选用全棉免烫或棉涤布。商场售货员的服装一般是长（短）袖衬衫、背心配长裤，或配西裙，有时外面配以外套或毛线外衣。商场职业装的外衣上通常有口袋，方便工作人员随身携带笔、印章等常用工具。商场的女性售货员要统一发型，常常配上相同风格的发饰。为了整体统一，除了服装以外，还应该配上相同的鞋子、帽子、领结、领带。商场职业装的颜色要与商场的装修风格一致，外衣可采用中度至偏低明度的色彩，衬衫可采用淡雅的色彩。尺寸合身，又有一定宽松度，不妨碍日常工作。商场职业装的外衣一般采用涤毛面料，衬衫采用涤棉面料。

一、款式图

商场职业装的款式图，如图 14-17 所示。

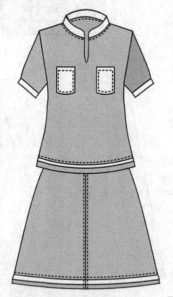

图 14-17

二、款式图绘制方法

1. 设置图纸、原点和辅助线：设置图纸为 A4 图纸、竖向摆放，绘图单位为 cm，绘图比例为 1:5。单击挑选工具 ，将鼠标指针按在横向标尺和竖向标尺的交叉点上，然后拖动鼠标，将原点设置在图纸中间上部适当位置。参考图中数据，设置辅助线（如图 14-18 所示）。

2. 绘制直线框图：单击手绘工具 ，参照辅助线的标示范围，绘制服装上衣和下衣的各个直线框图（如图 14-19 所示）。

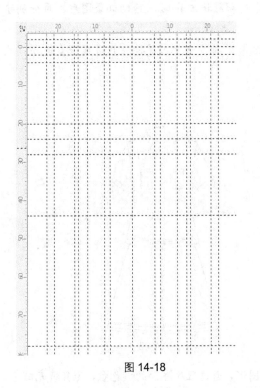

图 14-18

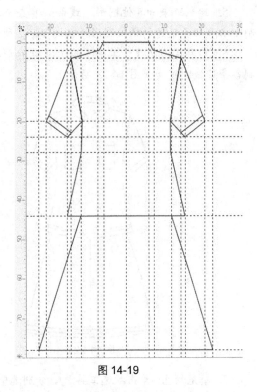

图 14-19

3. 调整相关曲线：单击形状工具，分别选中服装的各个直线框图，单击交互式属性栏的转换直线为曲线图标，将其转换为曲线。单击形状工具，在相关直线上拖动鼠标，使相关直线弯曲为流畅圆润的曲线（如图 14-20 所示）。

4. 绘制领子和门襟：单击手绘工具和形状工具，分别绘制领子的封闭图形和门襟曲线（如图 14-21 所示）。

图 14-20

图 14-21

5. 绘制口袋和其他图形、线条：单击手绘工具 ✎ 和形状工具 ⬡，绘制口袋图形，再分别绘制上衣和裙子底边的拼接图形（如图 14-22 所示）。

6. 绘制虚线明线：单击手绘工具 ✎ 和形状工具 ⬡，通过交互式属性栏的【线型】选项，绘制各条虚线明线（如图 14-23 所示）。

图 14-22

图 14-23

7. 填充颜色：单击挑选工具 ⬚，分别选中领子图形，通过程序界面的调色盘，为其填充白色。利用同样的方法，为其他图形填充相应的颜色。这样即完成了正面款式图的绘制（如图 14-24 所示）。

8. 绘制背面款式图。

单击挑选工具 ⬚，选择正面款式图，通过【变换】对话框的【大小】选项，单击【应用到再制】按钮，再制一个正面款式图，并将其移动到另外一张图纸上。

单击挑选工具 ⬚，选中并删除前领、门襟和口袋。

单击形状工具 ⬡，调整后领形状。

单击手绘工具 ✎，绘制衣片后中线及其虚线明线。

这样即完成了背面款式图的绘制（如图 14-25 所示）。

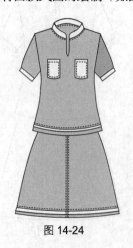
图 14-24

图 14-25

三、其他商场职业装款式图例

其他的商场职业装的款式图例如图 14-26 至图 14-33 所示，有兴趣的读者可以按照这些款式图例进行练习。

图 14-26

图 14-27

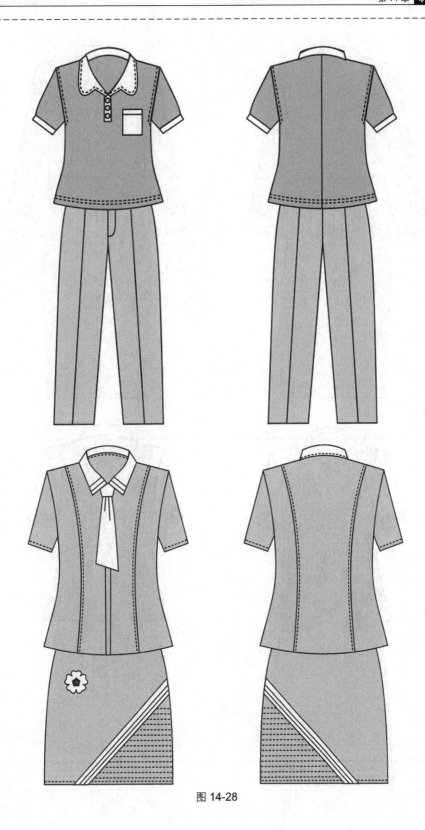

图 14-28

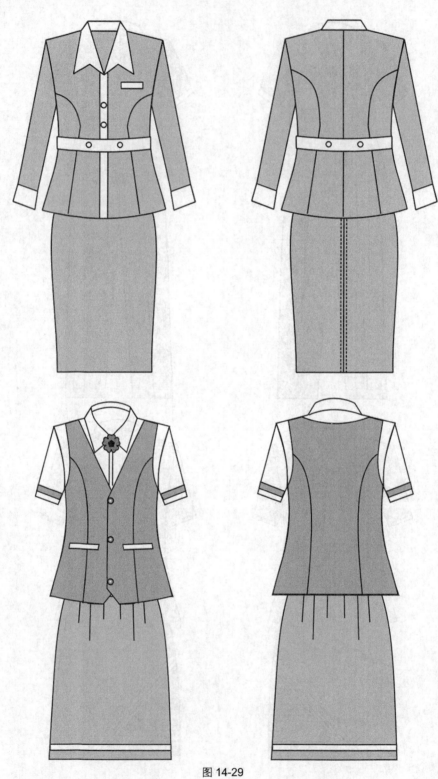

图 14-29

图 14-30

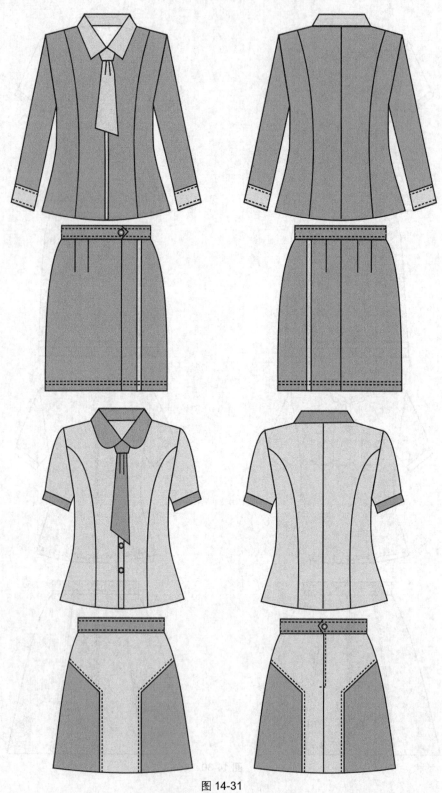

图 14-31

图 14-32

图 14-33

14.3 餐饮职业装

　　餐饮酒店内部分工很细，设有前厅部、餐饮部、公关部、采购部、工程部等多个部门。其中前厅的工作人员有门童、总台等，餐饮部的工作人员有跑菜、大厨、服务员等，公关部的工作人员有客户经理、行政人员等，采购部的工作人员有采购员、司机等，工程部的工作人员有电梯维修、电脑维修等。大型餐饮酒店的职业装要系统化、多样化，不同的服装代表不同的工种。小型的餐饮酒店职业装设计以前厅部、餐饮部为主。

　　餐饮酒店的服装一般按色彩划分，越底层的工作服色彩越鲜艳夺目，级别越往上衣服颜色越灰暗，高层人员基本上以蓝、白、灰为主。职位高的人员的工作服保守严肃，具有权威性、约束力，职位低的人员的工作服款式简单，强调实用性，主色耐脏性好，点缀色活泼鲜明，有标识作用。中式餐厅的服装以民族款式为主，如旗袍、偏襟上衣、盘花扣、布鞋，西式餐厅的服装以西式服装为主，异国情调的餐饮酒店服装应该与酒店的风格一致，露天的餐饮职业装可配以遮阳帽。餐饮酒店的职业装面料以毛涤为主，这种面料价格适中，不容易起皱。

一、款式图

　　餐饮职业装的款式图如图 14-34 所示。

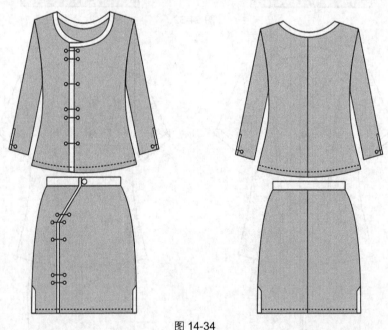

图 14-34

二、款式图绘制方法

　　1. 设置图纸、原点和辅助线：设置图纸为 A4 图纸、竖向摆放，绘图单位为 cm，绘图比例为 1:5。单击挑选工具 ，将鼠标指针按在横向标尺和竖向标尺的交叉点上，然后拖动鼠标，将原点设置在图纸中间上部适当位置。参考图中数据，设置辅助线（如图 14-35 所示）。

2. 绘制直线框图：单击手绘工具 <img_1/>，参照辅助线的标示范围，绘制餐饮职业装的各个直线
框图（如图 14-36 所示）。

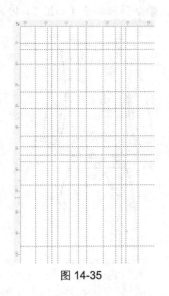

图 14-35   图 14-36

3. 调整相关曲线：单击形状工具 ，分别选择餐饮职业装的各个直线框图，单击交互式属
性栏的转换直线为曲线图标 ，将其转换为曲线。单击形状工具 ，在相关直线上拖动鼠标，
使相关直线弯曲为流畅圆润的曲线（如图 14-37 所示）。

4. 绘制领子和门襟：单击手绘工具 和形状工具 ，绘制领子领口的封闭图形，再绘制门
襟的封闭图形（如图 14-38 所示）。

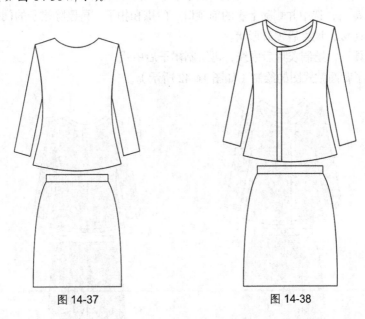

图 14-37   图 14-38

5. 绘制其他图形、线条：单击手绘工具 和形状工具 ，绘制袖口侧开衩，再绘制裙子侧

开衩，然后绘制裙子门襟的封闭图形（如图 14-39 所示）。

6. 绘制明线和扣子：单击手绘工具 和形状工具 ，通过交互式属性栏的【线型】选项，绘制各条虚线明线。单击椭圆工具 和手绘工具 ，绘制圆形扣子（如图 14-40 所示）。

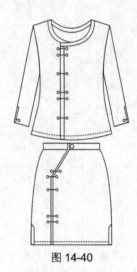

图 14-39   图 14-40

7. 填充颜色：单击挑选工具 ，分别选中领口图形，通过程序界面的调色盘，为其填充白色。利用同样的方法，为其他图形填充相应的颜色。这样即完成了正面款式图的绘制（如图 14-41 所示）。

8. 绘制背面款式图。

单击挑选工具 ，选择正面款式图，通过【变换】对话框的【大小】选项，单击【应用到再制】按钮，再制一个正面款式图，并将其移动到另外一张图纸上。

单击挑选工具 ，选中并删除上衣的前领口、门襟和扣子，再删除裙子的门襟和扣子。

单击形状工具 ，调整后领口形状。

单击手绘工具 ，绘制衣片后中线，再绘制裙子后中线。

这样即完成了背面款式图的绘制（如图 14-42 所示）。

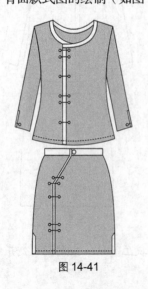

图 14-41   图 14-42

三、其他餐饮职业装款式图例

其他的餐饮职业装的款式图例如图 14-43 至图 14-50 所示，有兴趣的读者可以按照这些款式图例进行练习。

图 14-43

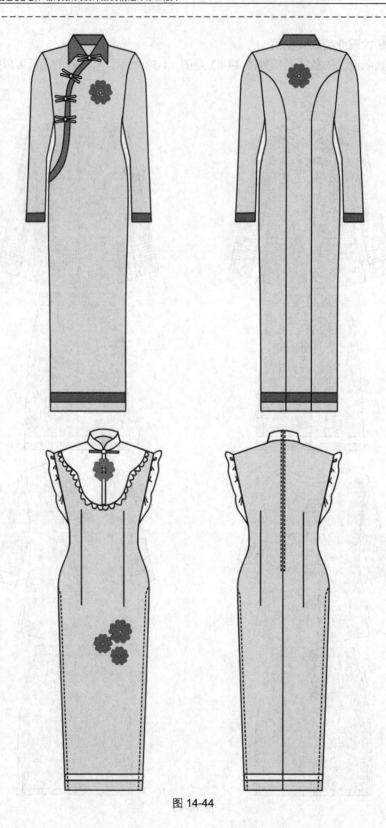

图 14-44

图 14-45

图 14-46

图 14-47

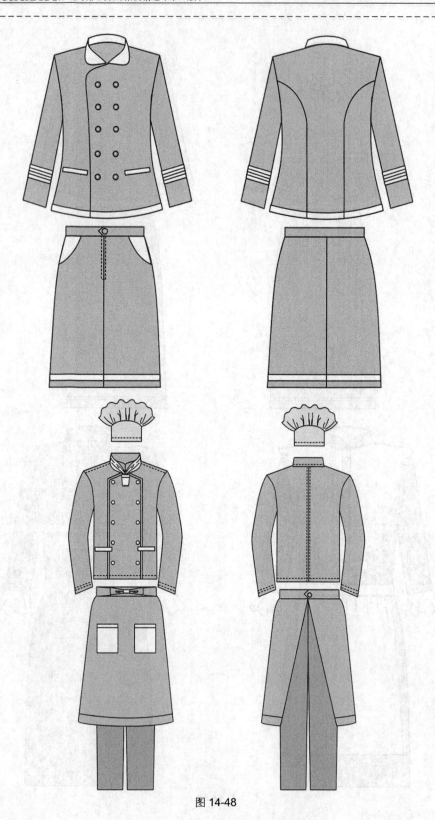

图 14-48

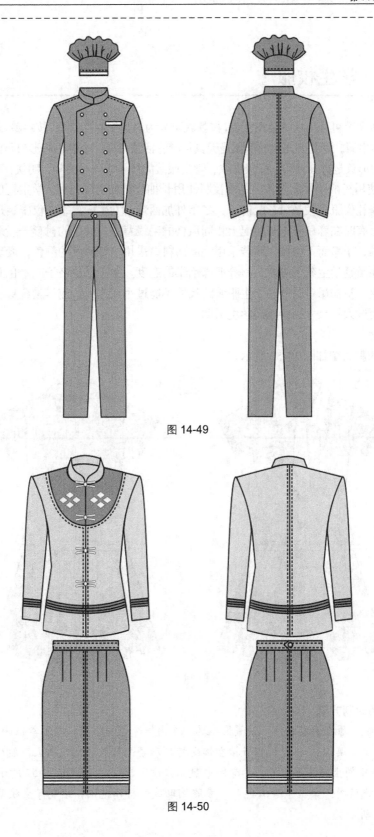

图 14-49

图 14-50

14.4 学生校服

学生服装按季节可分为秋冬装和夏装，按款式可分为日常服和礼仪服，按年龄可分为幼儿园服、小学生服、中学生服。幼儿园儿童的形象是天真烂漫、活泼可爱。小学生的形象是清新可爱、大方得体。中学生的形象是青春朴实、积极进取。学生服装的风格应该是清新、明快、整齐、简洁。

夏季校服使用短袖 T 恤配短裤，冬季校服使用长袖拉链茄克配长裤。学生礼仪服装有男女之分。男生的夏季礼仪服多数是衬衫配裤子，冬季外加西装。女生的夏季礼仪服装是衬衫配裙子，冬季外加西装。有时在春秋夏季节时配上相同风格的毛线背心。学生的衬衫一般采用纯棉或棉涤面料，颜色淡雅，干净而不张扬。西装采用毛涤面料，采用中低明度的颜色，表现学生凝重、严谨的一面，旨在激励学生刻苦进取，培养严谨治学的态度。裙子采用格子或素色面料，可裁剪成 A 字裙、背心裙、褶裥裙。另外，学生服装的尺寸不能过小或过大，应尽量合身。过小的尺寸会影响其发育，而过大的尺寸则会妨碍学生活动。

一、款式图

学生校服的款式图如图 14-51 所示。

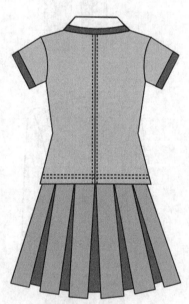

图 14-51

二、款式图绘制方法

1. 设置图纸、原点和辅助线：设置图纸为 A4 图纸、竖向摆放，绘图单位为 cm，绘图比例为 1:5。单击挑选工具 ，将鼠标指针按在横向标尺和竖向标尺的交叉点上，然后拖动鼠标，将原点设置在图纸中间上部适当位置。参考图中数据，设置辅助线（如图 14-52 所示）。

2. 绘制直线框图：单击手绘工具 ，参照辅助线的标示范围，绘制学生校服的各个直线框图（如图 14-53 所示）。

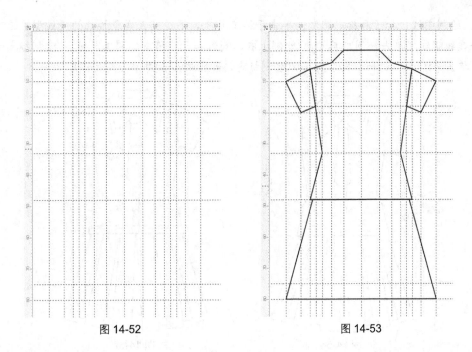

图 14-52   图 14-53

3. 调整相关曲线：单击形状工具 ⬚，分别选中学生校服的各个直线框图，单击交互式属性栏的转换直线为曲线图标 ⬚，将其转换为曲线。单击形状工具 ⬚，在相关直线上拖动鼠标，使相关直线弯曲为流畅圆润的曲线（如图 14-54 所示）。

4. 绘制领子和门襟：单击手绘工具 ⬚和形状工具 ⬚，分别绘制领子的封闭图形，再绘制门襟的封闭图形，然后绘制领带的封闭图形（如图 14-55 所示）。

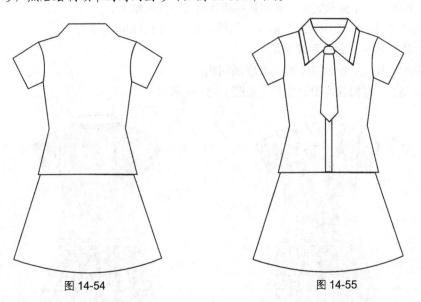

图 14-54   图 14-55

5. 绘制其他图形、线条：单击手绘工具 ⬚和形状工具 ⬚，绘制袖口的拼接图形，再绘制折叠图形（如图 14-56 所示）。

6. 绘制明线、扣子和标志图形：单击手绘工具，通过交互式属性栏的【线型】选项，绘制各条虚线明线。单击椭圆工具，绘制上衣的圆形扣子。单击椭圆工具，绘制标志的双线圆形。单击手绘工具和形状工具，绘制标志内部图形（如图 14-57 所示）。

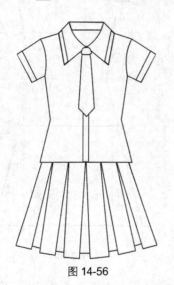

图 14-56

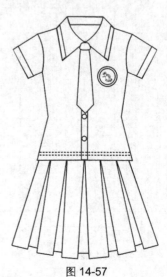

图 14-57

7. 填充颜色：单击挑选工具，分别选中领子图形，通过程序界面的调色盘，为其填充白色。利用同样的方法，为其他图形填充相应的颜色。这样即完成了正面款式图的绘制（如图 14-58 所示）。

8. 绘制背面款式图。

单击挑选工具，选择正面款式图，通过【变换】对话框的【大小】选项，单击【应用到再制】按钮，再制一个正面款式图，并将其移动到另外一张图纸上。

单击挑选工具，选中并删除前领、门襟、扣子、领带和标志图形。

单击形状工具，调整后领形状。

单击手绘工具，绘制后中线及其虚线明线。

这样即完成了背面款式图的绘制（如图 14-59 所示）。

图 14-58

图 14-59

三、其他学生校服款式图例

其他的学生校服的款式图例如图 14-60 至图 14-66 所示，有兴趣的读者可以按照这些款式图例进行练习。

图 14-60

图 14-61

图 14-62

图 14-63

图 14-64

图 14-65

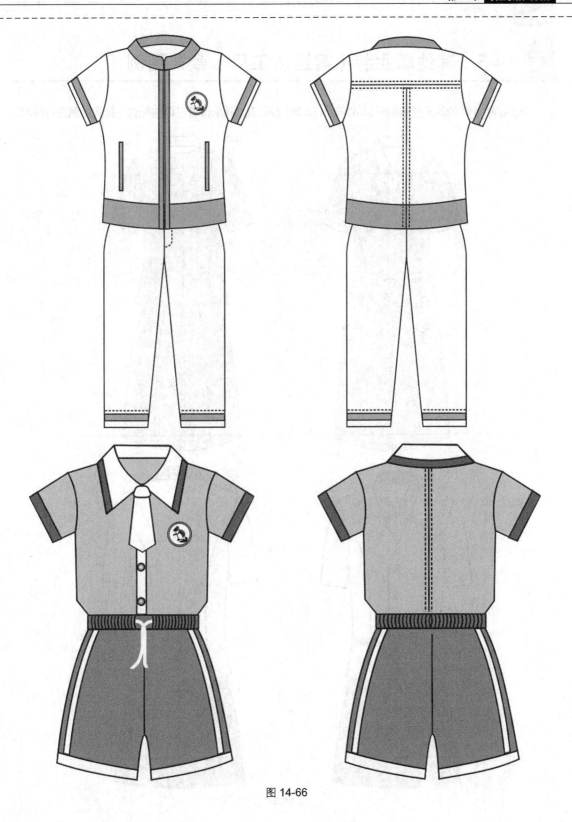

图 14-66

14.5　其他职业装（客运、工厂）款式图例

其他的职业装的款式图例如图14-67至图14-79所示，有兴趣的读者可以按照这些款式图例进行练习。

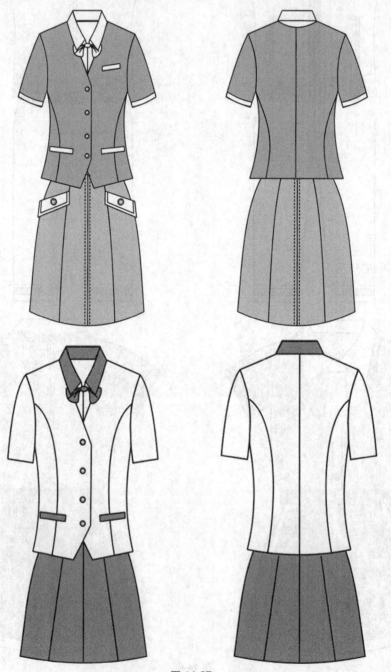

图 14-67

图 14-68

图 14-69

图 14-70

图 14-71

图 14-72

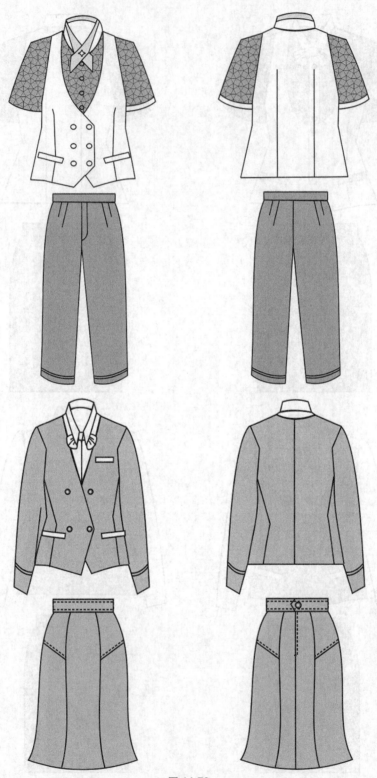

图 14-73

图 14-74

图 14-75

图 14-76

图 14-77

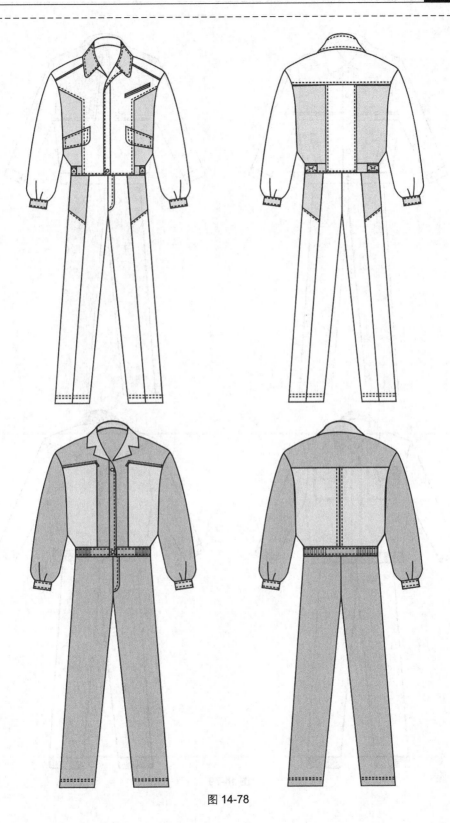

图 14-78

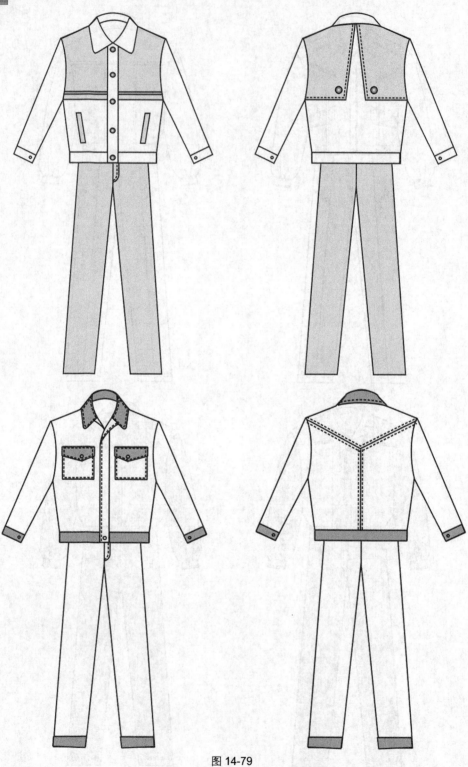

图 14-79